云计算安全

——机器学习与大数据挖掘应用实践

主 编 王智民

清华大学出版社

北京

内 容 简 介

本书既有理论研究，又有实践探讨，共分为6章，讲解了云计算安全中人工智能与大数据挖掘技术的应用实践。第1章从概念、发展、标准等角度宏观地介绍了云计算安全；第2章从云计算安全需求的角度阐释云计算安全的核心目标、公有云场景下的安全需求和私有云场景下的安全需求；第3章全面、系统地介绍了公有云安全技术体系和私有云安全技术体系；第4章详细介绍了人工智能技术在云计算安全领域的应用实践；第5章详细介绍了大数据挖掘技术在云计算安全领域的应用实践；第6章介绍了人工智能和大数据挖掘技术的综合应用，提出云数据中心安全防护框架，并详细介绍了云数据中心安全态势感知系统。

本书是人工智能与大数据挖掘技术在云计算安全领域的应用实践参考书，适用于人工智能、大数据挖掘、云计算、网络信息安全相关领域的从业人员。

图书在版编目（CIP）数据

云计算安全：机器学习与大数据挖掘应用实践 / 王智民主编. —北京：清华大学出版社，2022.2（2023.5重印）

ISBN 978-7-302-59589-2

Ⅰ．①云…　Ⅱ．①王…　Ⅲ．①云计算—网络安全　Ⅳ．①TP393.08

中国版本图书馆CIP数据核字（2021）第237443号

责任编辑： 贾小红
封面设计： 秦　丽
版式设计： 文森时代
责任校对： 马军令
责任印制： 沈　露

出版发行： 清华大学出版社
　　　　　网　　址： http://www.tup.com.cn，http://www.wqbook.com
　　　　　地　　址： 北京清华大学学研大厦A座　　　　　**邮　　编：** 100084
　　　　　社 总 机： 010-83470000　　　　　　　　　　**邮　　购：** 010-62786544
　　　　　投稿与读者服务： 010-62776969，c-service@tup.tsinghua.edu.cn
　　　　　质量反馈： 010-62772015，zhiliang@tup.tsinghua.edu.cn
印 装 者： 大厂回族自治县彩虹印刷有限公司
经　　销： 全国新华书店
开　　本： 170mm×240mm　　　　　**印　　张：** 17.75　　　　　**字　　数：** 345千字
版　　次： 2022年2月第1版　　　　　**印　　次：** 2023年5月第2次印刷
定　　价： 89.00元

产品编号：080782-01

前　言 >>>>

当前，我国经济正处于新旧动能转换时期，供给侧结构性改革在如火如荼地进行。战略性新兴信息产业、现代制造业、服务业被确定为供给侧改革的三大支柱产业。人工智能和信息技术是战略性新兴信息产业中的两个非常重要的领域。2017 年，国务院印发《新一代人工智能发展规划》，人工智能在我国得到高度重视和快速发展。2016 年 4 月 19 日，习近平总书记在网络安全和信息化工作座谈会上提出增强网络安全防御能力和威慑能力。2017 年 6 月 1 日，《中华人民共和国网络安全法》开始施行，网络信息安全也得到空前的重视和发展。

网络信息安全风险存在的本质原因是攻与防的信息不对称，网络信息安全对抗的实质是资源和智能的对抗。随着诸如云计算、大数据、物联网等新业态的出现，网络攻击手段和方式层出不穷，网络病毒（如蠕虫、木马等）也在不断地变种，安全防御面临严峻的挑战。攻与防两方力量已呈不平衡态势，安全防御急需应用新的技术来解决所面临的诸如未知威胁防范等难题。

网络信息安全防御技术经历了黑白名单比对、静态特征匹配两次进阶，目前急需向智能行为分析发展。安全防御能力也经历了计算机化、专家服务化两次提升，急需向智能化、自动响应化进阶。人工智能技术已经在计算机视觉、自然语言处理、机器人等领域取得了很多成果，但是在网络信息安全领域尚处于初级阶段，学术界和企业界已经开始尝试将人工智能技术应用到网络信息安全防御中并获得了良好的效果。本书试图将人工智能和大数据挖掘技术应用到云计算安全过程中的一些尝试、实践、研究成果呈现给广大读者。

本书简要介绍了人工智能、云计算、大数据挖掘等基础知识，重点阐述了人工智能和大数据挖掘技术应用在云计算安全领域，用于解决云计算场景所面临的系列信息安全难题，如传统的网络信息安全防护措施无法直接部署到云计算场景、云内病毒感染成指数级扩散、针对云基础设施的高级威胁攻击难以被及时发现等。另外，详细阐述了人工智能的机器学习算法在解决云网络微隔离、云主机防恶意代码、云东西向流量全息解析和云安全运维自动化等方面的应用，并用实际实现原型来深入探讨实践过程中所遇到的难题及解决思路。

　　本书由王智民主编，李麟、武中力、刘家琦、刘建兴、王高杰、李瀚辰、赵孟杰、赵宏、廖延安、刘志刚、陈桐乐、陈琳琳、何志福、陈梦杰参与编写，李江力、任增强提供指导。

作　者

2022 年 1 月

目 录 >>>>

第 1 章 ◄

云计算安全概述

1.1 云计算简述

　　云计算不仅仅是一个产品或一项新技术，还是一种生成并获取计算能力的新方法。关于"云计算"名称的由来，一个广为大众所认可的解释是：在互联网技术兴起的时期，人们习惯在文宣绘画时使用云的形象代表互联网，于是在命名这种基于互联网的新一代计算时，为了沿袭这种风格，选择了"云计算"这个术语。自 2006 年谷歌首次提出"云计算"概念以来，许多研究机构和相关制造商从不同的研究角度定义了云计算。

1.1.1 云计算的定义

　　根据美国国家标准与技术研究院（NIST）的定义：云计算是一种计算模型，允许无处不在地、方便地、按需地通过网络访问共享可配置的计算资源，如网络、服务器、存储、应用和服务等，这些资源以服务的形式快速地供应和发布，使相应的软硬件资源的管理代价或与服务提供商的互动降低到最少。

　　狭义云计算是指 IT 基础设施的交付和使用模式，通过网络以按需、易扩展的方式获得所需的资源（硬件、平台、软件）。

　　广义云计算是指服务的交付和使用方式，通过网络以按需、易扩展的方式获得所需的服务。这种服务可以是与软件、互联网相关的，也可以是任意其他的服务。

　　云计算具有五个基本特征、三种服务模式和四个部署模型。

1．云计算的五个基本特征

NIST 对云计算的定义包含以下五个基本特征。

（1）按需自助服务（On-demand Self-service）。消费者可以按需部署处理能力，如服务器和网络存储，而不需要与每个服务供应商进行人工交互。

（2）广泛的网络接入（Ubiquitous Network Access）。用户通过各种客户端（移动电话、笔记本计算机等）接入互联网并通过标准方式访问和获得各种资源。

（3）无关位置的资源池（Location Independent Resource Pooling）。供应商集中计算资源，以多用户租用模式为所有客户服务，同时，不同的物理和虚拟资源可根据客户需求动态分配。这些资源包括存储、处理器、内存、网络带宽和虚拟机等。用户一般无法知晓和控制资源的确切位置。

（4）快速弹性（Rapid Elasticity）。服务供应商可以迅速、弹性地提供计算能力，能够根据突发事件需求快速扩展资源，当事件解决后快速释放资源，使用户可租用资源看起来是无限的，用户可在任何时间租用任何数量的资源。

（5）按量计费（Pay per Usage）。云服务提供商提供可计量的服务，为相应的服务（如存储、带宽或活动用户账户等）制定抽象的计量能力，用户按使用付费。云服务提供商可监视、控制和优化资源的使用，并为用户提供详细的资源使用数据分析。

云计算提供计算和存储等服务，其计算环境由一个个数据中心组成，每个数据中心承载云平台和云服务两部分。云平台主要由两层组成，底层是服务器、存储及连接它们的网络交换设备，上层是各种系统软件和支撑软件，包括操作系统、虚拟化软件、分布式和并行处理软件、分布式存储、云能力服务编程接口和各种应用服务接口等。云服务是根据各个行业的信息化需求部署和交付的应用软件，包括搜索、电子商务、存储等。云服务采用的是按需自助的商业模式，用户通过各种终端接入互联网以获得各自的服务，并按实际使用付费。

2．云计算的三种服务模式

根据 NIST 的权威定义以及市场上云计算的服务状况，云计算的服务模式可以划分为三种：基础设施即服务（Infrastructure as a Service，IaaS）、平台即服务（Platform as a Service，PaaS）、软件即服务（Software as a Service，SaaS）。

IaaS 通过网络将硬件设备（物理机和虚拟机）、存储空间、网络连接、负载均衡和防火墙等基础设施资源封装成服务供用户使用。

PaaS 提供用户应用程序的运行环境，是对资源更进一层次的抽象。具有相应能力的中间件服务器及数据库服务器就位于这一层。

SaaS 是一种创新型的、基于 Web 的交付模式，是将某些特定应用软件功能封装成服务并通过 Internet 提供。

无论是 IaaS、PaaS 还是 SaaS，其商业模式服务理念都是一样的，用户无须购买相应的基础设施、开发平台或软件，而是根据自己的实际需求，向服务提供商租用基于 Web 的功能。

三种模式之间既相互独立又有层次关系。相互独立是因为面对不同类型的用户，它们之间的关系是下端、中端、顶端三个层次。下端是 IaaS，其服务主要面向网络工程师；中端是 PaaS，其服务主要面向应用开发者；顶端则是 SaaS，其服务面向各种应用的用户。自底向上，应用范围越广，客户的价值越高。

从技术实现角度来看，它们不是简单的 SaaS 基于 PaaS，PaaS 基于 IaaS 的关系，而是 SaaS 可以基于物理资源构建，也可以部署在 PaaS 或 IaaS 之上。同理，PaaS 可以构建在物理资源之上，也可以部署在 IaaS 之上。

3．云计算的四个部署模型

云计算按照参与者角色不同，分为消费者、服务提供者、平台建设者，其部署模型包括公有云、私有云、社区云和混合云。

（1）公有云：公有云的服务提供者与消费者是分离的，而其平台建设者与服务提供者可以是一体的，也可以是分离的。云端可部署在本地，也可部署在其他地方，如北京市民公共云的云端可能建在北京，也可能建在天津。

（2）私有云：是集消费者、服务提供者和平台建设者为一体的云计算。云端资源只给一个单位组织内的消费者使用。云端可部署在本单位内部，也可托管在其他地方。

（3）社区云：云端资源由几家云服务提供者共享，专门为面对相同诉求（例如安全要求、云端使命、规章制度、合规性要求等）的特定消费者团体提供支持。云端资源可由这些云服务提供者或第三方来管理。云端可部署在本地或其他地方。

（4）混合云：强调其基础设施由两个或更多的云服务提供者共同建设，它们各自独立，但用标准的或专有的技术将它们组合起来，实现云之间的数据和应用程序的平滑流转，对外呈现为一个完整实体。

重要数据（如财务数据）保存在私有云或社区云，不重要的信息放到公有云，整体框架称为混合云。私有云和公有云构成的混合云是目前最流行的，如图 1-1 所示。当私有云资源短暂性需求过大（称为云爆发，Cloud Bursting）时，自动租赁公有云资源来平抑私有云资源的需求峰值。例如，网店在节假日期间点击量巨大，这时就会临时使用公有云资源应急。

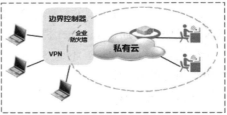

（a）公有云　　　　　　　　　（b）私有云

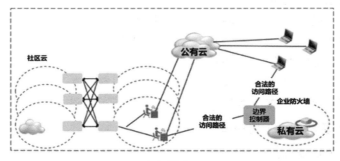

（c）混合云

图 1-1　公有云、私有云、混合云示意图

1.1.2　云计算的意义

在谷歌于 2006 年首次提出云计算概念后，亚马逊、微软、雅虎、IBM 等公司也纷纷成为云计算的开路者。由于云计算在降低 IT 支出、减少能源消耗、提升运营效率方面具有巨大优势，美国、韩国、日本政府都宣布了国家云计算发展战略，将云计算提升到前所未有的高度。2009 年《福布斯》杂志热点趋势评选中，"应用走向云计算"排名第一，云计算成为炙手可热的焦点。2020 年全球云计算市场销售额已达到 2957.6 亿美元。

高能耗、高成本、低效率是传统数据中心最严重的问题。企业对降低 IT 成本的需求迫切，节能减排对企业提出了更高的要求，而运营商的传统数据中心服务也显得落后、昂贵、应用单一，这些迫使其寻求新的方式建设新一代数据中心。基于云计算技术建设新一代数据中心，可以满足对宽带、存储和计算能力的突发业务需求。

第一，云计算通过集中管理和集中使用解决数据中心的能耗问题。传统数据中心的能耗以高于 GDP 的增速发展，已成为最浪费的行业。通过云计算使 IT 资源集中管理和共享使用，克服了传统 IT 重复、低水平建设，大大降低了 IT 能源消耗，政府对此也积极支持。

第二，云计算通过虚拟化方式降低企业数据中心的应用成本。2008 全球金融危机使很多企业的 IT 支出预算捉襟见肘，但企业信息化应用和提速发展并未受其影响，相反，需求更加旺盛，低成本的 IT 服务需求尤为迫切。云计算通过虚拟化、可扩展的方式满足这一需求，企业可选择租赁数据中心服务商的 IT 资源，从而直接减少购买昂贵设备所需要的成本。

第三，云计算通过灵活可扩展的方式实现资源共享，提升企业运营效率。目前，大部分企业内存在多个数据中心，一方面，各数据中心的数据信息不能共享；另一方面，各数据中心的资源能力也不能相互调度，传统的服务器和网络设备的利用率仅为 20%～30%，效率低下。通过云计算，可以实现各个业务系统之间的资源相互调度，实现资源扩展，使 IT 资源的利用率提升至 60%，通过扩展资源使用率提升企业运营效率。

云计算本质上是一种更加灵活、高效、低成本、节能的信息运作的全新方式，相信会有更多的企业开始尝试建设采用云计算技术的数据中心，也有更多的中小企业选择租赁数据中心服务。

1.2　云计算面临的安全挑战

自云计算服务出现以来，发生的大量安全事件已经引起了业界的广泛关注。从安全事件的原因来看，包括软件漏洞或缺陷、配置错误、基础设施故障、黑客攻击等。从安全事件的后果看，主要表现为信息丢失或泄露、服务中断等。例如，2009 年 2 月 24 日，谷歌邮箱爆发长达 4 小时的全球性故障；2009 年 3 月 17 日，微软的云计算平台 Azure 停运约 22 小时，Rackspace 云服务中断；2010 年 1 月，大约 68000 名 Salesforce.com 用户经历了至少 1 个小时的宕机；2010 年 9 月，微软爆发"商务办公在线标准套件"（BPOS）云计算服务中断事件；2011 年 3 月，谷歌邮箱爆发大规模的用户数据泄露事件，大约有 15 万名 Gmail 用户受到影响；2011 年 4 月，由于 EC2 业务的漏洞和缺陷，亚马逊公司爆出了最大云计算数据中心宕机事件，同月，黑客租用亚马逊 EC2 云计算服务，对索尼 Play Station 网站进行了攻击，造成用户数据大规模泄露；2016 年 9 月 9 日，Azure 欧洲客户遭遇了数小时的服务中断，9 月 15 日，包括 SQL Database 在内的多个微软 Azure 服务在波及所有地区用户的全球性 DNS 故障中发生降级；2017 年 6 月，美国共和党承包商放在 AWS S3 云存储的 1TB 数据（包含 1.98 亿选民信息）被曝出任何人均可访问；2018 年 6 月 28 日，阿里云禁用内部 IP 导致大规模故障等。

1.3　云计算安全布局

　　云计算是新一代信息技术产业的重要组成部分，云计算安全是网络时代信息安全的最新体现，是消费者首要关注的问题，也是制约云计算发展的瓶颈。要充分发挥云计算的潜能，必须消除其面临的安全风险。云计算自身的安全问题是国内外共同关注的热点，也是各国政府、公共部门和企业力图解决的难题。

　　为了抢占云计算发展的先机，美国和德国对云计算安全进行了相关部署。2011年2月，美国发布《联邦云计算战略》，提出要在云服务提供商和消费者之间建立一个透明的安全环境。根据该战略，美国政府于同年12月推出跨多个部门的"联邦风险和授权管理计划"，旨在为云计算产品和服务提供商建立可信的联系提供一条政策途径。2011年3月，德国启动了主要面向中小企业的"可信云"技术项目，旨在挖掘云计算的巨大经济潜力，解决云计算面临的IT安全和数据保护问题，建立德国在云计算领域的领导地位。

　　2012年9月，欧盟发布题为《发挥欧洲云计算潜力》的通讯，推出新的云计算战略和行动计划，强调了提高云计算安全和可信度的重要性。欧盟还通过框架计划资助了若干与云计算安全相关的项目。

　　引领云计算技术发展潮流的企业更是对云计算安全的研发与布局高度重视。微软陆续发布了《保障微软云计算基础设施安全》《云计算的安全考虑》《面向微软云计算基础设施的信息安全管理系统》等多份重要报告，详细介绍了微软在云计算安全领域的布局与相应举措。IBM也于2010年10月推出一项以云计算安全为重点的计划，旨在通过新的云计算安全规划，评论服务和管理服务，帮助云计算提供商和用户更轻松地应对安全挑战。

1.4　云计算安全相关标准

1.4.1　云计算安全国际标准

1. ISO/IEC 标准

　　国际标准化组织（ISO）和国际电工委员会（IEC）联合技术委员会（JTC1）下专门负责信息安全标准化的分技术委员会（SC27）是信息安全领域中最具代表性的国际标准化组织，其致力开发的标准中包括对于提高隐私保护的若干技术，特别是基于凭证的框架技术，以及对匿名认证机制技术的研究。

近年来，ISO/IEC JTC1/SC27 一直关注云计算安全标准的研究和制定，主要集中在云安全管理、隐私保护和供应链安全领域，发布的成果有 ISO/IEC 27017《信息技术　安全技术　基于 ISO/IEC 27002 的云服务信息安全控制措施》、ISO/IEC 27018《信息技术　安全技术　公有云中个人可识别信息处理者保护个人可识别信息的安全控制措施》、ISO/IEC 27036-4《信息技术　安全技术　供应商关系的信息安全　第 4 部分：云服务安全指南》等。其中，ISO/IEC 27017 主要针对云服务用户使用云服务和云服务提供者供应云服务，给出了安全控制措施及实施指南；ISO/IEC 27018 在 ISO/IEC 27002 的基础上，添加了实施指南，在公有云环境中，建立与 ISO/IEC 29100《信息技术　安全技术　隐私框架》中隐私原则一致的、用于保护个人可识别信息（PII）的通用的控制目标、控制措施和实施指南。

ISO/IEC JTC1/SC27 在研的云计算安全标准研究项目有《云和新数据相关技术的风险管理》《云安全用例和潜在的标准差距》等。

2．ITU-T 标准

ITU-T（国际电信联盟电信标准化部门）是国际电信联盟管理下专门制定远程通信相关国际标准的组织。

ITU-T 第 17 研究小组自 2010 年 4 月起开始云计算安全方面的研究，拟定了《ITU-T X.1601 云计算安全框架》；云计算安全设计系列，包括《ITU-T X.1602 软件即服务（SaaS）应用环境安全要求》《ITU-T X.1603 云计算监测业务的数据安全性要求》《ITU-T X.1604 云计算中网络即服务（NaaS）安全要求》《ITU-T X.1605 云计算汇总基础设施即服务（IaaS）平台和虚拟化服务安全要求》《ITU-T X.1606 通信即服务（CaaS）的应用环境安全要求》《ITU-T X.1631 基于 ISO/IEC 27002 的云计算业务信息安全控制行为准则》《ITU-T X.1641 云业务提供商（CSP）数据安全导则》《ITU-T X.1642 云计算中操作安全导则》等。

ITU-T 在 2010 年 6 月成立了云计算焦点组，主要致力于从电信的角度为云计算提供支持。云计算焦点组的工作截至 2011 年 12 月，后续工作已转移到其他研究组中。其中 SG13 研究组成立了云计算专项工作组，旨在促进电信支持云计算的相关标准开发工作。

云计算焦点组主要关注云安全架构、虚拟化安全等方面，发布的成果有《云计算标准制定组织综述》《云安全》等。其中，《云计算标准制定组织综述》主要对多个标准化组织，包括 NIST DMTF（分布式管理任务组）、CSA（云安全联盟）等，在云计算使用案例、功能需求、审计和隐私等 7 个方面的工作和成果进行综述和分析；《云安全》旨在确定 ITU-T 与相关标准化制定组织要合作开展的云安全研究主题。

1.4.2 云计算安全行业标准

1. CSA 标准

CSA（Cloud Security Alliance，云安全联盟）是在 2009 年信息安全大会（RSA）上宣布成立的一个非营利性组织，致力于在云计算环境下提供最佳的安全方案。自成立以来，CSA 迅速获得了业界的广泛认可。截至 2012 年 5 月，CSA 个人会员超过 36000 名，全球范围内建立的分会组织超过 60 个，企业成员数量超过 120 个，涵盖国际领先的电信运营商、IT 和网络设备厂商、网络安全厂商、云计算提供商，以及重要的云计算用户。CSA 正在成为云计算和云安全产业界最为活跃的安全研究和推动力量之一，其已与 ITU、ISO、IEC 等建立起定期的技术交流机制，相互通报并吸收各自在云安全方面的成果和进展。CSA 的宗旨是：提供用户和供应商对云计算必要的安全需求并保证证书的同样认识水平；促进对云计算安全最佳实践的独立研究；发起正确使用云计算和云安全解决方案的宣传和教育计划；创建有关云安全保证的问题和方针的明细表。

CSA 开展了多个研究和项目，包括：

（1）云计算关键领域安全指南（Security Guidance for Critical Areas of Focus in Cloud Computing）：旨在为确保云计算安全提供基础的最佳做法，从云体系架构、云的治理、云的运维三个角度对云安全进行了深入阐述，并给出具体的实施建议，是业界考虑云安全的重要参考文献。

（2）云计算面临的主要威胁（Top Threats to Cloud Computing）：为机构在制定云采用战略时实现有根据的风险管理决策提供所需的环境。

（3）开放认证框架（Open Certification Framework，OCF）：一个产业级项目，旨在提供对云供应商的全球公认的可信认证。

（4）一致性评估项目（Consensus Assessments Initiative，eCAI）：旨在开发研究工具和进程来对云提供商进行持续评估。

（5）云控制矩阵（Cloud Controls Matrix，CCM）：旨在开发面向云提供商和云用户的安全控制框架，最大的特点在于覆盖面广，囊括了关于云计算安全的安全管控点。与之相对应的是该研究在评估的过程中只提供简单的"是"与"否"选项，在量化方面存在较大缺陷，无法反映收集到的数据背后更多的内涵。

（6）云信任协议（Cloud Trust Protocol，CTP）：一种机制，云用户可利用 CTP 请求和接收适用于云服务提供商的透明度元素的信息。

（7）云数据治理（Cloud Data Governance，CDG）：致力于理解不同利益

相关方在治理和运行云数据方面的关键需求，并负责解答云利益相关方面临的主要问题。

（8）可信云项目（Trusted Cloud Initiative，TCI）：帮助云提供商开发安全、可互操作的身份。

（9）安全即服务（Security as a Service，SecaaS）：旨在深入理解如何利用云模式提供安全框架。

（10）云审计（Cloud Audit）：旨在提供一个通用的接口和命名空间，使云计算提供商能自动化其基础设施、平台和应用环境的审计、维护、评估和保障，并允许获授权的用户利用开放、可扩展、安全的接口和方法。

（11）云指标（Cloud Metrics）：旨在为云控制矩阵和云计算关键领域安全指南设计相关的指标。

其中，各工作组主要分工如下。

（1）创新项目 （Innovation Initiative）：工作组负责促进信息技术的安全创新。

（2）移动工作组（Mobile Working Group，MWG）：负责提供基础研究来帮助确保移动端点计算的安全。

（3）大数据工作组（Big Data Working Group）：负责确认大数据安全和隐私方面的最佳做法。

（4）隐私等级协议工作组（Privacy Level Agreement Working Group）：旨在创建一个可作为强大的自我监管协调工具的隐私等级协议模板，从而以一种明确、有效的方式使用户享受云服务提供商的数据保护服务。

（5）云安全应急响应小组（Cloud Security CERT）：旨在提高云团体应对漏洞、威胁和紧急事故的能力，以维护云计算的可信度。

其他研究项目组还包括医疗信息管理组、电信工作组、框架提供商咨询理事会等。

2．TCG 标准

TCG（Trusted Computing Group，可信计算组织）是由 AMD、惠普、IBM、英特尔和微软组成的一个组织，旨在建立个人计算机的可信计算概念。该组织于 2003 年成立，并取代了于 1999 年成立的可信计算平台联盟（Trusted Computing Platform Alliance，TCPA）。该组织已发展成员 190 家，遍布全球主力厂商。

TCPA 专注于从计算平台体系结构上增强其安全性，并于 2001 年 1 月发布了可信计算平台标准规范。2003 年 3 月，TCPA 改组 TCG，其目的是在计算和通信系统中广泛使用基于硬件安全模块支持下的可信计算平台，以提高整体的安全性。

TCG 制定了 TPM（Trusted Platform Module，可信平台模块）的标准，很多安全芯片符合该规范，而且由于 TPM 硬件实现安全防护，逐渐成为 PC，尤其是便携式 PC 的标准配置。

3．The Open Group 标准

The Open Group 已有超过 20 年的标准制定与推广历史，该机构于 1996 年由 X/Open 与 Open Software Foundation 合并组成。The Open Group 是 UNIX 商标的认证机构。其出版的 *Single UNIX Specification* 扩充了 POSIX 标准而且是 UNIX 的官方定义。其成员包括买主、供应商以及政府机构，如 Capgemini、Fujitsu、Hitachi、US Department of Defense、NASA 等。

The Open Group 于 1993 年开始应客户要求制定系统架构的标准，在 1995 年发布 The Open Group Architecture Framework（TOGAF）。TOGAF 的基础是美国国防部的信息管理技术架构（Technical Architecture for Information Management，TAFIM）。TOGAF 是一个架构框架，简而言之，TOGAF 是一种协助发展、验收、运行、使用和维护架构的工具。它是基于一个迭代（Iterative）的过程模型，支持最佳实践和一套可重用的现有架构资产。TOGAF 的关键是架构开发方法（Architecture Development Method，ADM）：一个可靠的、行之有效的方法，以发展能够满足商务需求的企业架构。

The Open Group 下设不同论坛，制定不同的标准。最有名的是架构论坛（Architecture Forum），该论坛下设立不同工作组，以确保 TOGAF 包含最新的科技标准，包括业务架构工作组（Business Architecture Work Group）、面向服务架构工作组（SOA Work Group）、语义互操作性工作组（Semantic Interoperability Work Group）及通用数据元素框架（Universal Data Element Framework）。

The Open Group 是国际众多知名开放性标准的制定机构和交流平台，其推进的国际标准已经在企业、政府、非营利机构的战略、管理、业务创新实践中得到广泛应用。

1.4.3　各个国家和组织的云计算安全标准

1．美国

NIST 直属美国商务部。2011 年 11 月，NIST 正式启动云计算项目，其目标是通过技术引导和推进标准化工作来帮助政府和行业安全、有效地使用云计算。NIST 成立了五个云计算工作组：云计算参考架构和分类工作组、促进云计算应用的标准推进工作组、云计算安全工作组、云计算标准路线图工作组以及云计算业务用例工作组。

NIST 发布的成果有《公共云中的安全与隐私管理指南》《云计算安全障碍和环节措施列表》《美国联邦政府使用云计算的安全需求》《联邦政府云指南》等。其中比较典型的如《公共云中的安全与隐私管理指南》，指出应从治理、合规性等 9 个方面全面评估云计算的安全，广泛结合实际用例分析安全问题，具有较高的参考价值。NIST 于 2012 年 2 月发布了《面向联邦信息系统与组织的安全与隐私控制》报告，旨在将其应用到云计算生态系统中的联邦信息与信息系统。然而，在实施该报告描述的安全控制与保障需求方面，尚缺乏条厘清晰的方案。

NIST 云计算参考架构中对云计算概念、属性及架构的定义得到了业界的广泛认同。NIST 云计算参考架构是一个通用的高层架构，定义了一个可用于云计算架构开发过程的参与者、动作和功能的集合。它包含一组可以用于对云计算特性、使用和标准讨论的观点及描述。其意图是帮助理解云计算的需求、用途、特性和标准。

美国 FedRAMP（Federal Risk and Authorization Management Program）认证是面向政府采购的云服务认证，目的是指导政府采购云计算服务。该认证由美国政府主导，标准研究所、总务署、国家安全局、联邦 CIO 委员会等机构组成云计算项目管理办公室（PMO）主导认证工作。认证标准参考 NIST SP 800-53 标准，内容包括信息安全、服务质量、市场因素等。

2. 欧盟

ENISA（欧盟网络与信息安全局）发布的成果有《云计算中信息安全的优势、风险和建议》《云计算信息安全保障框架》《政务云安全部署操作指南》《云计算合同安全服务水平监测指南》等。其中比较典型的如《政务云安全部署操作指南》，建议欧盟各国建立共同的服务级别协议（SLA）框架和欧盟政务云供应商认证框架，有利于推动政务云的部署；《云计算合同安全服务水平监测指南》从服务质量等 8 个角度出发，论述了如何全面地评估一家云提供商的服务质量。

3. 中国

我国制定的云计算安全标准列举如下。

❑ GB/T 31167—2014《信息安全技术　云计算服务安全指南》。
❑ GB/T 31168—2014《信息安全技术　云计算服务安全能力要求》。
❑ GB/T 35279—2017《信息安全技术　云计算安全参考架构》。
❑ GB/T 34942—2017《信息安全技术　云计算服务安全能力评估方法》。
❑ GB/T 34080.1—2017《基于云计算的电子政务公共平台安全规范　第 1 部分：总体要求》。

- ❏ GB/T 34080.2—2017《基于云计算的电子政务公共平台安全规范 第2部分：信息资源安全》。
- ❏ GB/T 33780.3—2017《基于云计算的电子政务公共平台技术规范 第3部分：系统和数据接口》。
- ❏ GB/T 33780.6—2017《基于云计算的电子政务公共平台技术规范 第6部分：服务测试》。
- ❏ GW0013—2017《政务云安全要求》。
- ❏ YDB 156—2015《公有云安全基线要求》。
- ❏ GA/T 1345—2017《信息安全技术 云计算网络入侵防御系统安全技术要求》。
- ❏ GA/T 1527—2018《信息安全技术 云计算安全综合防御产品安全技术要求》。
- ❏ GB/T 37972—2019《信息安全技术 云计算服务运行监管框架》。
- ❏ GB/T 38249—2019《信息安全技术 政府网站云计算服务安全指南》。

1.4.4 云计算安全企业标准研究

1. IBM

IBM提出了一个基于企业信息安全框架的云安全架构，包括以下几个方面。

- ❏ 对于人员身份的用户认证与授权：可以允许合法的用户进入系统并访问数据，同时防止非授权性质的访问发生。
- ❏ 针对数据和信息的数据隔离和保护工作：为共享同一个存储设备的多个用户提供存储安全保护，通过存储设备自身的安全措施等功能管理其中存储数据的访问权限，达到为用户的数据和信息进行安全保护的目的。存储在云计算平台的用户数据，通过使用容灾、快照以及备份等技术手段来保护用户的重要数据。
- ❏ 对整个流程和应用进行管理：针对在云计算系统中运行的服务（如资源的申请、监控、变更和使用）统一采用流程化的管理。同时进行多级权限控制，对云计算系统中资源的访问和管理分为多个不同的安全领域，而对每个安全领域都实行权限控制（如可分为云计算管理员、机房管理和维护人员、系统管理员以及云计算维护员）。
- ❏ 对网络、服务器和终端的安全保护：对服务器实现隔离，其中对于重要的服务，通过双机备份技术提高整个应用的可靠性，这样也可以保证应用的连续性。同时对存储进行隔离，提高数据存储安全性的工作，可以从使用单独存储设备方面入手，从本质上在物理层面实现真正的隔离数据，这样可以有效确保数据安全。

❑ 系统灾备的工作：云安全系统统一使用集中灾备的技术来实现对平台用户的业务和数据的恢复服务，用户能在本地建立远距离的容灾中心，而容灾中心和云计算中心经由专用的网络链接，实现应用和数据传输。

2. Cisco

Cisco 安全工具具有以下特点。

❑ 采用私有操作系统：去除了多用途操作系统的缺点。Finesse 是 Cisco 的私有操作系统，既非 UNIX，也非 Windows NT，而是类似 iOS 的操作系统。使用 Finesse，可以减少通用操作系统带来的风险。该操作系统具有卓越的性能，可以同时处理 50 万个连接，比任何基于 UNIX 的防火墙的性能都高得多。FWSM（Firewall Service Module）目前可以处理 100 万个同时连接。

❑ 状态包检测：该技术提供了一个状态连接的安全，它追踪源和目的端口和地址、TCP 序列号以及其他的 TCP 标志。在没有明确配置的情况下，允许内部系统和应用建立单向（从内到外）连接，从高安全级别到低安全级别。状态包检测支持认证、授权、审计。

❑ 透明防火墙：部署安全工具在安全桥接模式，作为一个第二层设备提供第二层到第七层的安全服务。

❑ 基于用户的认证。

❑ 协议和应用程序检查。

❑ 模块化策略，容错能力。

❑ 基于 Web 的管理框架。

3. Amazon

Amazon 公司的 AWS（Amazon Web Services）是一个安全的云服务平台，提供计算能力、数据库存储、内容交付以及其他功能来帮助企业实现业务扩展和增长。数以百万计的客户目前利用 AWS 云产品和框架来构建灵活性、可扩展性和可靠性更高的复杂应用程序。

AWS 平台的安全模式经过了 10 年的发展，安全特征如下。

❑ 数据传输加密：数据在 AWS、客户和数据中心间的传输，以及在云平台之间的传输都是加密的。EC2 中加密的数据是 256 位 AES 加密的，加密密钥通过定期变化的 Master Key 来加密。

❑ Amazon VPC 内置的网络防火墙和 AWS WAF 中的 Web 应用防火墙功能：这些防火墙功能能创建私有网络，控制对应用和实例的访问。

❑ 灵活的密钥管理选项：AWS 提供的灵活的密钥管理选项让用户可以自由选择是否使用 AWS 来管理密钥，用户甚至可以完全控制密钥。

❑ 使用 AWS 专门的基于硬件的加密密钥存储可以满足用户的合规性要求。

❑ AWS 提供合规性标准的审计服务。

4．VMware

VMware 提出的云安全系统架构包括以下几个方面：对整个数据中心内部进行安全保护；对云计算中的虚拟数据中心进行保护，从而使其不受外界网络威胁；对虚拟机进行安全保护，使其免受病毒和恶意软件的攻击。VMware 云安全系统架构中的安全产品包括 VMware vShield Zones、VMware vShield Edge、VMware vShield Endpoint 以及 VMware vShield App 等。这些安全产品由 VMware vShield Manager 进行统一管理。

第 2 章 ◀

云计算安全需求探究

2.1 云计算安全核心目标

2.1.1 可信

1. 数据安全可信

ISO 对计算机系统安全的定义是：为数据处理系统建立和采用的技术与管理的安全保护，保护计算机硬件、软件和数据不因偶然和恶意的原因遭到破坏、更改和泄露。由此计算机网络的安全可以理解为：通过采用各种技术和管理措施，使网络系统正常运行，从而确保网络数据的可用性、完整性和保密性。所以，采取网络安全保护措施的目的是确保经过网络传输和交换的数据不会发生增加、修改、丢失和泄露等问题。

2. 数据隐私可信

每个企业都拥有敏感数据，包括商业秘密、知识产权、研究成果、配方、关键业务信息、业务合作伙伴信息或客户信息等，必须根据公司政策、法规要求和行业标准保护此类数据。

任何收集、使用和存储敏感信息的企业均应制定信息分类政策和标准。该分类政策和标准应按企业的需求包含几个分类等级。大多数企业至少设有公共、仅供内部使用和机密三个类别。

许多企业都有长期沿用的数据分类指导方针和政策，然而随着新法规的不断出台以及行业标准的发展，仅仅依靠公司政策已不能满足要求。为了减少违规风险，企业投入大量的时间和精力，通过部署不同的控制措施和工具，将企业的数据保护政策实体化为信息技术（IT）基础设施，数据泄露检测、预防和保护技术获得广泛采用。

每项数据类别的数量及定义应由数据治理、风险管理、合规性和业务要求，以及针对数据标识、存储、分配、披露、保留和销毁的要求来决定。显然，监管与行业规则和标准在定义过程中扮演重要角色。

3．数据审计可信

电子数据安全审计过程的实现可分成三步：第一步，收集审计事件，产生审记记录；第二步，根据记录进行安全违法分析；第三步，采取处理措施。凡是用户在计算机系统上的活动、上机和下机时间，与计算机信息系统内敏感的数据、资源、文本等安全有关的事件，可随时记录在日志文件中，便于发现、调查、分析及事后追查责任，还可以为加强管理措施提供依据。

4．账户认证可信

所谓身份认证，就是判断一个用户是否为合法用户的处理过程。最常用的简单身份认证方式是系统通过核对用户输入的用户名和口令，看其是否与系统中存储的该用户的用户名和口令一致，来判断用户身份是否正确。复杂一些的身份认证方式采用一些较复杂的加密算法与协议，需要用户提供更多的信息（如私钥）来证明自己的身份。

身份认证一般与授权控制相互联系。授权控制是指一旦用户的身份通过认证，便可确定该用户可以访问哪些资源、可以进行何种方式的访问操作等问题。在一个数字化的工作体系中，应该有一个统一的身份认证系统供各应用系统使用，但授权控制可以由各应用系统自己管理。

2.1.2　可控

1．用户管理行为可控

对云上用户的访问操作行为进行细粒度行为管控，有效防止非法用户在云内对重要资产进行攻击。

2．云上内容传播可控

对云内虚拟机向外网传播的内容进行控制，及时发现敏感信息，防止敏感信息泄露。

3．虚拟机通信行为可控

对虚拟机之间的通信行为进行安全策略访问控制，防止僵尸、木马、蠕虫在虚拟机之间肆意传播与扩散。

2.1.3 安全

1. 身份认证安全

如果身份认证管理机制存在缺陷，或者身份认证管理系统存在安全漏洞，则可能导致冒充合法云计算用户、操作人员或开发人员的攻击者获取、篡改和删除数据，或对虚拟机发起攻击等，给云计算用户带来严重损失。因此，需要引入严格的身份认证机制。身份认证机制经常存在以下漏洞。

（1）由于账户锁定而拒绝服务。攻击者在很短的时间内对某个云计算用户账号进行连续失败的验证请求而导致云计算用户被锁定，即 DDoS 攻击。

（2）薄弱的凭证重置机制。云计算服务商提供一个机制来重置云计算用户凭证，以防凭证被忘记或丢失。攻击者可以通过该机制重新获取云计算用户密码，对云计算用户产生安全威胁。

（3）授权检查的缺失。最新的 Web 应用程序往往缺乏授权检查，易暴露未经授权的信息。

（4）粗粒度的访问控制。云计算用户权限的级别过少，导致部分云计算用户权限过大，从而对系统产生威胁。

企业内部松散的身份验证、弱密码和糟糕的密钥或证书管理会造成数据泄露等安全问题。例如，在美国第二大医疗保险服务商 Anthem 公司的数据泄露事件中，有超过 8000 万客户的个人信息被暴露，就是云计算用户凭证被盗所致。Anthem 公司没有部署多因素认证，一旦攻击者获取凭证，就很容易完成攻击。

2. 系统漏洞防范

应能发现应用软件组件可能存在的已知漏洞，并在经过充分测试评估后，及时修补漏洞。

3. 运维管理安全

在管理方面，制定安全管理制度和安全运维流程，确保安全工作开展合规；在技术方面，严格控制运维人员的访问权限，定期开展对宿主机、应用软件、数据库软件的安全扫描及加固，确保安全风险可控。部分云计算服务商成立了专业部门，负责推动安全工作的同步规划、同步建设、同步使用，确保其云计算平台运营安全。同时，根据云计算用户的安全需求，云计算服务商提供云抗DDoS、云 WAF、云杀毒、云态势感知等安全服务，帮助云计算用户提升安全防护水平。

4．访问防护安全

应禁止云服务客户虚拟机访问宿主机；应在虚拟化网络边界部署访问控制机制，并设置访问控制规则；应保证当虚拟机迁移时，访问控制策略随其迁移。

2.1.4　可靠

1．管理平面可靠

管理平面是传统基础架构和云计算之间唯一且最重大的安全差异，是连接基础架构并完成云的大部分配置工作的界面。

管理平面用来管理基础架构、平台及应用的工具和接口。云对资源管理进行了抽象化和集中化，不再是通过线缆和控制盒来管理数据中心，而是通过 API（Application Programming Interface，应用程序接口）和网络控制台进行管理。因此，获得管理平面访问权就像获得毫无限制地访问数据中心的权限一样，除非已经采取了适当的安全控制措施，以限制哪些人可以访问管理平面及可以在上面执行哪些操作。

出于安全考虑，管理平面将以前通过不同的系统和工具管理的对象整合到一起管理，然后通过一套授权证书使得它们可以通过互联网被访问。集中化带来安全收益，云控制器知道资源池中资源的进出、分派，没有隐匿未知的资源，在任何时候用户都知道所拥有的资源、它们在哪里、如何配置。但云控制器无法窥视运行中的服务器里的内容，也无法打开锁定的文件，更无法了解特定数据和信息意味着什么。云管理平面负责管理资源池中的资产，而云消费者负责把他们的资产配置和部署到云端。

云提供方负责确保管理平面的安全，并把必要的安全工作开放给云消费者，例如具有管理平面访问权限的某个角色可以在平台上做什么事情的授权颗粒度。云消费者负责正确配置他们所使用的管理平面，保护和管理其授权证书。

2．业务连续性可靠

业务连续性/容灾的重要性在云上和非云环境一样重要。既应考虑与第三方提供方的潜在关联导致的差异，还应考虑由于使用共享资源导致的其他固有差异。

云上的业务连续性/容灾主要关注以下两方面。

（1）在某一既定的云提供方内确保业务连续性和中断恢复。通过构建保持云部署运行状态的最优化工具和技术，来应对部署中断或部分云提供程序中断的情况。

（2）对云提供方可能出现的中断进行准备和管理。中断的范围会比较广，小至包括职责内应解决的、可以在单一服务提供方内应对的中断，大至超过固有容灾控制措施的能力、会导致云提供方的部分甚至全部服务停止的大中断。考虑一些能实现可移植性的可选方案，以备对云提供方或平台进行迁移之需。这个不同寻常的特征是为应对云全部功能丧失的情况，例如云提供方停业或双方有了法律纠纷。

2.2 公有云安全需求

2.2.1 公有云安全责任共担模型

云计算环境的安全性由云服务提供者和云租户共同保障，在不同的云服务类别中，云服务提供者和云租户承担的安全责任不同。

云服务主要包括基础设施即服务（IaaS）、平台即服务（PaaS）、软件即服务（SaaS）3 种服务类别。不同服务类别下云服务提供者和云租户对资源的控制范围不同，控制范围决定安全责任的边界。图 2-1 中两侧的箭头示意了云服务提供者和云租户的控制范围，云服务提供者和云租户承担各自控制范围内的安全责任。

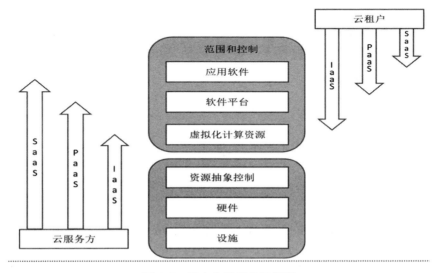

图 2-1 云安全责任共担模型

1. IaaS

在 IaaS 服务类别，IaaS 服务提供者控制了底层的物理和虚拟资源；云租户控制了访问和使用 IaaS 服务的用户凭据（如用户证书、账号口令等）、工具（如 Web 浏览器、客户端软件等）或系统（如运行客户业务处理、应用、中间件和相关基础设施的企业系统），以及使用物理和虚拟资源的操作系统、存储，以及部署的应用。

2. PaaS

在 PaaS 服务类别，PaaS 服务提供者控制了底层的物理、虚拟资源和 PaaS 服务的软件平台；云租户控制了访问和使用 PaaS 服务的用户凭据、工具或系统，以及部署在 PaaS 软件平台的应用。

3. SaaS

在 SaaS 服务类别，SaaS 服务提供者控制了底层的物理、虚拟资源和 SaaS 服务的软件平台及应用；云租户控制了使用 SaaS 应用服务的用户凭据、工具或系统。

2.2.2　公有云租户安全需求

1. IaaS 安全需求

IaaS 安全需求包括数据安全、应用安全、身份认证。

2. PaaS 安全需求

PaaS 安全需求包括数据安全、灾难恢复、数据与计算可用性。

3. SaaS 安全需求

SaaS 安全需求包括物理安全、网络安全、传输安全、系统安全。

2.2.3　公有云服务商安全需求

1. 云系统安全

虚拟化平台运行在操作系统与物理设备之间，其设计和实现中出现的漏洞成为新的安全威胁。

（1）Hypervisor（虚拟机监视器）及管理系统会引入新的威胁。

（2）在 CVE（Common Vulnerabilities & Exposures，通用漏洞披露）的数

据库中，虚拟化软件的漏洞超过 700 条，涉及各主要的虚拟机软件。

（3）Hypervisor 层的漏洞将影响所有的虚拟机。

（4）作为虚拟机的底层系统，一旦存在漏洞，将危及运行在其上的所有虚拟机。

（5）虚拟机镜像存在被修改的风险。

（6）虚拟机镜像在休眠时是以数据文件形式存储的，存在被恶意篡改的风险。

2．云主机安全

虚拟化的安全风险绝大多数与虚拟主机有关。

（1）外部对虚拟机开放接口的攻击，如 Web 攻击、SQL（操作数据库数据的结构化查询语言）注入、XSS（跨站脚本）攻击、DDoS（分布式拒绝服务）攻击、暴力破解。

（2）虚拟机自身的安全风险（病毒木马感染，系统、应用漏洞，安全配置缺陷）。

（3）虚拟机对虚拟机的横向攻击（恶意扫描、侧信道攻击、病毒木马感染）。

（4）虚拟机利用虚拟化层漏洞进行逃逸，如逃逸攻击（毒液漏洞）、拒绝服务攻击、指令漏洞攻击。

3．云网络安全

云网络存在以下安全隐患。

（1）安全边界模糊，无法通过传统硬件设备灵活定义安全边界。传统数据中心用 VLAN（Virtual Local Area Network，虚拟局域网）或 IP 划分安全域，安全域之间有清晰的边界，所以可以部署硬件安全设备（如防火墙）做安全域间的访问控制与深度安全检测。而云数据中心通常使用 VXLAN（Virtual Extensible Local Area Network，虚拟扩展局域网）构建逻辑网络，通过 VNI（VXLAN Network Identifier，VXLAN 网络标识）划分安全域，跨节点的安全域之间是 VXLAN 逻辑网络，无法部署传统硬件安全设备或安全软件。

（2）不同虚拟机的虚拟网络间缺乏威胁隔离机制，网络病毒肆意蔓延，导致病毒风暴，引发网络瘫痪；网络各类入侵攻击行为（SQL 注入、缓冲区溢出攻击、端口扫描、木马、蠕虫等）威胁虚拟机稳定运行；以虚拟机为跳板，发起恶意 DDoS 攻击行为，影响云内核心业务长期、有效、稳定、持续地提供服务。

（3）网络审计存在盲点，无法直观感受虚拟机数据流量和流向的变化。

4．云管理安全

建立健全的信息安全管理制度对企业的安全管理工作和企业的发展意义重大。首先，安全管理制度的建立将提高员工的信息安全意识，提升企业的信息安全管理水平，增强组织抵御灾难性事件的能力，是企业信息化建设中的重要环节。其次，信息安全管理制度的建立，可有效提高企业对信息安全风险的管控能力，与等级保护、风险评估等工作关联起来，使得信息安全管理更加科学有效。最后，信息安全管理体系的建立将使企业的管理水平与国际先进水平接轨，从而为企业向国际化发展提供有力支撑。

企业的安全管理制度应遵循信息安全工作的总体方针和安全策略，说明机构安全工作的总体目标、范围、原则和安全框架等；对安全管理活动中重要的管理内容建立安全管理制度；对安全管理人员或操作人员执行的重要管理操作建立操作规程。

2.3　私有云安全需求

2.3.1　云载体

云载体是云计算服务的基础，其承载着云服务商为用户提供的云计算服务，因此，云载体的安全风险将直接威胁到用户业务的正常运营。

云载体的安全需求包括：

- ❑　物理资源安全。
- ❑　物理网络安全。
- ❑　Host OS（运行虚拟机软件的宿主机操作系统）安全。
- ❑　Hypervisor 层安全。
- ❑　Workload（负载）之虚拟机安全。
- ❑　Workload 之容器安全。
- ❑　Overlay（数据中心逻辑网络架构）网络安全。
- ❑　Guest OS（在虚拟机里运行的操作系统）安全。

2.3.2　云应用

应用转移到云计算后，用于记录日志、监控和审计目的的各类实体设备对组织外的各种安全风险已无法进行有效监控，更谈不上风险的可视化了。

云应用的安全需求包括：

- ❑　云应用监控与可视。
- ❑　分布式应用"陷阱"防护。

- ❑ 应用程序漏洞防护。
- ❑ 应用逻辑漏洞防护。
- ❑ 身份欺诈防护。
- ❑ API 安全防护。
- ❑ 恶意程序（病毒、蠕虫、木马）防护。

2.3.3 云数据

用户在使用云计算时，数据的所有权和管理权就会分离。一方面，用户在利用云平台的计算和存储资源时，会将数据存储到云服务器上，可能会导致敏感数据和计算结果的泄露。另一方面，用户使用的云服务器一旦出现问题，用户的数据和应用就有可能会无法使用。

云数据的安全需求包括：
- ❑ 云数据防泄露。
- ❑ 云数据防破坏。
- ❑ 云数据避免隐私侵犯。

2.3.4 云操作

在云数据中心的运维管理中，网络管理员、系统管理员、代维人员等的操作行为可能导致数据中心出现故障，从而导致数据中心服务中断。

云操作的安全需求包括：
- ❑ 恶意操作行为审计。
- ❑ 误操作行为审计。
- ❑ 非法操作行为审计。
- ❑ 销毁或躲避审计管控。

2.4 云计算安全等级保护要求

2.4.1 云计算等级保护 2.0 标准解读

1. 云计算等级保护 2.0 诞生的时代背景

2003 年，中共中央办公厅、国务院办公厅转发的《国家信息化领导小组关于加强信息安全保障工作的意见》中指出，"要重点保护基础信息网络和关系国家安全、经济命脉、社会稳定等方面的重要信息系统"，其中要重点保护的对象就是《中华人民共和国网络安全法》中的"关键信息基础设施"，所以说，等级保护的核心从未改变。

但是，随着云计算、移动互联、大数据、物联网、人工智能等新技术不断涌现，计算机信息系统的概念已经不能涵盖全部，特别是互联网快速发展带来大数据价值的凸显，这些都要求等级保护外延的拓展。新的系统形态、新业态下的应用、新模式背后的服务，以及重要数据和资源都进入了等级保护的视野。

2017 年 6 月 1 日，《中华人民共和国网络安全法》正式施行，作为网络安全基础性法律，在第二十一条明确规定了国家实行网络安全等级保护制度，网络运营者应当按照网络安全等级保护制度的要求，履行安全保护义务；在第三十一条规定对于国家的关键信息基础设施，在网络安全等级保护制度的基础上，实行重点保护。等级保护制度已上升为法律，并在法律层面确立了其在网络安全领域的基础和核心地位。

2017 年 9 月 22 日，第六届全国网络安全等级保护技术大会在江苏南京成功举行。本届大会重点围绕新技术、新应用环境下网络安全等级保护制度体系的健全完善、关键信息基础设施安全保护技术研发和手段建设、网络安全策略与机制、技术标准体系等主题开展研讨交流。会上公安部十一局的郭启全总工程师就"全力构建国家网络安全等级保护制度体系，坚决维护关键信息基础设施安全"做专题报告，报告中阐述了网络安全等级保护制度进入 2.0 时代的标志。

- ❑ 《中华人民共和国网络安全法》第二十一条明确要求"国家实行网络安全等级保护制度"。
- ❑ 《关于加强社会治安防控体系建设的意见》要求"健全信息安全等级保护制度"。
- ❑ 中央领导批示要求"健全完善以保护国家关键信息基础设施安全为重点的网络安全等级保护制度"。

为了适应云计算应用、无线移动接入应用、物联网应用和工控系统应用等新技术、新应用情况下信息安全等级保护工作的开展，对 GB/T 22239—2008《信息安全技术　信息系统安全等级保护基本要求》进行修订的思路和方法调整为针对云计算应用、无线移动接入应用、物联网应用和工控系统应用等新技术、新应用领域的个性安全保护需求提出安全扩展要求，形成新的网络安全等级保护基本要求标准——GB/T 22239—2019《信息安全技术　网络安全等级保护基本要求》。

等级保护对象包括大型互联网企业、基础网络、重要信息系统、网站、大数据中心、云计算平台、物联网系统、移动互联网、工业控制系统、公众服务平台等。

2. 云安全扩展性要求分析

云计算服务带来了"云主机"等虚拟计算资源，将传统 IT 环境中信息系统运营、使用单位的单一安全责任转变为云租户和云服务商双方"各自分担"的安全责任，使得云计算环境下定级工作相对比较复杂。

云计算系统的定级对象在原有定级对象基础上进行了扩展，原有定级对象主要是信息系统和相关基础网络，而云计算将定级对象扩展为云服务商的云平台和云租户的应用系统。

云计算定级对象一般包括以下两部分。

（1）云平台本身，如全国各地政府在建的政务云平台；行业客户建设的云平台（税务云、国土云等）；阿里云平台；电信运营商云平台，这几种平台需要平台运营方对该平台单独进行定级备案和等级保护测评；在等级保护 2.0 里明确提出：对于公有云，定级流程为云平台先定级测评，再提供云服务；对于私有云，定级流程为云平台先定级测评，再将已定级应用系统向云平台迁移。

（2）云租户信息系统，如某政府单位的门户网站系统迁移到市政务云平台后，还是需要该单位对这个门户网站独立定级备案，进行等级保护测评。当然，涉及云平台端的内容可以不重复测评，直接引用测评结论即可，前提是该平台做了等级保护。

在《信息安全技术　网络安全等级保护测评要求　第 2 部分：云计算安全扩展要求》中明确提出：云计算系统定级时，云服务商的云平台和云租户的应用系统应分别定级，云平台等级应不低于应用系统的安全保护等级。这就说明所有云平台下的系统都需要进行定级备案。云平台系统定级的重点在于定级对象管理职责的划分，职责的划分根据不同云计算服务模式采取不同划分方式。

对于 IaaS 服务模式，云服务商的职责范围包括虚拟机监视器和硬件，云租户的职责范围包括操作系统、中间件和应用等。

对于 PaaS 服务模式，云服务商的职责范围包括硬件、虚拟机监视器、操作系统和中间件等，云租户的职责范围为应用。

对于 SaaS 模式，云服务商的职责范围包括硬件、虚拟机监视器、操作系统、中间件和应用等，云租户的职责范围包括部分应用职责及用户使用职责。

2.4.2　云计算系统安全保护对象要求

由于虚拟化等新技术的应用，以及 IaaS/PaaS/SaaS 按需服务模式的引入，相对于传统信息系统，云计算系统的保护对象有所增加。云计算系统保护对象除包含传统信息系统保护对象外，还包含云计算系统特有的保护对象。在进行云计算系统等级保护测评时，针对不同保护对象实施不同测评内容，既要对云计算系统特有保护对象依据云安全测评要求进行测评，也要对云计算系统选取安全通用要求相关的指标进行测评。

当要对一个系统进行测评时，首先，要确定被测云计算系统是云服务商的云计算平台还是云服务客户的业务应用系统。其次，要确定被测系统使用哪种服务模式，以此来确定保护责任。再次，要根据保护责任的不同选择不同的对象，包括云计算系统较传统系统引入的新的测评对象类别。

例如，现在对一个云计算平台进行测评，该平台提供 IaaS 服务，那么根据保护责任模型，应该使用 IaaS 模式下保护责任中对应云服务商的部分。这时就可以从云计算安全服务指南标准中寻找使用 IaaS 模式的保护责任中对应云服务商的要求条款。然后参考标准附录中"云服务商与云服务客户的责任划分表"中给出的参考，找到潜在的安全组件。再根据标准附录中"云计算平台及云服务客户业务应用系统与传统信息系统保护对象差异表"中云计算系统保护对象举例，确定这个提供 IaaS 服务的云服务平台的测评对象。这样，测评指标和测评对象就确定了，接下来就是编制测评方案和作业指导书，后面的测评流程与传统系统的测评流程是一致的。IaaS 模式下云服务方与云租户的责任划分如表 2-1 所示。

表 2-1　IaaS 模式下云服务方与云租户的责任划分表

层　　面	安 全 要 求	安 全 组 件	责 任 主 体
物理和环境安全	物理位置的选择	数据中心及物理设施	云服务方
网络和通信安全	网络架构、访问控制、入侵防范、安全审计	物理网络及附属设备 虚拟网络管理平台	云服务方
		云租户虚拟网络安全域	云租户
设备和计算安全	身份鉴别、访问控制、安全审计、入侵防范、资源控制、恶意代码防范、镜像和快照保护	物理网络及附属设备 虚拟网络管理平台 物理宿主机及附属设备 虚拟机管理平台及镜像	云服务方
		云租户虚拟网络设备 虚拟安全设备及虚拟机	云租户
应用和数据安全	安全审计、资源控制、接口安全、数据保密性、数据完整性、数据备份恢复、剩余信息保护	云管理平台（含运维和运营） 镜像、快照等	云服务方
		云租户应用系统及相关软件组件 云租户应用系统配置 云租户业务相关数据	云租户

云计算系统的保护对象与传统信息系统保护对象对照如表 2-2 所示，其中

加粗显示的对象为云计算系统所特有的保护对象。

表 2-2　云计算系统的保护对象与传统信息系统保护对象对照表

层　面	云计算系统保护对象	传统信息系统保护对象
物理和环境安全	机房及基础设施	机房及基础设施
网络和通信安全	网络结构、网络设备、安全设备、综合网管系统、**虚拟化网络结构、虚拟网络设备、虚拟安全设备、虚拟机监视器、云管理平台**	网络设备、安全设备、网络结构、综合网管系统
设备和计算安全	主机、数据库管理系统、终端、网络设备、安全设备、**虚拟网络设备、虚拟安全设备、物理机、宿主机、虚拟机、虚拟机监视器、云管理平台、网络策略控制器**	主机、数据库管理系统、终端、中间件、网络设备、安全设备
应用和数据安全	应用系统、中间件、配置文件、业务数据、用户隐私、鉴别信息、**云应用开发平台、云计算服务对外接口、云管理平台、镜像文件、快照、数据存储设备、数据库服务器**	应用系统、中间件、配置文件、业务数据、用户隐私、鉴别信息等
安全管理机构和人员	信息安全主管、相关文档	信息安全主管、相关文档
安全建设管理	系统建设负责人、**服务水平协议、云计算平台、供应商资质、相关文档、相关资质、相关检测报告**	系统建设负责人、记录表单类文档
安全运维管理	安全管理员、相关文档、**运维设备、云计算平台、第三方审计结果**	系统管理员、网络管理员、数据库管理员、安全管理员、运维负责人、相关文档

第 3 章 ◀

云计算安全技术体系

随着云计算的发展，企业上云已是大势所趋，同时云安全问题也是企业用户一直担心的问题。在传统的数据中心中，安全防护通常是通过在安全域入口部署专用的安全设备来实现的，如防火墙、IDS（Intrusion Detection System，入侵检测系统）、IPS（Intrusion Prevention System，入侵防御系统）等。但是，在云计算这种新型的计算模式下，传统的"一劳永逸"的防护方案就不那么奏效了。一方面，各租户的业务和流量存在很大的差异，如果单纯地在入口进行安全防护，既难做到租户之间的区分，也会在一定程度上加大安全设备的负载，增加网络故障的风险。另一方面，云环境使得网络的边界变得不像物理数据中心那么清晰，很难进行固定安全域的划分，同时东西向流量又占据了很大比重，因此机房内部的流量攻击是传统入口部署方式防护不了的。

云时代的来临，对各个行业都提出了更高的技术和管理要求，尤其是随着云应用的不断普及，信息安全问题越来越成为用户关注的重点。云环境下，各种数据的安全防护需求及方式都与传统的数据中心不同。

云计算环境下安全模型与传统安全模型具有以下差异。

（1）流量模型的转变：从分散走向高度集中，设备性能面临压力。

传统的企业流量模型相对比较简单，各种应用基准流量及突发流量有规律可循，即使对较大型的数据中心，也可以根据 Web 应用服务器的重要程度进行有针对性的防护，对安全设备的处理能力没有太高的要求；而在云计算环境下，服务商建设的云计算中心中，同类型存储服务器的规模以万为单位进行扩展，并且基于统一基础架构的网络进行承载，无法实现分而治之，因此对安全设备提出了很高的性能要求。

（2）未知威胁检测引擎的变更：从单一检测引擎转变为丰富的分布式安全组件。

传统的安全威胁检测模式中，硬件安全网关充当了威胁检测的主体，所有的流量都将在网关上完成全部的威胁检测。这种模式下,各威胁检测点位置固定且相互独立,而在云计算环境下,受虚拟机组网方式特点的影响,威胁监测引擎的部署位置更贴近虚拟机,以此避免威胁监测盲点。

(3) 安全边界消失:云计算环境下的安全部署边界在哪里?

在传统安全防护中,很重要的一个原则就是基于边界的安全隔离和访问控制,并且强调针对不同的安全区域设置有差异化的安全防护策略,在很大程度上依赖于各区域之间明显、清晰的边界;而在云计算环境下,存储和计算资源高度整合,基础网络架构统一化,安全设备的部署边界已经消失,这意味着安全设备的部署方式将不再类似于传统的安全建设模型,云计算环境下的安全部署需要寻找新的模式。

因此,为了让云计算更好地服务用户,需要行之有效的方案来解决上述安全问题。

3.1　公有云安全技术体系

3.1.1　IaaS 安全

1. 数据加密

为了应对云端数据的安全威胁,对数据进行加密是一种有效的解决手段。为了确保安全性,这种加密必须是独立于云平台的,也就是说加密机制不能由云平台来提供,除非可以证明秘钥对云平台是完全不可见的。根据加密位置以及适用场景的不同,在目前来看,有效的云数据加密方式有云加密数据库、数据库加密网关以及云访问安全代理三种。

2. 应用监控与可视

无论是作为一名网络管理员、安全管理员,还是首席信息官,你是否考虑过如果不能对大部分应用环境进行查看和管理将是怎样的场景?尤其是当你们的业务被迁移到云端后,如果缺乏行之有效的手段来对自己的业务进行监控与可视,那么将会给安全和运维带来极大的不便,一旦有异常的力量和访问行为,管理员却无法感知并及时处置,对于企业来说会有极大的安全风险。

3.1.2　PaaS 安全

PaaS 位于 IaaS 之上,又增加了一个层面,与应用开发框架、中间件能力以及数据库、消息和队列等功能集成。PaaS 允许开发者在平台之上开发应用，开发的编程语言和工具由 PaaS 支持提供。PaaS 层的安全主要包括接口安全和数据库安全。

1．API 安全防护

API 安全需要采取相应的措施来确保接口的强用户认证、加密和访问控制的有效性，避免利用接口对内和对外的攻击，避免利用接口进行云服务的滥用等，CSA（Canadian Standards Association，加拿大标准协会）对于 PaaS 层的接口安全要求如下。

- ❑ 应支持服务 API 调用前进行用户鉴别和鉴权的能力。
- ❑ 应支持涉及租户资源操作的服务 API 调用前验证租户凭证的能力。
- ❑ 应支持用户调用服务 API 的访问控制能力。
- ❑ 应支持服务 API 防范重放攻击（Replay Attacks）、代码注入、DoS/DDoS 攻击等攻击的能力。
- ❑ 应支持服务 API 的安全传输能力。
- ❑ 应支持服务 API 的过载保护能力，实现不同服务等级用户间业务的公平性和系统整体处理能力的最大化。
- ❑ 应支持服务 API 的调用日志记录能力。

2．数据库审计

数据库存储着系统的核心数据，其安全方面的问题在传统环境中已经很突出，成为数据泄露的重要根源。而在云端，数据库所面临的威胁进一步地放大。其安全问题主要来自以下几方面。

（1）云运营商的"上帝之手"。云端数据库的租户对数据库的可控性是很低的，而云运营商却具有对数据库的所有权限。从技术上来说，云运营商完全可以在租户毫无察觉的情况下进入数据库系统、进入数据库服务器所在的虚拟机、进入虚拟机所在的宿主物理服务器，或者直接获取数据库文件所在的存储设备。也就是说，对云运营商来说，所有租户的数据几乎是完全开放的。而其中具有商业价值的数据，对云运营商的众多技术人员来说，绝对有足够的吸引力。

（2）其他租户的攻击。同一个云平台上的其他租户，有可能通过虚拟机逃逸等攻击方法，得到数据库中的数据。

（3）租户内部人员的威胁。租户内部人员能够直接使用账号密码登录到云数据库，从而进行越权或者违规的数据操作。

（4）更广泛的攻击。有价值的数据放在云上之后，各种来源的攻击者可能通过各种方法来进行攻击以获取数据，如近年来频发的 SQL 注入攻击事件，就导致了大量云端数据的泄露。

要解决如上所述的数据安全问题，需要多方面的防御手段。对数据库访问情况的记录和审计是最基本的安全需求。租户需要清楚地知道，自己的数据库在什么时间、被什么人、以什么工具、具体做什么访问，又拿到了什么数据，并且需要知道什么时候出现了攻击行为和异常的访问情况。这些功能正是合格的数据库审计产品所必须具有的功能。

3.1.3　SaaS 安全

当前，由于云应用的不断普及，云安全成为安全行业的热门领域，而传统的防火墙、WAF 等安全产品却无法解决云应用带来的各种复杂安全问题，CASB（Cloud Access Security Broker，云访问安全代理）则能够更好地解决云应用安全难题。CASB 提供了差异化的功能，对任何用户或设备可实现一点同时控制多种云服务。CASB 概念在 2012 年由 Gartner 提出，定义了在新的云计算时代，企业或用户掌控云上数据安全的解决方案模型。

1.　产品定义

CASB 模型已成为第三方安全服务商的指导标准，其主要从四个方向进行了产品定义。

（1）可视化。CASB 提供针对企业内部使用的云服务、影子服务的自动发现支持，以及集中化的视图展示，包括用户行为、客户端设备的统计支持；对异常行为进行检测、阻断和记录。

（2）合规性。CASB 帮助企业 IT 系统往云上迁移后仍能满足合规性要求，并对云服务商进行信任评级，提供内容监控、审计日志功能。

（3）数据安全。CASB 结合人员、设备、内容和应用等多个维度，提供DLP（Data Leakage Prevention，数据泄露防护）、Encryption（加密）、Tokenization（标识化）等数据安全保护，防止云端数据泄露。

（4）威胁防护。CASB 监控云端数据、用户资源使用状态，及时发现威胁且做出防御。

2.　产品工作模式

CASB 产品有两种工作模式：一种是代理（Proxy）模式，另一种是 API 模式。

（1）基于代理。在代理模式下，CASB 要处理企业上传到云应用的全部流量，重要数据采用加密等安全策略处理后再上传到云服务商。

（2）基于 API。在 API 模式中，企业数据直接传给云服务商，CASB 通过利用云应用的 API，对用户进行访问控制以及执行企业的安全策略。

3.2 私有云安全技术体系

3.2.1 虚拟化安全

1．虚拟化安全威胁

1）Hypervisor 漏洞利用

云平台的发展与普及加大了数据泄露和网络攻击的风险。

一方面，虚拟化系统本身就存在一定的安全威胁。比如，当前全球最大的商业和开源虚拟化系统——VMware 和 OpenStack 曾分别出现了 222 和 68 个漏洞，其中不乏高危漏洞。如果攻击者通过 Hypervisor 漏洞从虚拟机逃逸到宿主机，那么攻击者就可能读到宿主机上所有虚拟机的内存，进而控制这台宿主机上的所有虚拟机。

另一方面，在当前广泛为大家所接受的云平台中，对虚拟化环境提供专门的安全防护机制或者部署专门的安全设备来防护租户的资源的情况很少见。因此，一旦攻击者对租户的计算、网络或者存储资源进行攻击，无论是租户还是云平台，对此都将无能为力。

虚拟机让我们能够分享主机的资源并提供隔离。在理想的世界中，一个程序运行在虚拟机里，它应该无法影响其他虚拟机。不幸的是，由于技术的限制和虚拟化软件的一些错误，这种理想世界并不存在。

2）虚拟机间相互攻击

数据中心都会部署网络安全设备，但是一般安全设备都是防外不防内的。网络服务商非常注重防御来自外部的 DDoS 流量，包括购置防火墙、提高网络带宽等，投入了巨大的成本，但是在防御的过程中，有一个地方却一直被大多数服务商所忽略，那就是从云数据中心内部发起的 DDoS 攻击，因为在虚拟化环境中，同一台物理服务器上的多个虚拟机是可以通过内部的虚拟交换机直接进行通信的，此部分流量是外部的安全设备所无法感知到的。另外，虚拟机会在不同服务器之间迁移，并且这种迁移经常会自动完成，这可能会让一些重要的虚拟机迁移到不安全的物理服务器上，从而带来安全风险。

3）虚拟机资源抢占与滥用

相信使用过虚拟机的用户对其又爱又恨，爱在于虚拟主机有物理主机所没有的优势，如简单易用、费用低廉、即开即用等。恨则是源于它本身存在的缺陷，即虚拟主机是资源共享的一种方式，资源配置一旦管理不善，必然会引起虚拟主机之间相互影响，出现资源互相抢占的尴尬局面，最终导致主机的整体性能下降。

4）虚拟机热迁移

虚拟机热迁移是指将正在运行的虚拟机从一台主机移到另一台主机，迁移过程中无须中断虚拟机上的业务。虚拟机迁移过程中，磁盘不进行迁移，即磁盘的位置不变，仍处于原数据存储中。当虚拟机所在主机出现故障、资源分配不均（如负载过重、负载过轻）等情况时，可通过迁移虚拟机来保证虚拟机业务的正常运行。

例如，OpenStack 有两种在线迁移类型：动态迁移（Live Migration）和块迁移（Block Migration）。动态迁移需要实例保存在共享存储中，这种迁移主要是实例的内存状态的迁移，速度很快。块迁移除了迁移实例内存状态，还要迁移磁盘文件，速度会慢一些，但是它不要求实例存储在共享文件系统中。

5）防护间隙

管理员通过按需配置和取消配置虚拟机，将其动态性用于测试环境、定期维护、灾难恢复以及用于支持需要按需计算资源的"任务工作者"。因此，当以较快频率激活和停用虚拟机时，无法快速、一致地为这些虚拟机配置安全措施并使其保持最新。休眠的虚拟机最终偏离引入大量安全漏洞这一简单的基线。如果不配置客户端和病毒库更新，即使是使用包含防病毒功能的模板构建的新虚拟机也无法立即对客户机起到防护作用。简言之，如果虚拟机在部署或更新防病毒软件期间未处于联机状态，它将处于不受保护的休眠状态，一旦激活、联机后将会立即受到攻击。

6）超级管理员风险

超级管理员风险包括：

（1）重置用户的密码，以新密码登录到用户的虚拟机，窃取或破坏用户数据（用户容易发现）。

（2）重新配置虚拟机备份策略，将用户数据备份到自己可控制的系统上（用户容易发现）。

（3）克隆用户虚拟机，重置密码并登录，窃取用户数据（用户不知晓）。

（4）克隆用户磁盘，将用户磁盘挂载在自己可控制的虚拟机中，窃取用户数据（用户不知晓）。

7）数据泄露风险

数据泄露风险包括：

（1）用户数据从终端通过各种外设（如 USB、串口、硬盘等）非法泄露出去。

（2）用户数据从数据中心网关通过网络非法导出。

（3）合法导出数据被非法传播使用。

8）虚拟机数据残留

在虚拟环境中，能够快速创建虚拟机是增强灵活性和投资回报的主要优势所在。但通过快照为每个虚拟机创建额外的虚拟机映像等相关的数据对象，大大增加了虚拟化存储的使用量，所有未使用的快照、模板不仅严重浪费了CPU、内存、带宽以及存储资源，同时残留的用户数据也会带来数据泄露的安全风险。

9）虚拟机镜像篡改

每个虚拟机都是根据操作系统的 ISO 镜像或者模板镜像创建的，如果 ISO 镜像或者模板镜像被恶意篡改，后果是灾难性的。同时，虚拟机镜像在休眠时是以数据文件形式存储的，也存在被恶意篡改的安全风险。

2．虚拟化安全防护

1）资源服务质量

数据中心作为物理资源提供者，需要在保证性能的同时优化资源利用率，从而降低其运营的成本。当前的虚拟化技术可以将一台物理服务器分割成多台独立管理的虚拟服务器，然而，在利用虚拟化技术的同时也带来了一个挑战，即如何按需供应共享物理资源和如何管理虚拟服务器的资源，从而满足服务质量目标。资源服务质量（Quality of Service，QoS）在满足资源约束目标的同时，能够提高系统的资源利用率，降低资源管理的复杂度，减少正在使用物理服务器的数量，节省资源。

例如，libvirt（虚拟化管理软件）提供了一系列 tune 的方式，来实现对虚拟机的 QoS 精细控制。

（1）CPU_qos：主要是通过 cpu tune 中的 quota 参数来控制，设置了 cpu 的 quota 后就可以限制 cpu 访问物理 CPU 的时间片段。

（2）内存_qos：设置了内存的 qos 可以限制虚拟机在物理 host 上申请内存的大小。

（3）磁盘_qos：设置磁盘的 qos 可以实现对磁盘的读写速率的限制，单位可以是 iops 或者字节。

（4）网卡_qos：设置网卡的 qos 可以限制网卡的 I/O 速率。

2）数据隔离、访问控制

云存储平台是多租户共享环境，能否实现其中不同租户数据之间的有效安全隔离是用户最为关心的问题。一方面，保证云端不同企业之间数据的强隔离性，使某企业用户无法越权访问其他企业用户的数据；另一方面，保证云存储企业内部数据的适度隔离与访问控制，即可以根据公司自身的安全需求灵活定制企业内部策略。

3）残留数据安全处理

由于云租户在云计算平台中是共享存储和内存的，分配给某一云租户的存储和内存空间可能会再分配给另外一个云租户，因此需要做好剩余信息的保护措施。为了安全，要求云计算平台在将存储和内存资源重分配给新的云租户之前，必须进行完整的数据清除，防止被非法恶意恢复。

数据隔离、访问控制和数据删除简要释义如图 3-1 所示。

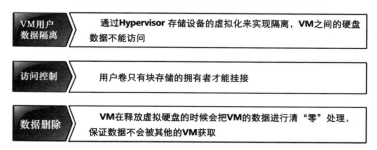

图 3-1 数据隔离、访问控制和数据删除

4）存储输入/输出非同态与同态加密

用户将自己的数据加密后存储在一个不信任的远程服务器时可以采用数据加密技术，日后可以向远程服务器查询自己所需的信息，存储与查询都使用密文数据，服务器将检索到的密文数据发回。用户可以解密得到自己需要的信息，而远程服务器却对存储和检索的信息一无所知。存储输入/输出（input/output，I/O）非同态与同态加密如图 3-2 所示。

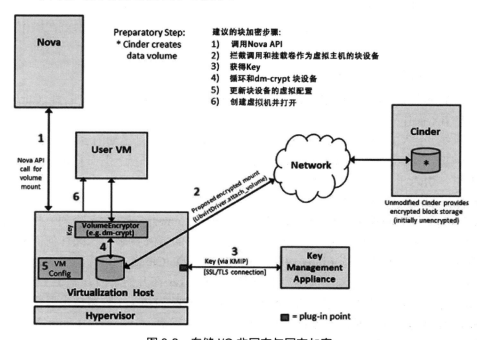

图 3-2 存储 I/O 非同态与同态加密

（1）非同态加密。

采用加密卷，本质上是针对卷的每次 I/O 操作都进行加密，这是由 qcow2（Qemu 公司支持的磁盘镜像格式）文件系统来实现的，所以加密相对于 Hypervisor 及虚拟机来说是透明的，解密则需要在 Host OS 的内核加一个解密的模块，以使得从磁盘上读出的数据经过解密，所以 Hypervisor 及虚拟机看到的数据都是明文。

非同态加密需要在每个节点（node）上进行加解密操作。

（2）同态加密。

如果是同态加密，由于 Hypervisor 和虚拟机可以直接针对加密数据做处理，所以只要将针对卷的加密算法换成同态加密算法即可，在 Host OS 的解密模块则不需要。但如果是数据导出，要想查看数据，则必须要同态解密。

同态加密需要在每个节点上进行加解密操作，或者在云端网关处放置同态加解密网关。

3.2.2　云容器安全

1．容器的含义

容器是一种轻量级的虚拟化方式，将应用与必要的执行环境打包成容器镜像，使得应用程序可以直接在宿主机中相对独立的运行。容器技术可在操作系统层进行虚拟化，可在宿主机内核上运行多个虚拟化环境。

2．容器的发展历程

容器概念的出现可以追溯到 1979 年的 UNIX 操作系统的工具 Chroot（UNIX 操作系统上的系统调用）。在 2000 年左右，FreeBSD（自由类 UNIX 操作系统）引入的 Jails（FreeBSD 提供的轻量级虚拟机）算是早期的容器技术之一。2004 年，Solaris（Sun Microsystems 研发的计算机操作系统）提出 Container（容器），引入了容器资源管理的概念。2008 年出现的 LXC（Linux Containers，Linux 容器）可以说是第一个完整的 Linux 容器管理实现方案，它通过 Linux CGroups（Control Groups，控制组）以及 Linux Namespace（命名空间）技术实现，LXC 存在于 liblxc 库中，提供各种编程语言的 API 实现，无须任何额外的补丁就能够运行在原版 Linux 内核上。2013 年，DotCloud 公司开源了其内部的容器项目 Docker（开源的应用容器引擎）。Docker 在开始阶段是基于 LXC 技术，之后则采用自己开发的 libcontainer 进行了替换。Docker 容器技术以宿主机中的容器为管理单元，但各容器共用宿主机内核资源，分别通过 Linux 系统的 Namespaces 和 CGroups 机制实现资源的隔离与限制。2014 年，CoreOS（基于

Linux 内核的轻量级操作系统）发布了其容器引擎 Rocket（rkt）；2015 年，微软发布了 Windows Containers，实现 Docker 容器在 Windows 上的原生运行；再到 2017 年，阿里巴巴开源其容器技术 Pouch，容器技术受到越来越多的关注，但其背后的安全问题不容忽视。

3. 容器的安全威胁与风险

容器的安全威胁与风险问题主要包括以下几类。

1）容器逃逸攻击

容器逃逸攻击与虚拟机逃逸攻击相似，是利用虚拟化软件存在的漏洞，通过容器获取主机权限入侵主机，以达到攻击主机的目的。具体地，一些验证性测试（Proof of Concept，PoC）工具，如 Shocker，可展示如何从 Docker 容器逃逸并读取主机某个目录的文件内容。Shocker 攻击的关键是执行了系统调用 open_by_handle_at 函数，Linux 手册中特别提到调用 open_by_handle_at 函数需要具备 CAP_DAC_READ_SEARCH（忽略文件读及目录搜索的 DAC 访问限制）能力，而 Docker1.0 版本对容器能力（Capability）使用黑名单管理策略，并且没有限制 CAP_DAC_READ_SEARCH 能力，因而引发了容器逃逸的风险。因此，对容器能力的限制不当是造成容器逃逸等安全问题的风险成因之一。所幸的是，Docker 在后续版本中对容器能力采用白名单管理，避免了默认创建的容器通过 shocker.c 案例实现容器逃逸的情况。此外，在 Black Hat USA 2019 会议中，来自 Capsule8 公司的研究员也给出了若干 Docker 容器引擎漏洞与容器逃逸攻击方法，包括 CVE-2019-5736、CVE-2018-18955、CVE-2016-5195 等可能造成容器逃逸的漏洞。

2）拒绝服务攻击

由于容器在技术实现上基于主机内核，容器与宿主机共享 CPU、内存、磁盘空间等硬件资源，且 Docker 本身对容器使用的资源并没有默认限制，采用共享主机资源的方式，因此面向容器的拒绝服务攻击（DoS）威胁程度更高。例如，默认情况下容器可以使用主机上的所有内存，如果某个容器以独占方式访问或消耗主机的大量资源，则该主机上的其他容器就会因为缺乏资源而无法正常运行。Fork Bomb（Fork 炸弹）是一类典型的针对计算资源的拒绝服务攻击手段，其可通过递归方式无限循环调用 fork() 系统函数，快速创建大量进程。由于宿主机操作系统内核支持的进程总数有限，如果某个容器遭到了 Fork Bomb 攻击，那么就有可能存在由于短时间内在该容器内创建过多进程而耗尽宿主机进程资源的情况，宿主机及其他容器就无法再创建新的进程。

3）容器网络风险

目前，Docker 总共提供三种不同的网络驱动，分别是 Bridge Network（桥接网络）、MacVLAN（跨主机网络）和 Overlay Network（覆盖网络），三种网络驱动都存在安全风险。

（1）Bridge Network：Docker 预设的桥接网络驱动。Docker 服务默认创建一个 docker0 网桥，将所有容器连接到该网桥。docker0 网桥扮演着路由和 NAT（Network Address Translation，网络地址转换）的角色，容器间通信都会经过容器主机。如果各容器之间没有防火墙保护，攻击者就可以利用主机内部网络进行容器间相互攻击。

（2）MacVLAN：一种轻量级网络虚拟化技术。MacVLAN 与主机的网络接口连接，相比于桥接网络驱动加强了与实体网络的隔离性。MacVLAN 允许为同一个物理网卡配置多个拥有独立 MAC 地址的网络接口并可分别配置 IP 地址，实现了网卡的虚拟化。该模式无须创建网桥，即无须 NAT 转换和端口映射就可以直接通过网络接口连接到物理网络，不同 MacVLAN 网络间不能在二层网络上进行通信，但是在该网络驱动中，同一个虚拟网络下的容器之间没有进行权限管控，攻击者可以轻易获得容器权限并进行网络攻击。

（3）Overlay Network：主要是利用 VXLAN 技术，在不同主机之间的 Underlay（数据中心物理网络架构）网络之上再组成新的虚拟网络。这种网络架构在分布式的编排框架中常常用到，在快速构建分布式容器集群的同时，也存在着一些弊端，最为明显的是 VXLAN 网络上的流量没有加密，传输内容很容易被攻击者盗取或篡改。与其他组网模式一样，Overlay 网络也没有对同一网络内各容器间的连接进行访问控制。此外，由于 VXLAN 网络流量没有加密，需要在设定 IPSec（Internet Protocol Security，由国际互联网工程任务组定义的安全标准框架）隧道参数时选择加密，以保证容器网络传输内容安全。

4）镜像安全风险

Docker 容器官方镜像仓库 Docker Hub 中的镜像可能由个人开发者上传，其数量众多、版本多样，但质量参差不齐，甚至存在包含恶意漏洞的镜像，因而可能存在较大的安全风险。具体而言，Docker 镜像的安全风险分布在创建过程、获取来源、获取途径等方方面面。有关研究报告显示，Docker Hub 中超过30%的官方镜像包含高危漏洞，接近 70%的镜像有着高危或中危漏洞。我们从 Docker Hub 中选择评价和下载量较高的 10 个镜像，对其最新版本采用 Clair 工具（镜像安全扫描器）进行了扫描分析。从结果可以看出，如此高频率使用的镜像，绝大多数存在高危漏洞，有些镜像的高危漏洞数量甚至达到数十个。2018年 6 月，有安全厂商发现 17 个受到感染的 Docker 容器镜像，镜像中包含可用于挖掘加密货币的程序，更危险的是，这些镜像的下载次数已经高达 500 万次。

（1）Dockerfile 安全问题：Docker 镜像的生成主要包括两种方式，一种是对运行中的动态容器通过 docker commit（从容器创建一个新的镜像）命令进行打包，另一种是通过 docker build（用于使用 Dockerfile 创建镜像）命令执行 Dockerfile 文件（用来构建镜像的文本文件）进行创建。根据最小安装原则，

同时考虑容器的易维护性，一般推荐使用 Dockerfile 文件构建容器镜像，即在
基础镜像上进行逐层应用添加操作。如果 Dockerfile 存在漏洞或被插入恶意脚
本，那么生成的容器也可能产生漏洞或被恶意利用。例如，攻击者可构造特殊
的 Dockerfile 压缩文件，在编译时触发漏洞，获取执行任意代码的权限。如果
在 Dockerfile 中没有指定 USER（用户），Docker 将默认以 root 用户（超级用
户权限）的身份运行该 Dockerfile 创建的容器，若该容器遭到攻击，那么宿主
机的 root 访问权限也可能会被获取。如果在 Dockerfile 文件中存储了固定密码
等敏感信息并对外进行发布，则可能导致数据泄露。如果在 Dockerfile 的编写
中添加了不必要的应用，如 SSH（Secure Shell，安全外壳协议）、Telnet（远
程终端协议）等，则会有攻击面扩大的风险。

（2）镜像漏洞问题：对于开发者而言，通常需要获取一系列基础镜像进行
容器云的部署和进一步开发，因此，基础镜像的安全性在一定程度上决定了容
器云环境的安全性。镜像漏洞安全风险具体包括镜像中的软件含有 CVE 漏洞、
攻击者上传含有恶意漏洞的镜像等。

（3）镜像仓库安全问题：作为搭建私有镜像存储仓库的工具，Docker
Registry（官方提供的工具，可以用于构建私有的镜像仓库）的应用安全性也必
须得到保证。镜像仓库的安全风险主要包括仓库本身的安全风险和镜像拉取过
程中的传输安全风险。

4. 容器安全防护

目前来看，基于容器并没有成熟的技术和方案，基于容器的安全方案现在
也是零星的。容器比较适合研发类企业自用、调研，商业化场景应用基本处于
观望状态，因为容器需要应用程序做一些适配，推广起来难度相对较大，目前
的容器安全较多地依托于容器自身的安全机制。

1）Linux 内核安全机制

容器基础安全主要指 Linux 内核相关功能模块实现，包括容器资源的隔离、
管控等。容器技术，无论是 Docker 还是 LXC，在初始设计时，都具有类似的
安全考虑。例如，通过内核命名空间构建一个相对隔离的运行环境，保证了容
器之间互不影响；通过控制组对 CPU、内存、磁盘 I/O 等共享资源进行隔离、
限制、审计等，避免多个容器对系统资源的竞争。这些 Linux 内核模块功能构
成了容器的基本安全保障。在资源限制方面，Docker 通过控制组实现宿主机中
不同容器的资源限制与审计，包括对 CPU、内存、I/O 等物理资源进行均衡化
配置，防止单个容器耗尽所有资源，造成其他容器或宿主机的拒绝服务，保证
所有容器的正常运行。但是，控制组未实现对磁盘存储资源的限制，若宿主机
中的某个容器耗尽了宿主机的所有存储空间，那么宿主机中的其他容器无法再
进行数据写入。所以，可以考虑采用以下方法实现容器的磁盘存储限制。

（1）为每个容器创建单独用户，限制每个用户的磁盘使用量。

（2）选择 XFS（一种高性能的日志文件系统）等支持针对目录进行磁盘使用量限制的文件系统。

（3）为每个容器创建单独的虚拟文件系统，具体步骤为创建固定大小的磁盘文件，并从该磁盘文件创建虚拟文件系统，然后将该虚拟文件系统挂载到指定的容器目录。

2）容器网络安全机制

容器网络安全机制包括以下方面。

（1）源于网络自身的安全机制。计算机网络的两大基本防护手段是隔离和访问控制，在开源的方案中，容器的网络隔离主要借助网络命名空间和 Iptables（基于包过滤的防火墙工具）来实现；而访问控制则是通过 Iptables 来实现。

（2）容器网络安全防护。对外的微服务，通常以 Web 或 HTTP 形态的应用和服务为主，如 Web 站点或支持 REST（Representational State Transfer，表述性状态转移）API 的应用程序，这类南北向流量可在外部网络部署 Web 应用防火墙。在内部也存在各服务间的 API 调用，这类东西向流量可在内部部署虚拟 Web 应用防火墙。

（3）容器间流量的限制。由于容器默认的网桥模式不会对网络流量进行控制和限制，为了防止潜在的网络 DoS 攻击风险，需要根据实际需求对网络流量进行相应的配置。

（4）网桥模式下的网络访问控制。在默认的网桥连接模式中，连接在同一个网桥的两个容器可以直接相互访问。因此，为了实现网络访问控制，可按需配置网络访问控制机制和策略。

3）容器主机安全

容器与宿主机共享操作系统内核，因此宿主机的配置对容器运行的安全有着重要的影响，如宿主机中安装有漏洞的软件可能会导致任意代码执行风险；端口无限制开放可能会导致任意用户访问风险；防火墙未正确配置会降低主机的安全性；sudo（Linux 系统管理指令）的访问权限没有按照密钥的认证方式登录可能会导致暴力破解宿主机风险。

4）镜像仓库安全

作为容器运行的基础，容器镜像的安全在整个容器安全生态中占据着重要位置。容器镜像是由若干层镜像叠加而成的，通过镜像仓库分发和更新。因此，可以从镜像构建安全、仓库安全以及镜像分发安全三个方面实施安全防护。

（1）内容信任机制。Docker 的内容信任（Content Trust）机制可保护镜像在镜像仓库与用户之间传输过程中的完整性。目前，Docker 的内容信任机制默认关闭，需要手动开启。内容信任机制启用后，镜像发布者可对镜像进行签名，而镜像使用者可以对镜像签名进行验证。

（2）镜像安全扫描。为了保证容器运行的安全性，在从公共镜像仓库获取镜像时需要对镜像进行安全检查，防止存在安全隐患甚至恶意漏洞的镜像运行，从源头端预防安全事故的发生。镜像漏洞扫描工具是一类常用的镜像安全检查辅助工具，可检测出容器镜像中含有的 CVE 漏洞。

（3）保证镜像安全。使用安全的基础镜像、删除镜像中的 setuid（用文件的 owner 权限附体）和 setgid（用文件的 group 权限附体）权限、启用 Docker 的内容信任、最小安装原则、使用镜像安全扫描器 Clair 对镜像进行安全漏洞扫描、容器使用非 root 用户运行等都能很好地保证镜像的安全。

5）合理利用容器监控及审计工具

为了在系统运维层面保证容器运行的安全性，实现安全风险的即时告警与应急响应，需要对 Docker 容器运行时的各项性能指标进行实时监控。针对 Docker 容器监控的工具与框架包括 docker stats（实时监控容器资源数据统计）、cAdvisor（Google 公司的 Docker 容器性能分析工具）、Scout（Docker 应用监控服务）、DataDog（数据狗公司的监控工具）、Sensu（Sonian 公司的云计算平台监控框架）等，其中最常见的是 Docker 原生的 docker stats 命令和 Google 的 cAdvisor 开源工具。在容器安全审计方面，对于运行 Docker 容器的宿主机而言，除需对主机 Linux 文件系统等进行审计外，还需对容器守护进程的活动进行审计。由于系统默认不会对容器守护进程进行审计，需要通过主动添加审计规则或修改规则文件进行。除容器守护进程之外，还需对与容器的运行相关的文件和目录进行审计，同样需要通过命令行添加审计规则或修改规则配置文件，如/var/lib/docker 容器的所有信息目录、docker.service 容器守护进程运行参数配置文件。

6）合理使用配置容器

对 Docker 宿主机进行安全加固、限制容器之间的网络流量、配置 Docker 守护程序的 TLS（安全传输层协议）身份验证、启用用户命名空间支持（userns-remap）、限制容器的内存使用量、适当设置容器 CPU 优先级等相关操作与配置，都能很好地规避安全风险，避免发生安全问题。

3.2.3 云网络安全

数据中心内部网络是云计算引入后发展非常迅速的一个领域，也是更新迭代最快的领域。最开始我们认知的数据中心网络局限在同一个物理数据中心内部，随着云计算的发展，数据中心网络逐渐进化为同地域多物理数据中心的网络，被抽象成一个虚拟化的内部网络，到现在不同地域乃至全球范围的物理数据中心网络都可以互相二层打通，成为云化网络。

新的标准、新的架构、新的产品层出不穷，可延续、可扩展、高灵活、稳定的高度整合是越来越多的数据中心所追求的一个新的网络体系架构。

1. 典型三层云数据中心网络结构

在典型的三层网络结构中，虚拟机与物理机并存，为多租户网络。

典型大二层云数据中心网络结构如图 3-3 所示。

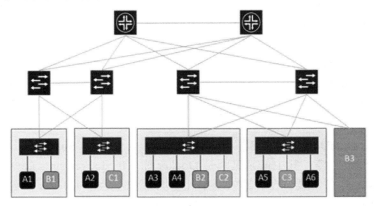

图 3-3　典型大二层云数据中心网络结构

在大二层 Fabric（网络交换机内的开关矩阵类似于布的纤维）网络结构中，虚拟机与物理机并存，为多租户网络。三种云数据中心网络外联如图 3-4 所示。

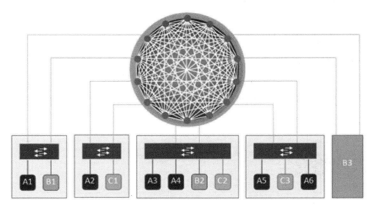

图 3-4　三种云数据中心网络外联

云数据中心互联网络结构如图 3-5 所示。

数据中心交互流程如图 3-6 所示。

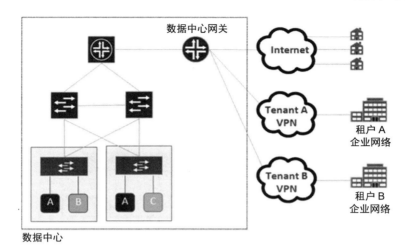

图 3-5　云数据中心互联网络结构

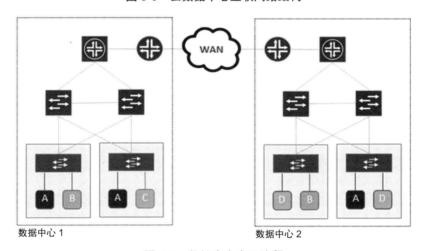

图 3-6　数据中心交互流程

2．云网络相关技术

1）服务器内部网络

（1）虚拟交换机。

虚拟交换机是构成虚拟平台网络的关键角色，相较于实体的交换机设备，虚拟交换机所具备的网络功能较为简单，一般来说，以 L2 层面的应用为主。整体而言，内置大量的虚拟网络端口，以及提供速度更快的联机接口，是交换机虚拟化之后所带来的最大好处。

就网络端口的数量来说，一台实体交换机内置的网络端口数量为 5～48，如果机房内部需要连接网络的设备超过网络端口数，就有必要扩充设备，而在虚拟平台的环境下，一台虚拟交换机便能提供为数可观的虚拟网络端口。虚拟交换机的拓扑结构如图 3-7 所示。

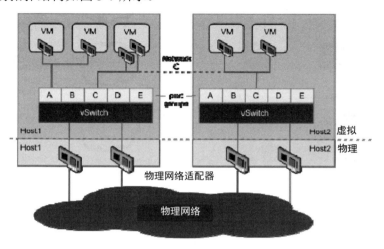

图 3-7　虚拟交换机拓扑结构

优点：

❑　纯软件解决，部署方便。

缺点：

❑　二层交换，功能简单，必须要第三方代理（agent）配合才能够完成引流目的。

❑　无统一的管理控制界面。

（2）以太网卡虚拟化。

以太网卡虚拟化（NIC virtualization）包括软件网卡虚拟化和硬件网卡虚拟化两种。

❑　软件网卡虚拟化主要通过软件控制各个虚拟机共享同一块物理网卡实现。软件虚拟出来的网卡可以有单独的 MAC 地址（Media Access Control Address，媒体存取控制位地址）、IP 地址，所有虚拟机的虚拟网卡通过虚拟交换机和物理网卡连接至物理交换机。虚拟交换机负责将虚拟机上的数据报文从物理网口转发出去。根据需要，虚拟交换机还可以支持安全控制等功能。软件网卡虚拟化如图 3-8 所示。

❑　硬件网卡虚拟化主要用到的技术是单根 I/O 虚拟化（Single Root I/O Virtulization，SR-IOV）。所有针对虚拟化服务器的技术都是通过软件模拟虚拟化网卡的一个端口，以满足虚拟机的 I/O 需求，因此在虚拟化环境中，软件性能很容易成为 I/O 性能的瓶颈。SR-IOV 是一项不需要软件模拟就可以共享 I/O 设备、I/O 端口的物理功能的技术。SR-IOV 创造了一系列 I/O 设备物理端口的虚拟功能（Virtual Function，VF），每个

VF 都被直接分配到一个虚拟机。SR-IOV 将 PCI（Peripheral Component Interconnect，外设部件互连标准）功能分配到多个虚拟接口，以便在虚拟化环境中共享一个 PCI 设备的资源。SR-IOV 能够让网络传输绕过软件模拟层，直接分配到虚拟机，这样就降低了软件模拟层中的 I/O 开销。

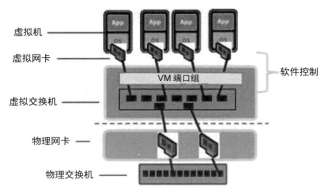

图 3-8　软件网卡虚拟化

2）服务器网络外联

现有的虚拟接入的服务对象是虚拟机的网络流量，虚拟机运行在虚拟化平台软件中，又运行在物理服务器上，这就使得虚拟机的流量同时受到上联交换机、服务器网卡和 Hypervisor 的影响。对此，Cisco 和 HP 都抛出了各自的框架，目的都是重整虚拟服务器与数据网络之间那条薄弱的管道，将以往交换机上强大的功能延伸进虚拟化的世界。

（1）VN-Tag（虚拟网络标签）。

VN-Tag 是由 Cisco 和 VMware 共同推出的标准，其核心思想是在标准以太网帧中增加一段专用的标记，用以区分不同的 VIF（Virtual Interface，虚拟网络接口），从而识别特定虚拟机的流量。

VN-Tag 添加在目的和源 MAC 地址之后，在这个标签中定义了一种新的地址类型，用以表示一个虚拟机的 VIF，每个虚拟机的 VIF 是唯一的。一个以太帧的 VN-Tag 中包含一对 dvif_id（目的虚拟接口标识）和 svif_id（源虚拟接口标识），用以表示这个帧从何而来、到何处去。当数据帧从虚拟机流出后，就被加上一个 VN-Tag 标签，当多个虚拟机共用一条物理上联链路时，基于 VN-Tag 的源地址 dvif_id 就能区分不同的流量，形成对应的虚拟通道，类似传统网络中在一条 Trunk（中继）链路中承载多条 VLAN。只要物理服务器的上联交换机能够识别 VN-Tag，就能够在交换机中直接看到不同的 VIF，这就把对虚拟机网络管理的范围从服务器内部转移到上联网络设备上。VN-Tag 的处理流程如图 3-9 所示。

原有以太网帧结构

VN-Tag帧结构

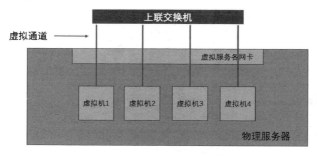

图 3-9　VN-Tag 的处理流程

优点：

❑ 将对虚拟机的管理和监控挪出物理服务器，在交换机上进行统一的管理。

❑ 方案干净利落，历史负担轻。

缺点：

❑ 需要修改目前的以太网帧格式。

❑ 需要修改虚拟化系统，以支持新的以太网格式。

（2）VEPA（Virtual Ethernet Port Aggregator，虚拟以太端口汇聚器）。

VEPA 由 HP 推出，其目的也是将虚拟机之间的交换行为从服务器内部移出到上联交换机上，当两个处于同一服务器内的虚拟机要交换数据时，从虚拟机 A 出来的数据帧首先会经过服务器网卡送往上联交换机，上联交换机通过查看帧头中带的 MAC 地址（虚拟机 MAC 地址）发现目的主机在同一台物理服务器中，因此又将这个帧送回原服务器，完成寻址转发。VEPA 的处理流程如图 3-10 所示。

优点：

❑ 不需要修改以太网帧格式。

缺点：

❑ 需要修改生成树协议，重用 QinQ（堆栈 VLAN 或双 VLAN），而此修改将影响现有网络的状态。

3）局域网连接技术

（1）100G 以太网。

云计算将海量的计算与存储资源集中在一起并通过基础网络相互连接起来，因此，所有用户的访问流量都将汇集到这里；同时，鉴于数据中心不同功能模块的设计与分布，在这些功能模块之间也流动着海量的流量，这些南北向流量和东西向流量对带宽有着超高的需求。在 100G 以太网技术商用之前，承载这些流量的通道一般是利用多链路捆绑技术，由多条 10G 以太网链路捆绑而成。而 100G 以太网技术的成功商用，使得南北/东西向流量的通道部署问题大大简化。因此，在云计算环境中部署 100G 以太网已经成为不可逆转的趋势。未来，为云中南北向流量和东西向流量提供超高带宽，将是 100G 以太网的主战场之一。

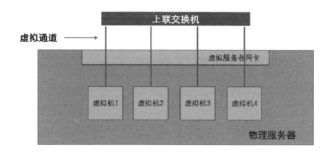

图 3-10　VEPA 的处理流程

（2）Infiniband（无限带宽）。

Infiniband 架构是一种支持多并发链接的"转换线缆"技术，是新一代服务器硬件平台的 I/O 标准。由于它具有高带宽、低延时、高可扩展性的特点，非常适用于服务器与服务器之间（如复制、分布式工作等），服务器和存储设备之间（如存储区域网络和直接存储附件）以及服务器和网络之间（如局域网、广域网和 Internet）的通信。

随着 CPU 性能的飞速提升，I/O 系统的性能成为制约服务器性能的瓶颈。于是人们开始重新审视使用了十几年的 PCI 总线架构。虽然 PCI 总线结构把数据的传输从 8 位/16 位一举提升到 32 位，甚至当前的 64 位，但是它的一些先天劣势限制了其继续发展的势头。因此，Intel、Cisco、Compaq、EMC、富士通等公司共同发起了 infiniband 架构，其目的是取代 PCI 成为系统互连的新技术标准，其核心就是将 I/O 系统从服务器主机中分离出来。

4）网络虚拟化

Overlay（覆盖）在网络技术领域是指一种网络架构上叠加的虚拟化技术模式，其大体框架是在不对基础网络进行大规模修改的条件下，实现应用在网络上的承载。其实这种模式是对传统技术的优化而形成的。早期就有标准支持二层 Overlay 技术，如 RFC3378（Ethernet in IP，以太网网际互连协议）。基于 Ethernet over GRE（Generic Routing Encapsulation，通用路由封装协议）的技术，H3C 与 Cisco 都在物理网络基础上发展了各自的私有二层 Overlay 技术——EVI（Ethernet Virtual Interconnection，以太网虚拟化互联）与 OTV（Overlay Transport Virtualization，覆盖传输虚拟化）。EVI 与 OTV 都主要用于解决数据中心之间的二层互联与业务扩展问题，并且对于承载网络的基本要求是 IP 可达，部署上简单且扩展方便。

由于云计算虚拟化的驱动，基于主机虚拟化的 Overlay 技术出现，在服务器的 Hypervisor 内 vSwitch（Virtual Switch，虚拟交换机）上支持了基于 IP 的二层 Overlay 技术，从更靠近应用的边缘来提供网络虚拟化服务，其目的是使虚拟机的部署与业务活动脱离物理网络及其限制，使得云计算的网络形态不断完善。主机的 vSwitch 支持基于 IP 的 Overlay 之后，虚拟机的二层访问直接构建在 Overlay 之上，物理网不再感知虚拟机的诸多特性，由此，Overlay 可以构建在数据中心内，也可以跨越数据中心。

（1）OTV（Overlay Transport Virtualization）。

OTV 是 Cisco 公司提出的 DCI（Digital Copyright Identifier，数字版权唯一标识符）技术。OTV 通过为传统的二层 VPN（Virtual Private Network，虚拟专用网络）增加控制平面来进行 MAC 地址学习和 ARP（Address Resolution Protocol，地址解析协议）代理，避免了不必要的跨 Internet 泛洪（Flooding，交换机和网桥使用的一种数据流传递技术）；通过在 DC 间隔离 STP（Spanning Tree Protocol，生成树协议）、BPDU（Bridge Protocol Data Unit，网桥协议数据单元）和 HSRP（Hot Standby Router Protocol，热备份路由器协议）Hello（HSRP 中一台路由器向其他路由器发送本路由器的优先级和状态信息，发送间隔 3s），实现了出向路由最优；通过动态封装建立无连接、无状态的隧道增强了可扩展性；自动完成对多宿主的探测，支持基于 VLAN 的负载分担和基于 VPC（Virtual Private Cloud，虚拟私有云）的双活机制。

OTV 数据平面的封装格式是外层 IP 头后面跟着 8 字节的 OTV Shim（垫片）头，原始以太网帧中的 VLAN header 也被移到了 Shim 头中作为租户二层网络的标识；控制平面通过 IGMP 加入 OTV 组播组，在 ED（Edge Device，多归属组网）间建立邻居，使用 IS-IS（Intermediate System-to-Intermediate System，中间系统到中间系统）在邻居间学习包括 VLAN、MAC、Remote IP 在内的转发信息。

（2）LISP（Locator/Identifier Separation Protocol，定位器/标识符分离协议）。

LISP 是由 IETF（互联网工程任务组）主导发展的新一代 IP 地址空间框架，它精确地继承了 Loc/ID split 的精髓，基于 Map-and-Encap 定义了一整套全新的 IP

地址路由机制。在 LISP 网络中，每个站点都有独立的 eID（electronic IDentity，电子身份标识），这些站点将数据包发送到离它最近的 LISP 边界路由器上完成通信。为了完成这个工作，LISP 在传统的 IP 网络中添加了两个重要的新网元。

❏ ITR（Ingress Tunnel Router，入向隧道路由器）。

❏ ETR（Egress Tunnel Router，出向隧道路由器）。

ITR 部署在 LISP 网络的边界，接受非 LISP 站点发来的数据包，并添加上 RLOCs（Routing Locators，路由定位器），然后依据 RLOCs 做出转发决定；ETR 的工作恰恰相反，它在 LISP 数据路径的最后一站，将接收到的数据包去掉 RLOCs 信息，还原成普通 IP 包，并转发给非 LISP 站点。在很多网络设计中，LISP 网络的边缘路由器会同时具有 ETR 和 ITR 两种功用，也被称为 XTR。

（3）VXLAN（Virtual eXtensible Local Area Network）。

VXLAN 提供了类似 VLAN 的二层网络服务，并且比 VLAN 更具备扩展性和灵活性。该技术将数据中心物理网络架构（Underlay）与数据中心逻辑网络架构（Overlay）解耦，满足了云计算对数据中心网络架构灵活部署和弹性扩展的需求。VXLAN 可以在共享的数据中心物理网络架构之上提供逻辑的大二层扩展，用户或者管理员可以实现业务的灵活按需部署；VXLAN 使用 24 位 VNI（VXLAN Network Identifier，网络标识），允许多达 1600 万的 VXLAN 段（segment）在相同的管理域中共存；VXLAN 采用 UDP（用户数据报协议）封装，利用第三层 IP 路由、等价多路径（Equal-Cost Multi-path Routing，ECMP）和链路聚合（Link Aggregation Control Protocol，LACP）技术使用了全部可用路径。VXLAN 的处理流程如图 3-11 所示。

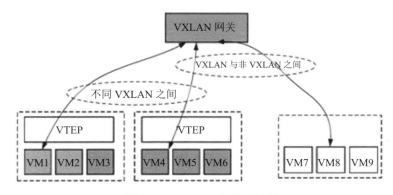

图 3-11　VXLAN 的处理流程

（4）NVGRE（Network Virtual GRE，网络虚拟 GRE）。

微软提出的 NVGRE 标准也使用封装策略来创建大量的 VLAN 子网，这些子网可以扩展到分散的数据中心和二、三层网络，实现了在云和专有网络中共享负载均衡的多租赁网络。NVGRE 使用 GRE（Generic Routing Encapsulation，通用路由封装协议）来创建一个独立的虚拟二层网络，限制物理二层网络或扩展超过子网边界，并通过租赁网络标识符 TNI 解决多租赁网络问题，每个 TNI 都与一个 GRE 通道相关联。从通道终端发送的数据包会通过 IP 组播送往与同一个 TNI 相关的另一个终端。使用多播技术意味着通道可以扩展到三层网络，将一个大型的广播域划分成多个较小的域，从而限制广播流量。NVGRE 的处理流程如图 3-12 所示。

图 3-12　NVGRE 的处理流程

可以看到，NVGRE 和 VXLAN 高度相似，最大的不同在于报文的封装，VXLAN 基于 UDP 封包，NVGRE 则选择了 GRE。

（5）SDN/Openflow（Software Defined Networking，软件定义网络）。

OpenFlow 的核心是将原本完全由交换机/路由器控制数据包转发转化为由支持 OpenFlow 特性的交换机和控制服务器分别完成的独立过程。OpenFlow 交换机是整个 OpenFlow 网络的核心部件，主要管理数据层的转发。OpenFlow 交换机至少由三部分组成：流表（Flow Table），告诉交换机如何处理流；安全通道（Secure Channel），连接交换机和控制器；OpenFlow 协议，一个公开的、标准的、供 OpenFlow 交换机和控制器通信的协议。OpenFlow 交换机接收到数据包后，首先在本地的流表上查找转发目标端口，如果没有匹配，则把数据包转发给 Controller，由控制层决定转发端口。SDN/OpenFlow 的处理流程如图 3-13 所示。

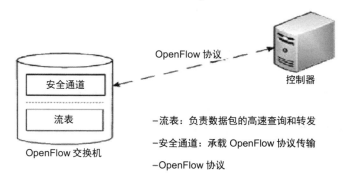

图 3-13　SDN/Openflow 的处理流程

（6）TRILL（Transparent Interconnection of Lots of Links，多链路透明互联）。

TRILL 是 IETF 为实现数据中心大二层扩展制定的一个标准，目前已经有一些协议标准化，如 RFC6325、RFC6326、RFC6327 等。该协议的核心思想是将成熟的三层路由的控制算法引入二层交换中，将原先的 L2 报文加一个新的封装（隧道封装），转换到新的地址空间上进行转发。而新的地址有与 IP 类似的路由属性，具备大规模组网、最短路径转发、等价多路径（ECMP）、快速收敛（支持快速重路由）、易扩展等诸多优势，从而规避 STP/MSTP（Multi-Service Transport Platform，多业务传送平台）等技术的缺陷，实现健壮的大规模组网。

虽然 TRILL 具备明显的优点，但也存在一些问题需要解决。其协议本身的问题主要包括：

❑ 不支持大于 4K 的 VLAN 扩展能力。对于虚拟化多租户的云计算数据中心，往往有大于 4K 的 VLAN 隔离需求，而 TRILL 暂时难以满足。

❑ OAM（Operation、Administration and Maintenance，操作、维护和管理）支持能力弱。

❑ 由于 TRILL 多用于数据中心，RB 之间多是直连组网，不跨越传统的以太网络。

❑ 只支持 Level1，没有 Multi Level 的机制。

❑ 没有考虑如何承载 FCoE（Fibre Channel over Ethernet，以太网光纤通道）业务。

（7）STT（Stateless Transport Tunneling，无状态传输隧道）。

STT 是另外一种大二层技术，其主要支持厂商是 Nicira。与 VXLAN 和 NVGRE 相比，STT 有较大的不同。STT 利用了 TCP 的数据封装形式，但改造了 TCP 的传输机制，数据传输不遵循 TCP 状态机（即 TCP 连接的变化过程），而是全新定义的无状态机制，将 TCP 各字段意义重新定义，无须三次握手建立 TCP 连接，因此称为无状态 TCP；以太网数据封装在无状态 TCP；采用 64 位 Context ID 标识二层网络分段；为了使 STT 充分利用承载网络路由的均衡性，将原始以太网数据头（MAC、IP、四层端口号等）的 HASH（散列函数）值作为无状态 TCP 的源端口号；未知目的、广播、组播等网络流量均被封装为组播转发。

3．云数据中心网络流量特征

在同一个云计算环境下，两台内部虚拟机之间的数据流量被称为东西向流量，而外部网络与虚拟机之间的流量则被称为南北向流量。任何部署在数据中心内的网络服务都要能够同时处理南北向和东西向流量，据统计，在云计算环境内有超过 70%的流量为东西向流量。例如，在某一业务系统中采用了微服务的架构，那么，在数据中心内部的各业务模块之间会有大量的后台数据交互处理。

4．云数据中心网络威胁与风险

云数据中心具有以下网络威胁与风险。

❑ 安全边界消失，无法灵活划分安全域。

❑ 缺乏有效隔离机制，无法阻止威胁横向扩散。

❑　　虚拟机迁移后安全策略失效，无法自动跟随。

❑　　网络审计存在盲点，无法全面掌握资产状况。

5. 常见云网络安全防护技术

1）微隔离技术

《微隔离产品安全技术要求》是国内第一个微隔离技术规范，该规范将微隔离定义为一种能够适应虚拟化部署环境，识别和管理云平台内部流量的隔离技术。符合微隔离安全技术规范的产品，应在流量识别、业务关系拓扑、网络访问控制和安全策略管理方面具有规范所要求的能力。简单理解，微隔离就是在云数据中心内部创建安全域的一种方法，可以起到隔离工作负载并进行个别防护的作用，其目标就是实现更细粒度的网络安全。在云计算环境里，微隔离技术是实现零信任安全模型的前提。

2）安全资源池

安全资源池可以理解为能够提供网络安全服务的资源集合，其可以是硬件网络安全设备，也可以是虚拟网络安全设备，特点是要能够支持安全资源的动态申请与扩展。安全资源池方案的缺点是依赖于云平台的引流能力。

3）NFV

NFV（Network Functions Virtualization，网络功能虚拟化）安全组件是指虚拟化的网络安全设备，NFV 方式的云安全是所有框架里交付方式最简单的，但是此种方式需要用户自己将业务流量引流到 NFV，同时所有的 NFV 设备相互独立，没有统一的安全管理平台，给后续的运维管理带来了很大的麻烦。

6. 常见云网络安全防护模型

1）FWaaS

FWaaS（Firewall as a Service，防火墙即服务）是 Neutron（OpenStack 的虚拟网络服务）的一个高级服务。用户可以用它来创建和管理防火墙，在子网（Subnet）的边界上对 layer3 和 layer4 的流量进行过滤。

传统网络中的防火墙一般放在网关上，用来控制子网之间的访问。FWaaS 的原理也一样，是在 Neutron 虚拟路由（Router）上应用防火墙规则，控制进出租户网络的数据。

FWaaS 有 3 个重要概念：Firewall（防火墙）、Policy（策略）和 Rule（规则）。

（1）Firewall。租户能够创建和管理的逻辑防火墙资源。Firewall 必须关联某个 Policy，因此必须先创建 Policy。

（2）Policy。Policy 是 Rule 的集合，Firewall 会按顺序应用 Policy 中的每一条 Rule。

（3）Rule。Rule 是访问控制的规则，由源与目的子网 IP、源与目的端口、协议、allow（允许）或 deny（拒接）动作组成。

2）VMware NSX

VMware NSX（VMware 公司的网络虚拟化平台）是专为软件定义的数据中心构建的网络虚拟化平台，NSX 网络虚拟化平台从根本上转变了数据中心的网络运维模式，NSX 具有如下功能。

- 将网络连接功能转移至软件上。
- 无缝移动工作负载。
- 在数据中心之间移动虚拟机及其相关联的所有网络和安全策略，支持双活数据中心和即时灾难恢复功能，可以避免运行中的应用中断。
- 实现网络微分段。借助与虚拟机关联的精细化自动化策略，NSX 可帮助数据中心确保内部安全。它的微分段功能可大幅度降低威胁在数据中心内横向扩散的可能，通过网络微分段功能的实现，NSX 为数据中心提供了本质上更加卓越的安全模型。
- 与第三方产品集成。NSX 提供的平台可将第三方的安全组件引入软件定义的数据中心，利用与 NSX 平台的紧密集成，第三方产品不仅可以根据需要自动部署，而且可以适时做出调整，以适应数据中心内不断变化的情况。

3.2.4　云主机安全

对于一台服务器或者计算机，需要对运行在上面的操作系统做什么才能保证服务器或者计算机的安全呢？如何才能有效地降低被攻击的风险？为了达到安全的目的，一般来说需要重点关注以下方面。

1. 系统加固

系统加固的方法根据计算机所在环境的不同而有所不同，具体如图 3-14 所示。

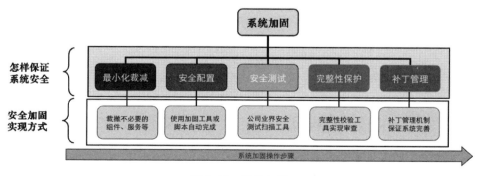

图 3-14　系统加固

2．补丁管理

操作系统应使用最新版的补丁，避免系统存在已知的漏洞，从而被攻击者利用。补丁管理的业务流程如图 3-15 所示。

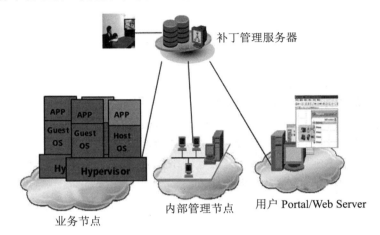

图 3-15 补丁管理的业务流程

3．病毒防护

目前，主机病毒有轻代理和无代理两种实现方式，轻代理的实现方式就是在虚拟机内部安装杀毒软件，而无代理的实现方式依赖于网络层的安全组件。

无代理病毒防护方案具有以下优势。

❑ 资源消耗低且对虚拟机无打扰。

❑ 不需要在每一台虚拟机上安装软件，极大地简化了安全部署和运维管理。

❑ 自动继承安全防护策略，每次新建虚拟机时无须额外地进行杀毒软件的安装及配置。

❑ 梳理出系统中正在使用和存在的账号和口令，避免使用默认的账号密码和脆弱的口令，如 123456、admin 等，降低系统的风险。

3.2.5 云应用安全

1．云应用面临的安全威胁

云应用主要面临以下安全威胁。

❑ 应用系统提供的持续服务存在安全隐患（停止服务、时断时续）。

❑ 应用系统提供的服务存在质量不达标的安全隐患（延迟变大、并发不够）。

❑ 应用系统提供的服务存在逻辑漏洞（绕开流程等）。

❑ 应用系统所创建或保存的业务数据的安全威胁（数据泄露、数据篡改）。

云应用安全威胁及解决方案如表 3-1 所示。

表 3-1　云应用面临的安全威胁及解决方案

应用安全威胁	定　义	解　决　方　案
身份诈骗（spoofing）	伪装另一用户的身份	认证（强验证）
篡改（tampering）	修改传输中的数据	数字签名或哈希（与在 SAML 声明中使用的方法一样）
抵赖（repudiation）	否认交易处理（请求或响应）的来源	数字签名（与在 SAML 声明中使用的方法一样）、审计日志
信息泄露（information disclosure）	未授权下泄露数据	SSL、加密（不是 IdEA 特有的性质）
拒绝服务（denial of service）	影响可用性	安全网关（Web 服务安全网关）
权限提升（elevation of privilege）	假扮角色或授权	授权（OAuth）

2．云应用安全防护框架

云应用安全防护框架介绍如下。

❑ 在数据中心的网关处部署"流量型""应用型""资源耗尽型"的抗 DDoS 攻击系统。

❑ 在数据中心的网关处部署针对 Web 服务系统的防护系统（WAF）。

❑ 在数据中心的网关处部署针对 VDI（Virtual Desktop Infrastructure，虚拟桌面基础架构）Server（服务器）的安全防护系统，如防火墙。

❑ 在数据中心网关处部署针对虚拟化系统的管理节点，如 vCenter（VMware vCenter™ Server，VMware 公司的虚拟化管理软件平台）、OpenStack（开源的云计算管理平台）的安全防护系统。

❑ 定期、自动地对数据中心的应用进行"渗透测试"，发现漏洞和威胁，综合分析并及时纠正。

3.2.6　云数据安全

1．云数据隐私保护

1）超级管理员风险/数据隐私

如何限制超级管理员的权限，以避免查看、窃取用户的数据。

- 防范超级管理员重置用户的密码，以新密码登录到用户的虚拟机，窃取或破坏用户数据（用户容易发现）。
- 防范超级管理员重新配置虚拟机备份策略，将用户数据备份到自己可控制的系统上（用户容易发现）。
- 防范超级管理员克隆用户虚拟机，重置密码并登录，窃取用户数据（用户不知晓）。
- 防范超级管理员克隆用户磁盘，将用户磁盘挂载在自己可控制的虚拟机里面，窃取用户数据（用户不知晓）。

2）用户磁盘加密

- 加密算法必须与用户身份绑定，其他用户加载磁盘无法使用。
- 加密算法：对称、非对称。
- 加密方式：操作系统层面，如 EFS（Encrypting File System，Windows加密文件系统）或 EncryptFS（Linux 系统中的文件加密系统）；Hypervisor 层面的文件系统加密方式，如 QCOW2 的加密。

3）系统管理三权分立

- 配置策略制定员负责系统配置策略的制定，但不实际进行配置，交给策略配置员进行。
- 策略配置员严格按照配置策略制定员下达的配置策略在系统上进行配置。
- 系统审计员通过查看系统监控信息、日志信息对系统和操作进行审计。
- 不允许存在超级管理员。

4）日志记录

- 策略配置的所有操作日志都必须详细记录，并永久不可删除。
- 系统运行日志必须详细记录，并在一定时期内不可删除。

5）存储安全处理

- 存储分区释放：重新分配给其他适用人员之前做低级格式化操作。
- 存储设备废弃：根据 DoD 5220.22-M（National Industrial Security Program Operating Manual）或 NIST 800-88（Guidelines for Media Sanitization）等标准进行消磁废弃处理。

6）脱敏处理

- K-Anonymity（K-匿名化）：防止个人标识泄露的风险。
- L-Diversity（L-多样化）：防止个人属性泄露的风险。
- T-Closeness（T-保密化）：防范通过敏感信息的分布信息进行属性泄露攻击。

2. 云数据防泄露

- 防范用户数据不被非法泄露、非法传播和使用、非法破坏（篡改、销毁等）。
- 防范用户数据从终端通过各种外设（如 USB、串口、硬盘等）非法泄露出去。
- 防范用户数据从数据中心网关通过网络非法导出。
- 防范合法导出数据被非法传播使用。
- 存储分区释放，重新分配给其他适用人员防范旧数据泄露的问题。
- 当存储设备废弃后，因防范处理不当造成的数据，通过废弃的存储设备泄露。

3. 云数据防污染

- 防范"污染数据"进入云数据中心，使用户数据被非法破坏（篡改、销毁等）。
- 防范通过终端外设导入携带蠕虫病毒等数据。
- 防范通过网关导入携带蠕虫病毒等数据。
- 防范超级管理员将用户数据破坏、销毁等污染。

3.2.7 云运维管理

云运维管理制度如表 3-2 所示。

表 3-2 云运维管理制度

控制项	要 求 项	建设方案及措施
环境管理	<ul><li>应指定专门的部门或人员定期对机房供配电、空调、温湿度控制等设施进行维护管理</li><li>应指定部门负责机房安全，并配备机房安全管理人员，对机房的出入、服务器的开机或关机等工作进行管理</li><li>应建立机房安全管理制度，对有关机房物理访问，物品带进、带出机房和机房环境安全等方面的管理做出规定</li><li>应加强对办公环境的保密性管理，规范办公环境人员行为，包括工作人员调离办公室应立即交还该办公室钥匙、不在办公区接待来访人员、工作人员离开座位应确保终端计算机退出登录状态和桌面上没有包含敏感信息的纸档文件等</li></ul>	建立机房运维人员制度，规定运维频率和维护内容；建立机房安全管理制度

续表

控制项	要　求　项	建设方案及措施
资产管理	❑ 应编制并保存与信息系统相关的资产清单，包括资产责任部门、重要程度和所处位置等内容 ❑ 应建立资产安全管理制度，规定信息系统资产管理的责任人员或责任部门，并规范资产管理和使用的行为 ❑ 应根据资产的重要程度对资产进行标识管理，根据资产的价值选择相应的管理措施 ❑ 应对信息分类与标识方法做出规定，并对信息的使用、传输和存储等进行规范化管理	可依据资产重要程度对资产进行分类和标示管理，不同类别资产可采取不同管理措施
介质管理	❑ 应建立介质安全管理制度，对介质的存放环境、使用、维护和销毁等做出规定 ❑ 应确保介质存放在安全的环境中，对各类介质进行控制和保护，并实行存储环境专人管理 ❑ 应对介质在物理传输过程中的人员选择、打包、交付等情况进行控制，对介质归档和查询等进行登记记录，并根据存档介质的目录清单定期盘点 ❑ 应对存储介质的使用过程、送出维修以及销毁等进行严格的管理，对于带出工作环境的存储介质，进行内容加密和监控管理；对于送出维修或销毁的介质，应首先清除介质中的敏感数据；对于保密性较高的存储介质，未经批准不得自行销毁 ❑ 应根据数据备份的需要对某些介质实行异地存储，存储地的环境要求和管理方法应与本地相同 ❑ 应对重要介质中的数据和软件采取加密存储，并根据所承载数据和软件的重要程度对介质进行分类和标识管理	定期对介质的完整性和可用性进行检查
设备管理	❑ 应对信息系统相关的各种设备（包括备份和冗余设备）、线路等指定专门的部门或人员定期进行维护管理 ❑ 应建立基于申报、审批和专人负责的设备安全管理制度，对信息系统的各种软硬件设备的选型、采购、发放和领用等过程进行规范化管理 ❑ 应建立配套设施、软硬件维护方面的管理制度，对其维护进行有效的管理，包括明确维护人员的责任、对涉外维修和服务进行审批、对维修过程进行监督控制等 ❑ 应对终端计算机、工作站、便携机、系统和网络等设备的操作和使用进行规范化管理，按操作规程实现主要设备（包括备份和冗余设备）的启动/停止、加电/断电等操作 ❑ 应确保信息处理设备必须经过审批才能被带离机房或办公地点	建立设备维护规定、设备安全管理制度以及设备涉外维修和设备带出的审批制度

续表

控制项	要 求 项	建设方案及措施
监控管理和安全管理中心	☐ 应对通信线路、主机、网络设备和应用软件的运行状况、网络流量、用户行为等进行监测和报警，形成记录并妥善保存 ☐ 应组织相关人员定期对监测和报警记录进行分析、评审，发现可疑行为时形成分析报告，并采取必要的应对措施 ☐ 应建立安全管理中心，对设备状态、恶意代码、补丁升级、安全审计等安全相关事项进行集中管理	按要求执行
网络安全管理	☐ 应指定专人对网络进行管理，负责运行日志、网络监控记录的日常维护及报警信息的分析和处理工作 ☐ 应建立网络安全管理制度，对网络安全配置、日志保存时间、安全策略、升级与打补丁、口令更新周期等方面做出规定 ☐ 应根据厂家提供的软件升级版本对网络设备进行更新，并在更新前对现有的重要文件进行备份 ☐ 应定期对网络系统进行漏洞扫描，对发现的网络系统安全漏洞及时进行修补 ☐ 应实现设备的最小服务配置，并对配置文件进行定期离线备份 ☐ 应保证所有与外部系统的连接均得到授权和批准 ☐ 应依据安全策略允许或者拒绝便携式和移动式设备的网络接入 ☐ 应定期检查违反规定拨号上网或其他违反网络安全策略的行为	建立网络安全管理制度
系统安全管理	☐ 应根据业务需求和系统安全分析确定系统的访问控制策略 ☐ 应定期进行漏洞扫描，对发现的系统安全漏洞及时进行修补 ☐ 应安装系统的最新补丁程序，在安装系统补丁前，首先在测试环境中测试通过，并对重要文件进行备份，方可实施系统补丁程序的安装 ☐ 应建立系统安全管理制度，对系统安全策略、安全配置、日志管理和日常操作流程等做出具体规定 ☐ 应指定专人对系统进行管理，划分系统管理员角色，明确各个角色的权限、责任和风险，权限设定应当遵循最小授权原则 ☐ 应依据操作手册对系统进行维护，详细记录操作日志，包括重要的日常操作、运行维护记录、参数的设置和修改等内容，严禁进行未经授权的操作 ☐ 应定期对运行日志和审计数据进行分析，以便及时发现异常行为	按要求执行

续表

控制项	要 求 项	建设方案及措施
恶意代码防范管理	❑ 应提高所有用户的防病毒意识，及时告知防病毒软件版本，在读取移动存储设备上的数据以及网络上接收文件或邮件之前，先进行病毒检查，在外来计算机或存储设备接入网络系统之前也应进行病毒检查 ❑ 应指定专人对网络和主机进行恶意代码检测并保存检测记录 ❑ 应对防恶意代码软件的授权使用、恶意代码库升级、定期汇报等做出明确规定 ❑ 应定期检查信息系统内各种产品的恶意代码库的升级情况并进行记录，对主机防病毒产品、防病毒网关和邮件防病毒网关上截获的危险病毒或恶意代码进行及时分析处理，并形成书面的报表和总结汇报	应定期举办防病毒及安全意识培训
密码管理	应建立密码使用管理制度，使用符合国家密码管理规定的密码技术和产品	按要求执行
变更管理	❑ 应确认系统中要发生的变更，并制订变更方案 ❑ 应建立变更管理制度，系统发生变更前，向主管领导申请，变更和变更方案经过评审、审批后方可实施变更，并在实施后将变更情况向相关人员通告 ❑ 应建立变更控制的申报和审批文件化程序，对变更影响进行分析并文档化，记录变更实施过程，并妥善保存所有文档和记录 ❑ 应建立中止变更并从失败变更中恢复的文件化程序，明确过程控制方法和人员职责，必要时对恢复过程进行演练	按要求执行
备份与恢复管理	❑ 应识别需要定期备份的重要业务信息、系统数据及软件系统等 ❑ 应建立备份与恢复管理相关的安全管理制度，对备份信息的备份方式、备份频度、存储介质和保存期等进行规范 ❑ 应根据数据的重要性和数据对系统运行的影响，制定数据的备份策略和恢复策略，备份策略须指明备份数据的放置场所、文件命名规则、介质替换频率和将数据离站运输的方法 ❑ 应建立控制数据备份和恢复过程的程序，对备份过程进行记录，所有文件和记录应妥善保存 ❑ 应定期执行恢复程序，检查和测试备份介质的有效性，确保可以在恢复程序规定的时间内完成备份的恢复	建立备份数据清单

控制项	要 求 项	建设方案及措施
安全事件处置	❑ 应报告所发现的安全弱点和可疑事件，但任何情况下用户均不应尝试验证弱点 ❑ 应制定安全事件报告和处置管理制度，明确安全事件的类型，规定安全事件的现场处理、事件报告和后期恢复的管理职责 ❑ 应根据国家相关管理部门对计算机安全事件等级划分方法和安全事件对本系统产生的影响，对本系统计算机安全事件进行等级划分 ❑ 应制定安全事件报告和响应处理程序，确定事件的报告流程，响应和处置的范围、程度，以及处理方法等 ❑ 应在安全事件报告和响应处理过程中，分析和鉴定事件产生的原因，收集证据，记录处理过程，总结经验教训，制定防止再次发生的补救措施，过程形成的所有文件和记录均应妥善保存 ❑ 对造成系统中断和造成信息泄密的安全事件应采用不同的处理程序和报告程序	形成安全事件报告流程和事件处置管理制度
应急预案管理	❑ 应在统一的应急预案框架下制定不同事件的应急预案，应急预案框架应包括启动应急预案的条件、应急处理流程、系统恢复流程、事后教育和培训等内容 ❑ 应从人力、设备、技术和财务等方面确保应急预案的执行有足够的资源保障 ❑ 应对系统相关的人员进行应急预案培训，应急预案的培训应至少每年举办一次 ❑ 应定期对应急预案进行演练，根据不同的应急恢复内容，确定演练的周期 ❑ 应规定应急预案需要定期审查和根据实际情况更新的内容，并按照内容执行	按要求执行

第 4 章

人工智能技术在云计算安全领域的
应用研究和实践

4.1 云计算安全现状

传统的云计算安全架构较多地依赖于特征匹配的模式。在这种模式中，防护设备需要先将某个攻击事件写入特征库，然后才能防御这个攻击，而且安全设备的特征库的数量是非常有限的，所以这种模式最大的问题在于滞后性和局限性，防护方永远落后于攻击方，对 0Day 漏洞等未知威胁无能为力。

如今，网络安全界的潮流是"转后手为先手"，让安全变得更主动、更前置，主要的技术手段包括云威胁情报和机器学习预测技术。人工智能框架和机器学习有助于自动化数据保护，并简化日常任务的执行。人工智能在公共云和私有云基础架构中提供服务，以加强其安全性。

在云计算安全领域引入人工智能、机器学习进行云计算安全防护，识别未知威胁，有效提高威胁检测精准率（集中降低误报率），全面提升安全水准，是云计算安全的重要研究课题和方向。

例如，Web 防火墙是信息安全的第一道防线。随着网络技术的快速更新，新的黑客技术层出不穷，为传统规则防火墙带来了挑战。传统 Web 入侵检测技术通过维护规则集对入侵访问进行拦截。一方面，硬规则在灵活的黑客面前很容易被绕过，且基于以往知识的规则集难以应对 0Day 漏洞攻击；另一方面，攻防对抗水涨船高，防守方规则的构造和维护门槛高、成本大。因此，研究如何能够基于大量数据进行自动化训练、学习恶意 Web 攻击的高维特征、弥补传统规则集方法的不足、有效阻止安全防线被黑客等攻击绕过、是 Web 对抗防守端可发展和可突破的新的重要研究课题和方向。而自动化学习和训练，正是人工智能、机器学习的核心应用领域。

4.2　人工智能技术的发展趋势

人工智能（Artificial Intelligence，AI）是计算机科学的一个分支，是一项研究和开发用于模拟和拓展人类智能的理论方法和技术手段的新兴科学技术。

智能（intelligence）是人类所特有的区别于一般生物的主要特征，可以解释为人类感知、学习、理解和思维的能力，通常被解释为"人认识客观事物并运用知识解决实际问题的能力，往往通过观察、记忆、想象、思维、判断等表现出来"。

人工智能是对人的意识、思维的信息过程的模拟，它企图了解智能的实质，研究、理解、模拟人类智能，发现其规律，并生产出一种能以与人类智能相似的方式做出反应的新的智能机器。人工智能不是人类智能，但能像人那样思考，更有可能超过人类智能。人工智能研究的一个主要目标是使机器能够胜任一些通常需要人类智能才能完成的复杂工作。该领域的研究包括机器人、语音识别、图像识别、自然语言处理和专家系统等。

人工智能从诞生以来，理论和技术日益成熟，应用领域也不断扩大。可以设想，未来人工智能带来的科技产品将会是人类智慧的"容器"，势必承载着人类科技的发展进步。

人工智能在历史上有三次跨越式的技术发展，如图 4-1 所示。

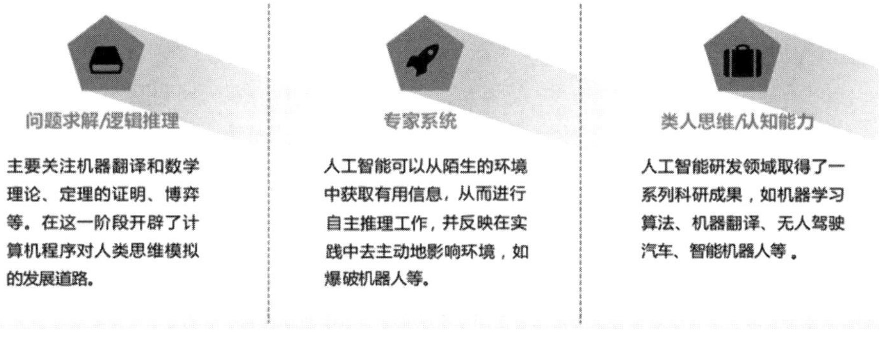

问题求解/逻辑推理

主要关注机器翻译和数学理论、定理的证明、博弈等。在这一阶段开辟了计算机程序对人类思维模拟的发展道路。

专家系统

人工智能可以从陌生的环境中获取有用信息，从而进行自主推理工作，并反映在实践中去主动地影响环境，如爆破机器人等。

类人思维/认知能力

人工智能研发领域取得了一系列科研成果，如机器学习算法、机器翻译、无人驾驶汽车、智能机器人等。

图 4-1　人工智能的三次技术跨越发展示意图

1. 第一次技术跨越（问题求解/逻辑推理阶段）

这一阶段的人工智能实现了问题求解、逻辑推理技术的跨越。

该阶段主要关注机器翻译和数学理论、定理的证明、博弈等，开辟了计算机程序对人类思维模拟的发展道路。

1956 年达特茅斯会议之后，人工智能迎来了发展的黄金时期，出现了大量的研究成果。Herbert Simon、J. C. Shaw、Allen Newell 创建了第一个将待解决问题的知识和解决策略相分离的计算机程序——通用解题器（General Problem Solver）；Nathanial Rochester 的几何问题证明器（Geometry Theorem Prover）可以解决一些让数学系学生都觉得棘手的问题；Daniel Bobrow 的程序 STUDENT 可以解决高中水平的代数题；John McCarthy 主导的 Lisp 语言成为之后 30 年内人工智能领域的首选语言；Minsky、Seymour Aubrey Papert 提出了微世界（Micro World）的概念，大大简化了人工智能的场景，有效地促进了人工智能的研究。微世界程序的最高成就是 Terry Winograd 的 SHRDLU，它能用普通的英语句子与人交流，还能做出决策并执行操作。

但当时人工智能还存在一些问题。

（1）只依靠简单的结构变化无法扩大化以达到目标（Simple syntactic manipulation cannot scale）。美国国家研究署尝试用自动化翻译加速翻译俄语论文。一开始他们认为通过简单的词语替换和句子结构的修改可以达到足够高的可读程度，但是后来发现，单词的意思与前后文紧密关联，而多义词的解释则需要对背景知识有一定了解。

（2）存储空间和计算能力严重不足。例如，Ross Quillian 的自然语言处理程序只包括 20 个单词，因为这是存储的上限。

（3）指数级别攀升的计算复杂性。1972 年 Richard Karp 的研究表明，许多问题只能在指数级别的时间内获解，即计算时间与输入的规模的幂成正比。

（4）缺乏基本知识和推理能力。研究者发现，一些简单的常识对程序来说也是巨量信息。20 世纪 70 年代没有人建立过这种规模的数据库，也没人知道如何让程序进行学习。

（5）Moravec 悖论。一些人类觉得复杂的问题，如几何证明，对机器而言十分简单。但人类的基本技能，如人脸识别，对机器而言却是一个巨大的挑战。

2．第二次技术跨越（专家系统阶段）

这一阶段的人工智能实现了专家系统技术跨越。

该阶段的人工智能可以从陌生的环境中获取有用信息，从而进行自主推理工作，并反映在实践中去主动地影响环境，如爆破机器人等。

专家系统专注于某一个领域，因而设计简单，易于实现，而且避免了所谓的"常识问题"。商业领域第一个成功的专家系统是美国数字设备公司（Digital Equipment Corporation）的 R1，从 1982 年至 1988 年，它帮助公司平均每年节约 4000 万美元。到了 1988 年，全球顶尖的公司都已经装备了专家系统。随着专家系统的大规模应用，知识库系统和知识工程得到了普及，如图 4-2 所示。

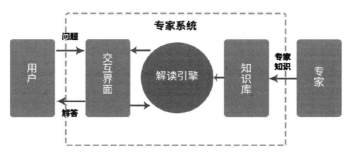

图 4-2　专家系统示意图

世界各国纷纷将巨资投入大规模集成电路、人工智能、软件工程、人机交互（包含自然语言处理）以及系统架构等研究领域，在系统架构设计、芯片组装、硬件工程、分布式技术、智慧系统等方向发力。

在这个时期，算法也得到了突破性的进展。1982 年，John Hopfield 证明 Hopfield 网络可以学习并处理信息，David Rumelhart 则提出了反向传播算法。这两项成果和 1986 年发表的分布式处理的论文一起，为 20 世纪 90 年代神经网络的商业化打下了坚实的基础。

随着专家系统的不断发展、复杂度的快速提升，基于知识库和推理机的专家系统显示出了让人不安的一面：难以升级扩展，鲁棒性不够，直接导致高昂的维护成本。

3．第三次技术跨越（类人思维/认知能力阶段）

这一阶段的人工智能实现了类人思维/认知能力技术跨越。

该阶段人工智能研发领域取得了一系列科研成果，如机器学习算法、机器翻译、无人驾驶汽车、智能机器人等。

1997 年 5 月 11 日，IBM 制造的专门超级计算机深蓝（Deep Blue），在经过多轮较量后，击败了国际象棋世界冠军 Garry Kasparov。这个事件标志着人工智能的研究到达了一个新的高度。2000 年以后，随着大数据的普及、深度学习算法的完善、硬件效能的提高，人工智能的应用领域变得更广，应用程度也变得更深。伴随互联网的普及、巨量数据的形成及人类对智能化需求的多样性变化，"通过机器的学习、大规模数据库、复杂的传感器和巧妙的算法，来完成分散的任务"成为人工智能的最新定义。

在人工智能的 2.0 时代，人工智能被大量应用于经济、交通、军事、教育等领域。近几年，各国都先后出台关于深化发展与应用人工智能技术的政策与报告。2016 年 9 月，斯坦福大学发布了《2030 年的人工智能与生活》（"Artificial Intelligence and Life in 2030"），该报告详细阐释了人工智能在交通、家庭服务、医疗保健、教育、社区、公共安全、就业及娱乐八个方面将产生的深远影响及颠覆性变革。

据调研机构 IDC 估算，2020 年全球人工智能市场规模约 1565 亿美元，预计未来几年市场将继续保持高速增长，到 2030 年，全球市场规模将达到 15.7 万亿美元。

4.3　人工智能系统模型架构

智能是一种现象，表现在个体和社会群体的行为过程中。

1．智能系统的根源

智能系统的根源可以追溯到两个基本前提条件。

（1）物理环境客观的现实与因果链条。在不同的环境条件下，智能的形式也不一样。任何智能的机器都必须理解物理世界及其因果链条，适应这个世界。

（2）智能物种与生俱来的任务与价值链条。这个任务是一个生物进化的"刚需"。例如，个体的生存，要解决吃饭和安全问题；而物种的传承，需要交配和社会活动。这些基本任务会衍生出大量的其他任务。动物的行为都是被各种任务驱动的。

2．智能系统的模型架构

有了物理环境的因果链和智能物种的任务与价值链，那么一切都是可以推导出来的。要构造一个智能系统，如机器人或者游戏环境中的虚拟人物，首先要给他们定义好身体的基本行动的功能，再定义一个模型的空间（包括价值函数）。

这里说的模型的空间是一个数学的概念，我们人脑时刻都在改变之中，也就是一个抽象的点，在这个空间中移动。模型的空间通过价值函数、决策函数、感知、认知、任务计划等来表达。通俗来说，一个脑模型就是世界观、人生观、价值观的一个数学表达。这个空间的复杂度决定了个体的智商和成就。

是什么驱动了模型在空间中的运动，也就是学习的过程？还是两点：

（1）外来的数据。外部世界通过各种感知信号，传递到人脑，塑造我们的模型。数据来源于观察（Observation）和实践（Experimentation）。观察的数据一般用于学习各种统计模型，这种模型就是某种时间和空间的联合分布，也就是统计的关联与相关性。实践的数据一般用于学习各种因果模型，将行为与结果联系在一起。因果与统计相关是不同的概念。

（2）内在的任务。这就是由内在的价值函数驱动的行为，以期达到某种目的。我们的价值函数是在生物进化过程中形成的。因为任务的不同，我们往往对环境中有些变量非常敏感,而对其他一些变量不关心。由此,形成不同的模型。

机器人的脑、人脑都可以看成一种模型。任何一种模型都由数据与任务来共同塑造。

同样是在概率统计的框架下,当前很多的深度学习方法都属于"大数据、小任务(Big Data for Small Tasks)范式"。针对某个特定的任务,如人脸识别和物体识别,设计一个简单的价值函数 Loss function,用大量数据训练特定的模型。

人工智能的发展,需要进入"小数据、大任务(Small Data for Big Tasks)范式",要用大量任务而不是大量数据来塑造智能系统和模型。

那么,如何定义大量的任务?人们所感兴趣的任务有多少?这些任务是什么样的空间结构?这些问题是人工智能发展的巨大挑战。

4.4 人工智能之机器学习基础

人工智能是一门利用计算机模拟人类智能行为科学的统称。它涵盖了训练计算机,使其能够完成自主学习、判断、决策等人类行为的范畴。人工智能的研究从以"推理"为重点到以"知识"为重点,再到以"学习"为重点。机器学习是实现人工智能的一个途径,即以机器学习为手段解决人工智能中的问题。二者的关系如图 4-3 所示。

图 4-3 人工智能与机器学习的关系示意图

因此,人工智能在云计算安全领域的技术应用研究重点是机器学习。

4.4.1 机器学习的概念

机器学习（Machine Learning）是一门多领域交叉学科，涉及概率论、统计学、逼近论、凸分析、算法复杂度理论等多门学科，专门研究计算机如何模拟或实现人类的学习行为，以获取新的知识或技能，重新组织已有的知识结构，不断改善自身的性能。它是人工智能的核心，是使计算机具有智能的根本途径，其应用遍及人工智能的各个领域，包括专家系统、认知模拟、规划和问题求解、数据挖掘、网络信息服务、图像识别、故障诊断、自然语言理解、机器人和博弈等。

当前所做的机器学习是一个很狭义的定义，不代表整个学习过程，通常包括以下三步。

（1）定义一个损失函数 lossfunction，记作 u，代表一个小任务，如人脸识别，正确奖励为 1，错误奖励为-1。

（2）选择一个模型，如一个 10 层的神经网络，它带有几亿个参数，这些参数需要通过数据来拟合。

（3）拿到大量数据，这里假设已准备了标注的数据，然后开始拟合参数。

这个过程没有因果，没有机器人行动，是纯粹的、被动的统计学习。目前做视觉识别和语音识别的过程都是这一类。真正的学习是一个交互的过程，学生可以问老师，老师可以问学生，共同思考，是一种平等交流，而不是通过大量题海、填鸭式的训练。这个学习过程是建立在认知构架之上的，如图 4-4 所示。

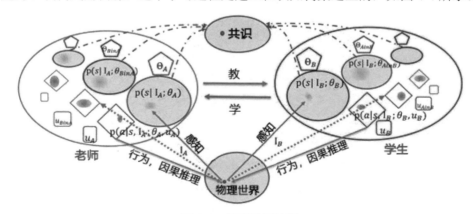

图 4-4　机器学习过程

图 4-4 所示为两个人 A 与 B 的交流，一个是老师，一个是学生，完全是对等的结构，体现了教与学是一个平等的互动过程。每个椭圆代表一个脑袋 mind，

它包含三大块：知识函数 theta（θ）、决策函数 pi（p(s/I;θ)）、价值函数 mu（μ）。最底下的椭圆代表物理世界。上面中间的那个椭圆代表双方达成的共识。

这个学习的构架里面包含以下七种学习模式（每种学习模式对应于图中的某个或几个箭头）。

1. 被动统计学习

被动统计学习是当前最流行的学习模式，需要用大数据来拟合模型。

2. 主动学习

学生可以主动向老师要数据。主动学习的核心任务是制定选择样本的标准，从而选择尽可能少的样本进行标注来训练出一个好的学习模型。主动学习就是融合选择数据集的算法。一般认为，已标记的数据越多，标记越精准，基于这些数据训练得到的模型越高效。

不同数据样本对学习模型的贡献度是不一样的，如果我们能够选取一部分最有价值的数据进行标注，有可能仅基于少量数据就能获得同样高效的模型。

1）三种主动学习场景

（1）基于数据池的主动学习：最常见的一种场景，其假设所有未标记数据已经给定，形成一个数据池。主动学习算法迭代进行，每一次从未标记数据池中选择样本向专家查询标记，并将这些新标注的样本加入训练集，模型基于新的训练集进行更新，进而进入下一次迭代。

（2）基于数据流的主动学习：假设样本以流的形式一个一个到达，因此当一个样本到达时，算法必须决定是否查询该样本的标记。这种场景在一些实际应用中也比较常见，比如数据流源源不断地产生，而又无法保存下来所有数据时，基于数据流的主动学习就更为适用。

（3）基于合成样本查询的主动学习：不是选择已有样本来查询标记信息，而是直接从特征空间里合成出新的样本进行查询。由于新合成的样本可能是特征空间里任意取值组合产生的，因此在某些应用问题中可能导致人类专家也无法标注这些合成样本。例如在图像分类任务中，任意像素取值合成的一幅图片可能并不能呈现出清晰的语义。

2）三种主动学习策略

主动学习的关键任务在于设计出合理的查询策略，即按照一定的准则来选择被查询的样本。目前的方法可以大致分为三种策略。

（1）基于信息量的查询策略：最为常见，其基本思想是选择能最大限度地减小当前模型不确定性的样本进行查询。具体而言，信息量又可以通过模型预测的置信度、模型错误率下降期望、委员会投票等多种形式进行度量。这类方法选择样本时只基于现有的已标记样本，忽略了大量的未标记样本中蕴含的数据分布信息，可能导致采样偏差问题。

（2）基于代表性的查询策略：倾向于选择更能刻画数据整体分布的未标记数据进行标记查询。这些方法往往通过聚类或密度估计等无监督技术来评估样本的代表性，由于忽略了已标记样本，因此样本的整体性能可能会依赖于聚类结果的好坏。

（3）综合多种准则的查询策略：同时考虑选择样本的信息量和代表性，能够有效避免采样偏差和依赖聚类结果的问题。近年来已有研究者从不同角度提出综合多种查询准则的主动学习方法，并均展示出较好的实验性能。

3．算法教学

老师主动跟踪学生的进展和能力，然后设计例子来帮助学生学习。这是成本比较高、理想的优秀教师的教学方式。

4．演示学习

演示学习是机器人学科里面常用的，就是手把手地教机器人做动作，其一个变种是模仿学习。

5．感知因果学习

感知因果学习是指通过观察别人行为的因果，而不需要去做实验验证，学习出来的因果模型，这在人类认知中十分普遍。

6．因果学习

因果学习是指通过动手实验，控制其他变量而得到更可靠的因果模型，科学实验往往属于这一类。

7．增强学习

增强学习是学习决策函数与价值函数的一种方法。

4.4.2 机器学习的分类

机器学习包含众多研究方面，可以进行综合分类、基于学习策略分类、基于应用领域分类、基于学习形式分类等。

1．综合分类

在综合分类中，经验性归纳学习（Empirical Inductive Learning）、遗传算法（Genetic Algorithm）、联接学习（Connecting Learning）和增强学习（Reinforcement Learning）均属于归纳学习。其中经验性归纳学习采用符号表示方式，而遗传算法、联接学习和增强学习则采用亚符号表示方式。分析学习（Analytic Learning）属于演绎学习；类比学习（Learning by Analogy）可看成是归纳和演绎学习的综合。因而最基本的学习策略只有归纳和演绎。

从学习内容的角度看，采用归纳策略的学习由于是对输入进行归纳，所学习的知识显然超过原有系统知识库所蕴涵的范围，所学结果改变了系统的知识演绎闭包（Closure），因而这种类型的学习又可称为知识级学习。而采用演绎策略的学习尽管所学的知识能提高系统的效率，但仍能被原有系统的知识库所蕴涵，即所学的知识未能改变系统的演绎闭包，因而这种类型的学习又被称为符号级学习。深度学习则是学习数据的知识表示和关系表示。

1）经验性归纳学习

经验性归纳学习采用一些数据密集的经验方法，如版本空间法、ID3（Iterative Dichotomiser 3）法、定律发现方法等对例子进行归纳学习。其例子和学习结果一般都采用属性、谓词、关系等符号表示。它相当于基于学习策略分类中的归纳学习，但扣除联接学习、遗传算法、增强学习的部分。

2）分析学习

分析学习方法是从一个或少数几个实例出发，运用领域知识进行分析。其主要特征为：

（1）推理策略主要是演绎，而非归纳。

（2）使用过去的问题求解经验（实例）指导求解新的问题，或产生能更有效地运用领域知识的搜索控制规则。

分析学习的目标是改善系统的性能，而不是新的概念描述。分析学习包括应用解释学习、演绎学习、多级结构组块以及宏操作学习等技术。

3）类比学习

此处的类比学习相当于基于学习策略分类中的类比学习。在这一类型的学习中，比较引人注目的研究是通过与过去经历的具体事例类比来学习，称为基于范例的学习（Case Based Learning），或简称为范例学习。

4）遗传算法

遗传算法模拟生物繁殖的突变、交换和达尔文的自然选择（在每一生态环境中适者生存）。遗传算法适用于非常复杂和困难的环境，例如，带有大量噪声和无关数据、事物不断更新、问题目标不能明显和精确地定义，以及通过很长的执行过程才能确定当前行为的价值等。同神经网络一样，遗传算法的研究已经发展为人工智能的一个独立分支，其代表人物为霍勒德（J. H. Holland）。

5）联接学习

典型的联接模型实现为人工神经网络，其由称为神经元的一些简单计算单元以及单元间的加权联接组成。

6）增强学习

增强学习的特点是通过与环境的试探性交互来确定和优化动作的选择，以实现所谓的序列决策任务。在这种任务中，学习机制通过选择并执行动作导致系统状态变化，并有可能得到某种强化信号（立即回报），从而实现与环境的交互。强化信号就是对系统行为的一种标量化的奖惩。系统学习的目标是寻找一个合适的动作选择策略，即在任一给定的状态下选择哪种动作的方法，使产生的动作序列可获得某种最优的结果（如累计立即回报最大）。

7）深度学习

深度学习（Deep Learning）是在数据中学习多层的非线性模型。深度学习的基础是数据，相对于传统的机器学习算法，深度学习强调从海量数据中进行学习，解决海量数据中存在的高维、冗杂及高噪等传统机器学习算法难以处理的问题。深度学习的两个目标是数据的知识表示和关系表示。深度学习去学习数据的知识表示和关系表示，其目的是让机器进行各种模式识别任务，包括聚类、分类和回归等任务，其终极目标是让机器达到真正意义上的人工智能。

2．基于学习策略分类

学习策略是指学习过程中系统所采用的推理策略。一个学习系统总是由学习和环境两部分组成。环境（如书本或教师）部分提供信息，学习部分则实现信息转换，用能够理解的形式记忆下来，并从中获取有用的信息。在学习过程中，学生（学习部分）使用的推理越少，他对教师（环境）的依赖就越大，教师的负担也就越重。基于学习策略的分类标准就是学生实现信息转换所需的推理多少和难易程度，依从简单到复杂、从少到多的次序分为以下六种基本类型。

1）机械学习

机械学习（Rote Learning）是指学习者无须任何推理或其他的知识转换，直接吸取环境所提供的信息，如塞缪尔的跳棋程序、纽厄尔和西蒙的 LT 系统等。这类学习系统主要考虑的是如何索引存储的知识并加以利用。系统的学习方法是直接通过事先编好、构造好的程序来学习，学习者不做任何工作，或者是通过直接接收既定的事实和数据进行学习，对输入信息不做任何推理。

2）示教学习

示教学习（Learning from Instruction 或 Learning by Being Told）是指学生从环境获取信息，把知识转换成内部可使用的表示形式，并将新的知识和原有知识有机地结合为一体。示教学习要求学生有一定程度的推理能力，但环境仍要做大量的工作。教师以某种形式提出和组织知识，以使学生拥有的知识可以不断地增加。这种学习方法和人类社会的学校教学方式相似，学习的任务就是建立一个系统，使它能接受教导和建议，并有效地存储和应用学到的知识。不少专家系统在建立知识库时使用这种方法获取知识。

3）演绎学习

演绎学习（Learning by Deduction）中，学生所用的推理形式为演绎推理。

推理从公理出发，经过逻辑变换推导出结论。这种推理是"保真"变换和特化（Specialization）的过程，学生在推理过程中可以获取有用的知识。这种学习方法包含宏操作（Macro-operation）学习、知识编辑和组块（Chunking）技术。演绎推理的逆过程是归纳推理。

4）类比学习

类比学习（Learning by Analogy）利用两个不同领域（源域、目标域）中的知识相似性，通过类比，从源域的知识（包括相似的特征和其他性质）推导出目标域的相应知识，从而实现学习。类比学习系统可以使一个已有的计算机应用系统转变为适应于新的领域、来完成原先没有设计相类似功能的系统。

类比学习需要比上述三种学习方式更多的推理。它一般要求先从知识源（源域）中检索出可用的知识，再将其转换成新的形式，用到新的状况（目标域）中去。类比学习在人类科学技术发展史上起着重要作用，许多科学发现就是通过类比得到的。例如著名的卢瑟福类比就是通过将原子结构（目标域）同太阳系（源域）做类比，揭示了原子结构的奥秘。

5）基于解释的学习

基于解释的学习（Explanation-Based Learning）是指学生根据教师提供的目标概念、该概念的一个例子、领域理论及可操作准则，首先构造一个解释来说明为什么该例子满足目标概念，然后将解释推广为目标概念的一个满足可操作准则的充分条件。基于解释的学习已被广泛应用于知识库求精和改善系统的性能。

6）归纳学习

归纳学习（Learning from Induction）是由环境提供某概念的一些实例或反例，让学生通过归纳推理得出该概念的一般描述。这种学习的推理工作量远多于示教学习和演绎学习，因为环境并不提供一般性概念描述（如公理）。从某种程度上说，归纳学习的推理量也比类比学习的推理量大，因为没有一个类似的概念可以作为"源概念"加以取用。归纳学习是最基本的、发展也较为成熟的学习方法，在人工智能领域中已经得到广泛的研究和应用。

3．基于应用领域分类

最主要的应用领域有专家系统、认知模拟、规划和问题求解、数据挖掘、网络信息服务、图像识别、故障诊断、自然语言理解、机器人和博弈等领域。分析机器学习的执行部分所反映的任务类型，可以发现其应用研究领域基本上集中于以下两个范畴：分类和问题求解。

1）分类

分类任务要求系统依据已知的分类知识对输入的未知模式（该模式的描述）进行分析，以确定输入模式的类属。相应的学习目标就是学习用于分类的准则

（如分类规则）。

2）问题求解

问题求解任务要求对于给定的目标状态，寻找一个将当前状态转换为目标状态的动作序列。机器学习在这一领域的研究工作大部分集中于通过学习来获取能提高问题求解效率的知识（如搜索控制知识、启发式知识等）。

4．按照学习结果的表达形式分类

在学习中获取的知识的表现形式，可分为以下几种。

（1）代数表达式参数。学习的目标是通过调节一个固定函数形式的代数表达式参数或系数来达到一个理想的性能。

（2）决策树。用决策树来划分物体的类属，树中每一内部节点对应一个物体属性，而每一边对应于这些属性的可选值，树的叶节点则对应于物体的每个基本分类。

（3）形式文法。在识别一个特定语言的学习中，通过对该语言的一系列表达式进行归纳，形成该语言的形式文法。

（4）产生式规则。产生式规则表示为条件-动作对，已被极为广泛地使用。学习系统中的学习行为主要是生成、泛化、特化或合成产生式规则。

（5）形式逻辑表达式。由命题、谓词、变量、约束变量范围的语句，及嵌入的逻辑表达式构成。

（6）图和网络。有的系统采用图匹配和图转换方案来有效地比较和索引知识。

（7）框架和模式。每个框架包含一组槽，用于描述事物（概念和个体）的各个方面。

（8）计算机程序和其他的过程编码。获取这种形式的知识，目的在于取得一种能实现特定过程的能力，而不是为了推断该过程的内部结构。

（9）神经网络。这主要用在联接学习中，学习所获取的知识，最后归纳为一个神经网络。

（10）多种表示形式的组合。有时从一个学习系统中获取的知识，需要综合应用上述几种知识表示形式。

5．基于学习形式分类

1）监督学习

监督学习（Supervised Learning）即在机械学习过程中提供对错指示。监督学习的训练集要求包括输入和输出，也可以说是特征和目标。训练集中的目标是由人标注的。常见的监督学习算法包括回归分析和统计分类。

2）非监督学习

非监督学习（Unsupervised Learning）又称归纳性学习（Clustering）。它

利用 K 方式（K-means）建立中心（Centriole），通过循环和递减运算（Iteration & Descent）来减小误差，达到分类的目的。

4.4.3　机器学习的算法研究

为了更好地进行云计算安全领域的自动化数据学习和训练，需要了解自动化学习和训练的核心基础——算法。

1. 机器学习分类

机器学习主要分为监督学习、无监督学习、半监督学习和强化学习四类。

监督学习和无监督学习很容易区分和理解。直白来讲，监督的含义就是训练数据集和测试数据集有没有标签。

1）监督学习

监督学习是使用已经知道答案的数据或者已经给定标签的数据让机器进行学习的一个过程。通俗地讲，监督学习就好比我们高中做练习题，当我们做完一道题之后，可以翻看答案，然后通过答案来进行学习和调整，最终能够举一反三。经过这样的学习，下次遇到类似的题目时，我们就可以通过已有的经验进行解答。

监督学习有两个主要的任务：分类和回归。对于分类来说，目标变量是样本所属的类别，是离散的。在样本数据中，包含每一个样本的特征，如花朵颜色、花瓣大小，也包含这个样本属于什么类别，如是向日葵还是菊花，而这个类别就是目标变量。分类就是根据样本特征对样本进行类别判定的过程。对于回归来说，目的是预测，目标变量是连续的。比如预测北京的房价，每一套房源是一个样本，样本数据中也包含每一个样本的特征，如房屋面积、建筑年代等，房价就是目标变量，通过拟合出房价的直线来预测房价，当然预测值越接近真实值越好，这个过程就是回归。

2）无监督学习

无监督学习使用的数据是没有标记过的，即不知道输入数据对应的输出结果是什么。无监督学习只能默默地读取数据，自己寻找数据的模型和规律。就相当于我们在学习的过程中遇到的事情是没有答案的，只能自己从中摸索，然后对其进行分类判断。例如若要生产 T 恤，却不知道 XS、S、M、L 和 XL 的尺寸到底应该设计为多大，则可以根据人们的体测数据，用聚类算法把人分到不同的组，从而决定不同组尺码的大小。

常用的无监督学习算法有聚类、自编码器、主成分分析（Principal Component Analysis，PCA）、生成对抗网络等。

3）半监督学习

半监督学习训练中使用的数据只有一小部分是标记过的。毕竟很多时候我们缺少的不是数据，而是带标签的数据，但人为地给数据打标签费时费力。因此，与只使用标签数据的模型相比，半监督学习模型的训练成本较低，但又能达到较高的准确度。相当于我们从少量有答案的数据里训练，然后根据经验对剩下的数据进行分类标记。

常用的半监督学习算法有生成式方法、半监督支持向量机（Support Vector Machine，SVM）、图半监督学习、基于分歧的方法等。最新的进展有 MixMatch 方案，这种方法在小数据上做半监督学习的精度远超其他同类模型。

4）强化学习

强化学习也是使用未标记的数据进行训练，但是可以通过某种方法知道离正确答案越来越近还是越来越远（即奖惩函数），强调的是如何基于环境而行动以取得最大化的收益。"冷热游戏"很生动地诠释了这个概念。你的朋友会事先藏好一个东西，当你离这个东西越来越近的时候，你的朋友就说热，反之就说冷。冷或热就是一个奖惩函数。强化学习就是最大化奖惩函数，可以把奖惩函数想象成正确答案的一个延迟形式。

2．机器学习的常见算法

在上述机器学习的四种分类下，常见的算法有以下几种。

（1）回归算法。回归算法是试图采用对误差的衡量来探索变量之间的关系的一类算法。回归算法是统计机器学习的利器。在机器学习领域，人们说起回归，有时候是指一类问题，有时候是指一类算法，这一点常常会使初学者有所困惑。常见的回归算法包括最小二乘法（Ordinary Least Square）、逻辑回归（Logistic Regression）、逐步式回归（Stepwise Regression）、多元自适应回归样条（Multivariate Adaptive Regression Splines），以及本地散点平滑估计（Locally Estimated Scatterplot Smoothing）。

（2）基于实例的算法。基于实例的算法常常用来对决策问题建立模型，这样的模型通常先选取一批样本数据，然后根据某些近似性把新数据与样本数据进行比较。通过这种方式来寻找最佳的匹配。因此，基于实例的算法常常也被称为"赢家通吃"学习或者基于记忆的学习。常见的算法包括 k-最近邻居（k-Nearest Neighbor，KNN）、学习矢量量化（Learning Vector Quantization，LVQ），以及自组织映射（Self-Organizing Map，SOM）。

（3）正则化方法。正则化方法是其他算法（通常是回归算法）的延伸，根据算法的复杂度对算法进行调整。正则化方法通常对简单模型予以奖励而对复杂算法予以惩罚，常见的算法包括脊回归（Ridge Regression）、LASSO 回归模型（Least Absolute Shrinkage and Selection Operator）和弹性网络（Elastic Net）。

（4）决策树算法。决策树算法根据数据的属性采用树状结构建立决策模型，常常用来解决分类和回归问题。常见的算法包括分类及回归树（Classification And Regression Tree，CART）、ID3 法（Iterative Dichotomiser 3）、C4.5 算法、卡方自动交互检测法（Chi-squared Automatic Interaction Detection，CHAID）、单层决策树（Decision Stump）、随机森林（Random Forest）、多元自适应回归样条（MARS）和梯度推进机（Gradient Boosting Machine）。

（5）贝叶斯方法。贝叶斯方法是基于贝叶斯定理的一类算法，主要用来解决分类和回归问题。常见的算法包括朴素贝叶斯算法、平均单依赖估计（Averaged One-Dependence Estimators，AODE）和贝叶斯信念网络（Bayesian Belief Network）。

（6）基于核的算法。基于核的算法中最著名的莫过于支持向量机（SVM）了。基于核的算法把输入数据映射到一个高阶的向量空间，在这些高阶向量空间里，有些分类或者回归问题能够更容易地解决。常见的基于核的算法包括支持向量机、径向基函数（Radial Basis Function，RBF）和线性判别分析（Linear Discriminate Analysis，LDA）等。

（7）聚类算法。聚类就像回归一样，有时候人们描述的是一类问题，有时候描述的是一类算法。聚类算法通常按照中心点或者分层的方式对输入数据进行归并。所有的聚类算法都试图找到数据的内在结构，以便按照最大的共同点将数据进行归类。常见的聚类算法包括 k-Means 算法和期望最大化（Expectation Maximization，EM）算法。

（8）关联规则学习。关联规则学习通过寻找最能够解释数据变量之间关系的规则，来找出大量多元数据集中有用的关联规则。常见算法包括 Apriori 算法和 Eclat 算法等。

（9）人工神经网络算法。人工神经网络算法模拟生物神经网络，是一类模式匹配算法，通常用于解决分类和回归问题。人工神经网络算法是机器学习的一个庞大的分支，有几百种不同的算法（其中深度学习就是其中的一类算法），重要的人工神经网络算法包括感知器神经网络（Perceptron Neural Network）、反向传递（Back Propagation）、Hopfield 网络、自组织映射和学习矢量量化。

（10）深度学习算法。深度学习算法是人工神经网络算法的发展。在计算能力变得日益"廉价"的今天，深度学习试图建立大得多也复杂得多的神经网络。很多深度学习算法是半监督式学习算法，用来处理存在少量未标识数据的大数据集。常见的深度学习算法包括受限波尔兹曼机（Restricted Boltzmann Machine，RBN）、深度信念网络（Deep Belief Network，DBN）、卷积网络（Convolutional Network）和堆栈式自动编码器（Stacked Auto-encoders）。

（11）降低维度算法。与聚类算法一样，降低维度算法试图分析数据的内在结构，不过降低维度算法是以非监督学习的方式，试图利用较少的信息来归纳或者解释数据。这类算法可以用于高维数据的可视化，或者用来简化数据以便监督式学习使用。常见的降低维度算法包括主成分分析（Principle Component Analysis，PCA）、偏最小二乘法回归（Partial Least Square Regression，PLSR）、Sammon 映射、多维尺度（Multi-Dimensional Scaling，MDS）和投影追踪（Projection Pursuit）等。

（12）集成算法。集成算法用一些相对较弱的学习模型独立地就同样的样本进行训练，然后把结果整合起来进行整体预测。集成算法的主要难点在于究竟集成哪些独立的、较弱的学习模型，以及如何把学习结果整合起来。这是一类非常强大的算法，同时也非常流行。常见的算法包括提升方法（Boosting）、基于数据随机重抽样的分类器构建方法（Bootstrapped Aggregation，Bagging）、自适应提升算法 AdaBoost（Adaptive Boosting）、堆叠泛化（Stacked Generalization，Blending）、梯度推进机（Gradient Boosting Machine，GBM）和随机森林（Random Forest）。

3. 机器学习算法的数学理论研究

人工智能要解决各种不确定问题，这需要数学为其提供不确定推理的基础。数学是人工智能发展必不可少的基础，在人工智能的各个发展阶段都起着关键的作用。概率论与数理统计、矩阵分析、最优化理论、凸优化、数学分析、泛函分析等是人工智能科学必学的数学基础学科。

概率理论是实现不确定推理的数学基础。概率论、随机过程、数理统计构成了概率理论，为人工智能处理各种不确定问题奠定了基础。

支持向量机是人工智能的主要分类方法之一，其数学基础为核函数。可计算理论是人工智能的重要理论基础和工具，为了回答是否存在不可判定的问题。数理逻辑学家提出了关于算法的定义（把一般数学推理形式化为逻辑演绎），可以被计算，就是要找到一个解决问题的算法。在不可计算性以外，如果解决一个问题需要的计算时间随着实例规模呈指数级增长，该问题则被称为不可操作的，对这个问题的研究产生了计算复杂性。可计算性和计算复杂性为人工智能判断问题求解可能性奠定了数学基础。

人工智能学科诞生的时候，在概率论的基础上，出现了条件概率及贝叶斯定理，奠定了大多数人工智能系统中不确定推理的现代方法基础。

贝叶斯网络起源于条件概率，是一种描述变量间不确定因果关系的图形网络模型，是目前人工智能用于各种推理的典型数学工具。传递算法为贝叶斯网络提供了一个有效算法，为其进入实用领域奠定了数学基础。后来，面向对象的思想引入贝叶斯网络，用于解决大型复杂系统的建模问题。将时间量引入贝叶斯网络则形成了动态贝叶斯网络，提供了随时间变化的建模和推理工具。贝叶斯网络节点兼容离散变量和连续数字变量则形成了混合贝叶斯网络，在海量数据的挖掘和推理上有较大优势。贝叶斯网络在人工智能领域的应用主要包括故障诊断、系统可靠性分析、航空交通管理、车辆类型分类等。

1）线性代数

线性代数是人工智能研究的数学基础，包括标量、向量、矩阵和张量，以及矩阵向量的运算、单位矩阵和逆矩阵、行列式、方差、标准差、协方差矩阵、范数、特殊类型的矩阵和向量、特征分解及其意义、奇异值分解及其意义等。

2）概率论

概率论也是人工智能研究中必备的数学基础。随着连接主义学派的兴起，概率统计已经取代了数理逻辑，成为人工智能研究的主流工具。

同线性代数一样，概率论也代表了一种看待世界的方式，其关注的焦点是无处不在的可能性。对随机事件发生的可能性进行规范的数学描述就是概率论的公理化过程。概率的公理化结构体现的是对概率本质的一种认识。

将同一枚硬币抛掷 10 次，其正面朝上的次数既可能为 0，也可能为 10，换算成频率分别对应 0%和 100%。频率本身显然会随机波动，但随着重复实验的次数不断增加，特定事件出现的频率值就会呈现出稳定性，逐渐趋近于某个常数。

从事件发生的频率认识概率的方法被称为"频率学派"，频率学派口中的"概率"，其实是一个可独立重复的随机实验中单个结果出现频率的极限。因为稳定的频率是统计规律性的体现，因而通过大量的独立重复实验计算频率，并用它来表征事件发生的可能性是一种合理的思路。

在概率的定量计算上，频率学派依赖的基础是古典概率模型。在古典概率模型中，实验的结果只包含有限个基本事件，且每个基本事件发生的可能性相同。假设所有基本事件的数目为 n，待观察的随机事件 A 中包含的基本事件数目为 k，则古典概率模型下事件概率的计算公式为

$$p(A) = \frac{k}{n} \tag{4-1}$$

从这个基本公式就可以推导出复杂的随机事件的概率。

前文中的概率定义针对的都是单个随机事件，如果要刻画两个随机事件之间的关系，就需要引入条件概率的概念。

条件概率（Conditional Probability）是根据已有信息对样本空间进行调整后得到的新的概率分布。假定有两个随机事件 A 和 B，条件概率就是指事件 A 在事件 B 已经发生的条件下发生的概率，用以下公式表示：

$$P(A|B) = \frac{P(AB)}{P(B)} \tag{4-2}$$

式（4-2）中的 $P(AB)$ 称为联合概率（Joint Probability），表示的是 A 和 B 两个事件共同发生的概率。如果联合概率等于两个事件各自概率的乘积，即 $P(AB) = P(A) \cdot P(B)$，说明这两个事件的发生互不影响，即两者相互独立。对于相互独立的事件，条件概率就是自身的概率，即 $P(A|B) = P(A)$。

基于条件概率可以得出全概率公式（Law of Total Probability）。全概率公式的作用在于将复杂事件的概率求解转化为在不同情况下发生的简单事件的概率求和，即

$$P(A) = \sum_{i=1}^{N} P(A|B_i) \cdot P(B_i) \tag{4-3}$$

$$\sum_{i=1}^{N} P(B_i) = 1 \tag{4-4}$$

全概率公式代表了频率学派解决概率问题的思路，即先做出一些假设（$P(B_i)$），再在这些假设下讨论随机事件的概率（$P(A|B_i)$）。

对全概率公式进行整理，就演化出了求解"逆概率"问题。所谓"逆概率"解决的是在事件结果已经确定的条件下（$P(A)$），推断各种假设发生的可能性（$P(B_i|A)$）。其通用的公式形式被称为贝叶斯公式：

$$P(B_i|A) = \frac{P(B_i)P(A|B_i)}{\sum_{j=1}^{n} P(B_j)P(A|B_j)} \tag{4-5}$$

贝叶斯公式可以进一步抽象为贝叶斯定理（Bayes'Theorem）：

$$P(H|D) = \frac{P(D|H)P(H)}{P(D)} \tag{4-6}$$

式（4-6）中的 $P(H)$ 称为先验概率（Prior Probability），即预先设定的假设成立的概率；$P(D|H)$ 称为似然概率（Likelihood Function），是在假设成立的前提下观测到结果的概率；$P(H|D)$ 称为后验概率（Posterior Probability），即在观测到结果的前提下假设成立的概率。

从科学研究的方法论来看，贝叶斯定理提供了一种全新的逻辑。它根据观测结果寻找合理的假设，或者说根据观测数据寻找最佳的理论解释，其关注的焦点在于后验概率。概率论的贝叶斯学派正是诞生于这种理念。

在贝叶斯学派眼中，概率描述的是随机事件的可信程度。

频率学派认为假设是客观存在且不会改变的，即存在固定的先验分布。因而在计算具体事件的概率时，要先确定概率分布的类型和参数，以此为基础进行概率推演。

相比之下，贝叶斯学派则认为固定的先验分布是不存在的，参数本身也是随机数。换句话说，假设本身取决于观察结果，是不确定并且可以修正的。数据的作用就是对假设做出不断的修正，使观察者对概率的主观认识更加接近客

观实际。

概率论是线性代数之外人工智能的另一个理论基础，多数机器学习模型采用的都是基于概率论的方法。但由于实际任务中可供使用的训练数据有限，因而需要对概率分布的参数进行估计，这也是机器学习的核心任务。

概率的估计有两种方法：最大似然估计法（Maximum Likelihood Estimation）和最大后验概率法（Maximum Posteriori Estimation），两者分别体现出频率学派和贝叶斯学派对概率的理解方式。

最大似然估计法的思想是使训练数据出现的概率最大化，依此确定概率分布中的未知参数，估计出的概率分布也就最符合训练数据的分布。最大后验概率法的思想则是根据训练数据和已知的其他条件，使未知参数出现的可能性最大化，并选取最可能的未知参数取值作为估计值。在估计参数时，最大似然估计法只需要使用训练数据，最大后验概率法除了数据，还需要额外的信息，即贝叶斯公式中的先验概率。

具体到人工智能这一应用领域，基于贝叶斯定理的各种方法与人类的认知机制吻合度更高，在机器学习等领域中也扮演着更加重要的角色。

概率论的一个重要应用是描述随机变量（Random Variable）。根据取值空间的不同，随机变量可以分成两类：离散型随机变量（Discrete Random Variable）和连续型随机变量（Continuous Random Variable）。在实际应用中，需要对随机变量的每个可能取值的概率进行描述。

离散变量的每个可能的取值都具有大于 0 的概率，取值和概率之间一一对应的关系就是离散型随机变量的分布律，也叫概率质量函数（Probability Mass Function）。概率质量函数在连续型随机变量上的对应就是概率密度函数（Probability Density Function）。

概率密度函数体现的并非连续型随机变量的真实概率，而是不同取值可能性之间的相对关系。对连续型随机变量来说，其可能取值的数目为不可列无限个，当归一化的概率被分配到这无限个点上时，每个点的概率都是一个无穷小量，取极限的话等于零。而概率密度函数的作用就是对这些无穷小量加以区分。虽然在 $x \to \infty$ 时，$\dfrac{1}{x}$ 和 $\dfrac{2}{x}$ 都是无穷小量，但后者永远是前者的 2 倍。这类相对意义而非绝对意义上的差别就可以被概率密度函数所刻画。对概率密度函数进行积分，得到的才是连续型随机变量的取值落在某个区间内的概率。

定义了概率质量函数与概率密度函数后，就可以给出一些重要分布的特性。重要的离散分布包括两点分布（Bernoulli Distribution）、二项分布（Binomial Distribution）和泊松分布（Poisson Distribution）；重要的连续分布则包括均匀分布（Uniform Distribution）、指数分布（Exponential Distribution）和正态分布

（Normal Distribution）。

（1）两点分布：适用于随机实验的结果是二进制的情形，事件发生和不发生的概率分别为 p 和 $1-p$。任何只有两个结果的随机实验都可以用两点分布描述，抛掷一次硬币的结果就可以视为等概率的两点分布。

（2）二项分布：将满足参数为 p 的两点分布的随机实验独立重复 n 次，事件发生的次数即满足参数为 (n,p) 的二项分布。二项分布的表达式为 $P(X=k)=C_n^k \cdot p^k \cdot (1-p)^{(n-k)}, 0 \leqslant k \leqslant n$。

（3）泊松分布：放射性物质在规定时间内释放出的粒子数所满足的分布。参数为 λ 的泊松分布表达式为 $P(X=k)=\lambda^k \cdot e^{-\lambda}/(k!)$。当二项分布中的 n 很大且 p 很小时，其概率值可以由参数为 $\lambda=np$ 的泊松分布的概率值近似。

（4）均匀分布：在区间 (a,b) 上满足均匀分布的连续型随机变量，其概率密度函数为 $1/(b-a)$，这个变量落在区间 (a,b) 内任意等长度的子区间内的可能性是相同的。

（5）指数分布：满足参数为 θ 的指数分布的随机变量只能取正值，其概率密度函数为

$$f(x)=\frac{1}{\theta} \cdot e^{-\frac{x}{\theta}}, \quad x>0 \tag{4-7}$$

指数分布的一个重要特征是无记忆性，即

$$P(X>s+t \,|\, X>s)=P(X>t)$$

（6）正态分布：参数为正态分布的概率密度函数为

$$f(x)=\frac{1}{\sqrt{2\pi} \cdot \sigma} \cdot e^{-\frac{(x-\mu)^2}{2\sigma^2}} \tag{4-8}$$

当 $\mu=0$，$\sigma=1$ 时，式（4-8）称为标准正态分布。正态分布是最常见、最重要的一种分布，自然界中的很多现象都近似地服从正态分布。

3）模糊数学

模糊数学把应用数学的应用范围从精确现象的领域扩大到模糊现象的领域。其与概率论不同，如"青年人""高个子"的不确定性是由概念和语言的模糊性产生的。经典数学的集合与子集之间必须具有明确的从属关系，关系表达只有两种情形，即属于或者不属于。模糊数学中的子集与集合之间的关系不是绝对的两极，而是用从属的程度表达。隶属函数作为模糊子集的特征函数，可以表达子集在多大程度上从属于集合，相当于经典数学中的特征向量。

例如，我们说"张三性格稳重"，这是一个模糊的概念，其外延是不分明的。首先就要问什么是"性格稳重"？人们在头脑中鉴别这个模糊概念时，并不需要做绝对的肯定和否定，所要求的只是张三对"性格稳重"这个概念符合到什么程度。这种情况可以用[0, 1]闭区间的一个实数去度量，这个数就是"隶

属度”，如果它依照变量 x 的不同而改变则称其为“隶属函数”。假如我们按某种原则确定“张三性格稳重”的程度为 0.8，也就是说该隶属函数的值为 0.8。

从极限情形考虑，经典数学是模糊数学的一个特例，是隶属函数取值为 0 或者取值为 1 的情况。

被控过程的非线性、高阶次、时变性以及随机干扰等因素造成模糊控制不能获得非常满意的结果。为了弥补这个不足，模糊控制向自适应、自组织、自学习方向发展，与其他方法结合，共同作用于实际应用。

4.4.4 机器学习模型研究

机器学习是人工智能最重要的发展分支之一。1952 年，IBM 的亚瑟·塞缪尔（Arthur Samuel）开发了一个西洋棋的程序。该程序能够通过棋子的位置学习一个隐式模型，为下一步棋提供比较好的走法。塞缪尔与这个程序对局了很多次，并观察到这个程序在经过一段时间的学习后可以发挥得更好。塞缪尔用这个程序驳倒了“机器无法超越书面代码，并像人类一样学习”模式的论断。他创造并定义了“机器学习”，即机器学习是一个能使计算机不用显式编程就能获得能力的研究领域。机器学习模型的发展如图 4-5 所示。

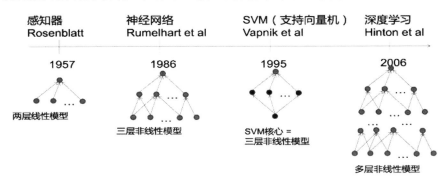

图 4-5 机器学习模型的发展

1．感知器

1957 年，Rosenblatt 提出了以神经科学为背景的第二个机器学习模型——感知器，它与今天的机器学习模型更像。Rosenblatt 用下面的话介绍了感知器模型：

“感知器模型的设计是针对于一般智能系统的一些基本特性，而不会纠缠于一些特定生物体通常情况下未知的特性。”1960 年，Widrow 发明的 Delta 学习规则载入机器学习史册，该规则很快被用作感知器训练的实践程序，它也被称为最小二乘问题。这两个想法的结合创造了一个很好的线性分类器。然而，感知器模型的热度在 1969 年被 Minsky 所取代。他提出了著名的 XOR（exclusive OR，异或）问题（见图 4-6），感知器无法对线性不可分割的数据进行分类，这是 Minsky 对神经网络社区的反驳。此后，神经网络的研究一直止步不前，到 20 世纪 80 年代才有所突破。

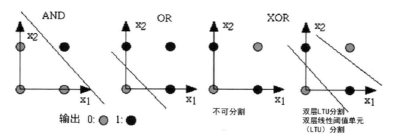

图 4-6　面向不可线性分割数据的 XOR 问题

2．神经网络

尽管早在 1973 年由 Linnainmaa 以"反向自动差异化模式"为名提出了误差反向传播（Error Back Propagation）思想，但是直到 1981 年，Werbos 才提出将神经网络（见图 4-7）特定反向传播（BP）算法应用到多层感知器（MLP）。BP 算法仍然是当今神经网络架构的关键组成部分。有了这些新想法，神经网络的研究再次加速。1985—1986 年，神经网络研究人员相继提出了采用反向传播算法训练多层感知器的理念。

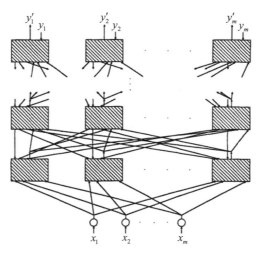

图 4-7　神经网络

1986 年，由 J. R. Quinlan 提出了另一个非常著名的机器学习算法，我们称之为决策树（见图 4-8），更具体地说是 ID3 算法。这是机器学习另一个主流的闪光点。此外，ID3 以软件的形式发布，能够以简单的规则及其明确的推论更好地应用到实际生活中，与黑匣子神经网络模型相反。

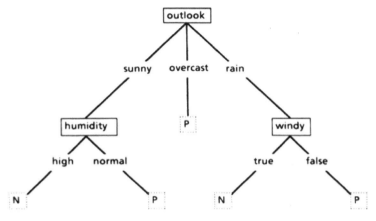

图 4-8　一个简单的决策树

在 ID3 之后，社区探索了很多不同的可用方案和算法改进（如 ID4、回归树、CART 等），目前神经网络仍然是机器学习中的活跃话题之一。

3．SVM（支持向量机）

机器学习领域最重要的突破之一是 Vapnik 和 Cortes 在 1995 年提出的支持向量机，它具有非常强的理论论证和实证结果，从而使机器学习社区分为神经网络和支持向量机两个派别。2000 年，SVM 内核化版本提出之后，很多之前用神经网络模型解决的问题应用支持向量机可以得出更好的结果。此外，与神经网络模型相比，支持向量机能够充分利用凸优化，泛化边际理论和内核化的所有深奥知识。因此，支持向量机可以从不同学科中获得巨大的推动力，促进理论和实践的快速发展。

神经网络模型（见图 4-9）受到的另一次重创是 Hochreiter 等所发表的论文（1991 年和 2001 年），表明在使用 BP 算法时，神经网络单位饱和后会发生梯度损失。简单来说，训练神经网络模型时由于单位饱和，在迭代超过一定数量后冗余，因此神经网络非常倾向于在短时间的时期过度拟合。

Freund 和 Schapire 在 1997 年提出了另一个实体机器学习模型，该模型采用增强的弱分类器组合，称为 Adaboost。Adaboost 通过易于训练的弱分类器进行训练，给那些难的样本更高的权重。这种模型是许多不同任务（如面部识别和检测）的基础。它也是 PAC（Probably Approximately Correct，可能近似正确）理论的一种实现。通常，所谓的弱分类器被 Adaboost 选为简单的判决树（单个决策树节点）。

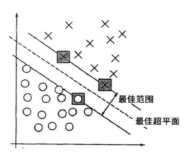

图 4-9　神经网络模型

2001 年，Breiman 探索了另一个综合模型，该模型集合了多个决策树，其中每个决策树的训练集都是从实例集合中随机选择的，每个节点的特征都是从特征集合随机选择的。基于这些特性，该模型被称为随机森林（RF）。随机森林从理论上和实际上都证明不会产生过拟合，甚至 Adaboost 在数据集中有过拟合和离群点时，随机森林能有更好的鲁棒性。随机森林是树预测因子的组合，每棵树取决于独立采样的随机向量，并且森林中的所有树都具有相同的分布。森林的泛化误差随着森林中树木数量的增多而收敛。

4．深度学习（被动统计学习）

神经网络研究领域领军者 Hinton 在 2006 年提出了神经网络 Deep Learning（深度学习）算法，使神经网络的能力大大提高，向支持向量机发出挑战。2006年，Hinton 和他的学生 Salakhutdinov 在顶尖学术刊物 *Science* 上发表了一篇文章，掀起了深度学习在学术界和工业界的浪潮。

这篇文章有两个主要的信息：

（1）很多隐层的人工神经网络具有优异的特征学习能力，学习得到的特征对数据有更本质的刻画，从而有利于可视化或分类。

（2）深度神经网络在训练上的难度可以通过"逐层初始化"（Layer-Wise Pre-Training）来有效克服。逐层初始化是通过无监督学习实现的。

2015 年，为纪念人工智能概念提出 60 周年，LeCun、Bengio 和 Hinton 推出了深度学习的联合综述。

深度学习可以让那些拥有多个处理层的计算模型来学习具有多层次抽象的数据的表示。这些方法在许多方面都带来了显著的改善，包括最先进的语音识别、视觉对象识别、对象检测和许多其他领域，如药物发现和基因组学等。深度学习能够发现大数据中的复杂结构，它是利用反向传播算法来完成这个发现过程的。反向传播算法能够指导机器如何从前一层获取误差而改变本层的内部参数，这些内部参数可以用于计算表示。深度卷积网络在处理图像、视频、语

音和音频方面带来了突破，而递归网络在处理序列数据，如文本和语音方面有
突出表现。

4.4.5 机器学习模型的种类

常见的机器学习模型主要包括如下几种。

1. 概念学习

概念学习是指从有关某个布尔函数的输入/输出训练样例中推断出该布尔
函数，或者说是给定某一类别的若干正例和反例，从中获得该类别的一般定义，
它在预定的假设空间中搜索假设，使其与训练样例有最佳的拟合度。

归纳学习假设，即任一假设 h 如果在足够大的训练样本集中很好地收敛于
目标函数 c，则认为它也能够在未见实例中很好地收敛于目标函数 c。

一般到特殊序关系，即在概念学习中存在一种有效结构，在假设空间 H 中，
总是存在一些假设要比另外一些假设更通用。正是由于有这种规律，我们可以
在无限的假设空间 H 中进行彻底的搜索，而不需要明确地列举出所有的假设 h。

1）Find-S 算法

Find-S 算法是概念学习中最简单的一个算法，目的是给定训练集，学习出
训练集中的正例所代表的概念。算法的步骤如下。

（1）将 h 初始化为假设空间 H 中最特殊的假设。

（2）对于每一个训练数据：

❑　如果是反例，h 不变。

❑　如果是正例，h 变为和正例一致的最特殊的假设。

（3）输出 h。

因此，可以看出 h 是和所有正例都一致的最特殊的假设。该算法的优点是
简单，缺点是如果训练集有噪声，会很大地影响性能，并且没有利用反例提供
的信息，h 也可能是不唯一的。

2）Candidate-Elimination 算法

Candidate-Elimination（候选消除）算法优于 Find-S 算法，该算法的目的是
找到变型空间。变型空间是由所有和训练集一致的假设所构成的空间。算法的
步骤如下。

（1）将 G 初始化为假设空间 H 中最一般的假设；将 S 初始化为最特殊的
假设。

（2）对于训练集中的每一个样例 d：

❑　正例：在 G 中减去所有与 d 不一致的假设；将 S 变为与 d 一致的最特

殊的假设。

❑ 反例：在 S 中减去所有与 d 不一致的假设；将 G 变为与 d 一致的最一般的假设。

（3）输出 G、S 以及 G、S 之间的所有假设。

Candidate-Elimination 算法的核心思想为：当 d 是正例时，将 G 中的不一致假设去掉，在 S 中添加一致的假设；当 d 是反例时，将 S 中的不一致假设去掉，在 G 中添加一致的假设。最终达到的目的是 G 与 S 越来越靠近，最终 G 与 S 的交集就成为最终的 version space（版本空间，或称变型空间），即找到所有一致的假设。

如何从 version space 中获得真正的目标概念函数 c 呢？一般情况下，需要继续学习程序和选择训练样例以进一步缩小以 S 和 G 为边界的 version space，直到收敛到单个可确定的假设时，才真正获得目标概念函数 c。

继续选择训练样本的方法最好是每次能够将 version space 减半，这样经过 $\log_2 |VS|$ 次试验后就可以得到 c，其实就是二分法。

2．人工神经网络

人工神经网络（Artificial Neutral Network，ANN）研究领域分为两个团体，一个团体的目的是使用 ANN 研究和模拟生物的学习过程；另一个团体的目的是获得高效的机器学习算法，不管这个算法是否反映了生物的实际学习过程。

ANN 学习在训练样本中存在噪声、错误的情况下有比较良好的效果。

ANN 的表示形式和研究原理如图 4-10 和图 4-11 所示。

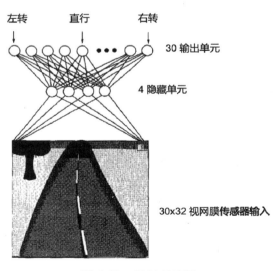

图 4-10　ANN 的表示

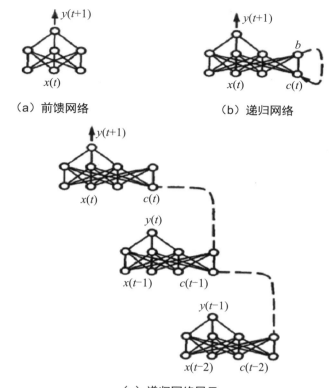

（a）前馈网络　　　　　　　（b）递归网络

（c）递归网络展示

图 4-11　ANN 的研究原理

ANN 一般有输入单元、隐藏单元、输出单元；连接方式有前馈无环网络（前馈网络）和前馈有环网络（递归网络）。

1）感知器

ANN 的第一个里程碑是感知器，本质上是用来做决策的。感知器以一个实数向量 $\vec{x}=\left[x_1,x_2,\cdots,x_n\right]^T$ 作为输入，通过权值向量 $\vec{w}=\left[w_0,w_1,\cdots,w_n\right]$ 计算这些输入的线性组合，如果结果大于某个阈值就输出 1，否则输出 -1。

$$o(x_1,\cdots,x_n)=\begin{cases}1 & if\ w_0+w_1x_1+w_2x_2+\cdots+w_nx_n>0 \\ -1 & otherwise\end{cases} \quad （4-9）$$

❑　感知器是一种 ANN，感知器的假设空间 H 就是由 $n+1$ 个 w 实数系统组成的 $n+1$ 维空间。感知器的目标函数 $o(x)$ 是一个由 w 和 x 组成的线性表达式；感知器的目标函数输出是分离的，也称之为阈值型。

❑　感知器是一层网络结构的 ANN，是最基本的 ANN。

❑　可以将感知器看作 n 维空间的超平面决策面。如果输出都是 1 的训练样例都在超平面决策面的一侧，输出-1 的训练样例都在决策面的另外一侧，则称这个训练样本为线性可分。

- 感知器的学习其实就是学习 n+1 个 w，或者称之为权值。核心思想是不断地、小步地调整 w 的值，使得目标函数的输出与训练样例更好地拟合。
- 如果训练样本是线性可分的，则采用感知器偏导法则；如果训练样本是线性不可分的，则使用感知器偏导法则可能无法收敛到目标函数，需要采用 delta 法则。

2）线性单元

如图 4-12 所示，线性单元和感知器的区别在于激活函数。

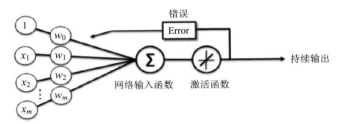

图 4-12　线性单元和感知器

感知器存在一个问题，就是遇到线性不可分的数据时，可能无法收敛，所以要使用一个可导的线性函数（即线性单元）来替代阶跃函数，这样就会收敛到一个最佳的近似上。

线性单元是一个无阈值的感知器，它的训练法则有两个：感知器偏导法则和 delta 法则（又称 Least-Mean-Square，即 LMS 法则）。

（1）感知器偏导法则：

$$E(\vec{w}) \equiv \frac{1}{2}\sum_{d \in D}(t_d - o_d)^2 \tag{4-10}$$

使得 $E(w)$ 的偏导为 0 的 w 就是 H 中最可能的假设 h，也就是使得 E 最小的 w 就是最有可能的假设。

其中，t 是目标输出，o 是线性单元输出。从数学的角度看，使得样本输出与目标输出之间平方差最小的 w 值就是最可能的假设。

（2）delta 学习法则：

$$\Delta w_i = \eta \sum_{d \in D}(t_d - o_d)x_{id} \tag{4-11}$$

$$E(\vec{w}) \equiv \frac{1}{2}\sum_{d \in D}(t_d - o_d)^2 \tag{4-12}$$

$$\Delta w_i = \eta(t-o)x_i \tag{4-13}$$

$$E_d(\vec{w}) = \frac{1}{2}(t_d - o_d)^2 \qquad (4\text{-}14)$$

感知器偏导法则存在两个缺点：

❑　有时候学习过程非常缓慢。

❑　E 可能会存在多个极小值，无法保证学习过程能够找到全局的最小值。

delta 法则克服了这些缺点。偏导法则中是对 D 中所有训练样例求和后得到权值更新，而 delta 法则的思想是根据每个单独样例的权值增量去更新权值。

3）可微阈值单元

多个线性单元的连接仍产生线性函数，而我们更希望选择能够表征非线性函数的网络。感知器单元的不连续阈值使它不可微，所以不适合梯度下降算法。

我们需要一个单元，它的输出是输入的非线性函数，并且输出是输入的可微函数，sigmoid 单元应运而生。这是一种非常类似于感知器的单元，但它基于一个平滑的可微阈值函数。与感知器相似，sigmoid 单元先计算输入的线性组合，然后应用一个阈值到此结果。不过对于 sigmoid 单元，阈值输出是输入的连续函数。更精确地讲，sigmoid 单元这样计算它的输出：

$$o = \sigma(\vec{w} \cdot \vec{x}) \qquad (4\text{-}15)$$

其中

$$\sigma(y) = \frac{1}{1 + \mathrm{e}^{-y}} \qquad (4\text{-}16)$$

σ 函数经常被称为 sigmoid 函数或 logistic 函数。注意，它的输出范围为 $0 \sim 1$，随输入单调递增。因为这个函数把非常大的输入值域映射到一个小范围输出，它经常被称为 sigmoid 单元的挤压函数（Squashing Function）。sigmoid 函数有一个有用的特征，就是它的导数很容易用它的输出表示：

$$\frac{\mathrm{d}\sigma(y)}{\mathrm{d}y} = \sigma(y) \cdot (1 - \sigma(y)) \qquad (4\text{-}17)$$

4）反向传播算法

对于由一系列确定的单元互连形成的多层网络，反向传播算法可以用来学习这个网络的权值。它采用梯度下降方法试图最小化网络输出值和目标值之间的误差平方。因为我们要考虑多个输出单元的网络，而不是只考虑单个单元，所以我们先重新定义误差 E，以便对所有网络输出的误差求和。

$$E(\vec{w}) = \frac{1}{2} \sum_{d \in D} \sum_{k \in outputs} (t_{kd} - o_{kd})^2 \qquad (4\text{-}18)$$

其中，*outputs* 是网络输出单元的集合，t_{kd} 和 o_{kd} 是与训练样例 d 和第 k 个输出单元相关的输出值。反向传播算法面临的学习问题是搜索一个巨大的假设空间，这个空间由网络中所有单元的所有可能的权值定义。这种情况可以用一个误差曲面来可视化表示。和训练单个单元的情况一样，梯度下降可被用来尝试寻找一个假设，使 E 最小化。在多层网络中，误差曲面可能有多个局部极小值。而梯度下降仅能保证收敛到局部极小值，未必得到全局最小的误差。尽管有这个问题，但对于实践中的很多应用，反向传播算法都产生了出色的结果。

3. 卷积神经网络

卷积神经网络（Convolutional Neural Networks，CNN）是多层感知机（MLP）的变种，在本质上是一种输入到输出的映射。它能够学习大量的输入与输出之间的映射关系，而不需要任何输入和输出之间的精确的数学表达式，只要用已知的模式对卷积网络加以训练，网络就具有输入-输出对之间的映射能力，可以有效避免神经网络中反向传播的时候梯度损失得太快。

1）CNN 的结构

如图 4-13 所示，CNN 结构一般包括输入层、卷积层、抽样层、池化层、全连接层、输出层等。下面主要介绍卷积层、抽样层和输出层的作用。

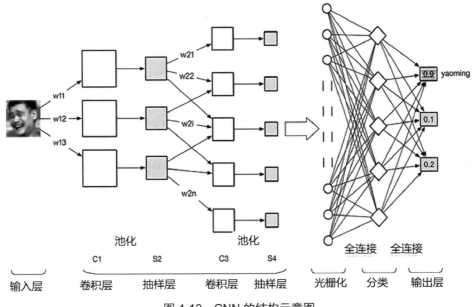

图 4-13　CNN 的结构示意图

（1）卷积层（C 层）：属于中间层，为特征抽取层。每个卷积层包含多个卷积神经元（C 元），每个 C 元只和前一层网络对应位置的局部感受域相连，并提出该部分的图像特征，提取的特征体现在该 C 元与前一层局部感受域的连接权重。相对于一般的前馈网络，CNN 的局部连接方式大大减少了网络参数。

为了进一步减少网络参数，CNN 限制同一个卷积层中不同的神经元与前一层网络不同位置相连的权重均相等，即一个卷积层只用来提取前一层网络中不同位置处的同一种特征，也即一个卷积层代表一个提取特征。这种限制策略称为权值共享。

卷积核的数目为每层的卷积层个数，卷积核的大小为局部感受域的大小。当输出特征图的大小=输入特征图的大小-卷积核的大小+1 时，则卷积采用了 valid 方式。

（2）抽样层（S 层）：属于中间层，为特征映射层。每个抽样层包含多个抽样神经元（S 元），S 元仅与前一层网络对应位置的局部感受域相连。与 C 元不同，每个 S 元与前一层网络局部感受域连接的权重是固定值，在训练过程中不变。

（3）输出层：卷积神经网络的输出层与常见的前馈网络一样，为全连接方式。最后一个隐层（可以是 C 层或 S 层）所得到的特征被拉伸为一个矢量，与输出层以全连接方式连接。该结构充分挖掘网络最后抽取特征与输出类别标签之间的映射关系。在复杂应用中，输出层还可以被设计成多层全连接结构。

2）CNN 算法改进

CNN 是第一个成功训练的深度网络，但是训练过程收敛过慢，而且卷积运算非常耗时。

（1）常见的改进方法有五种。

❑ 第一种：设计新的卷积神经网络训练策略。采用某种预训练（监督或无监督），可以为 CNN 提供一个好的初始值，从而大大提升使用 BP 算法进行训练的收敛速度。

❑ 第二种：使用 GPU 加速卷积运算。基于 GPU 和 C 语言，可以将卷积计算速度提升 3～10 倍。

❑ 第三种：使用并行计算提高网络训练和测试速度。将一个大的卷积网络分成几个小的子网络，再并行处理每个子网络的运算。

❑ 第四种：采用分布式计算提升网络训练和测试速度。

❑ 第五种：卷积计算硬件化。

（2）CNN 算法的优点如下。

❑ CNN 有较为可靠的生物学依据。

❑ CNN 能够直接从原始输入数据中自动学习相应特征。

❑ CNN 的结构本身实现一定形式的正则化，训练参数被控制在一个很小的数量级上，整个网络不仅好训练，而且效果良好。

❑ 对于输入的噪声、形变、扭曲等变化适应性较强。

（3）CNN 算法的缺点如下。

❑ 由于结构上的特点，在网络记忆能力和表达能力上远远弱于对应的全连接网络。

❑ 卷积运算非常耗时。

❑ 结构设计上缺乏通用的理论和方法指导，所以要想设计出有效的 CNN 需要花费大量的时间。

4. 深度学习

2006 年，深度结构学习方法（深度学习或者分层学习方法）作为机器学习领域的新的研究方向出现。由于芯片处理性能的巨大提升、数据爆炸性增长和机器学习与信号处理研究的进步，在过去的短短几年时间，深度学习技术得到快速发展，已经深深影响了学术领域。其研究涉及的应用领域包括计算机视觉、语音识别、对话语音识别、图像特征编码、语意表达分类、自然语言理解、手写识别、音频处理、信息检索、机器人学等。

由于深度学习在众多领域表现出比较好的性能，越来越多的研究机构把目光投入深度学习领域。近年来活跃在机器学习领域的研究机构包括众多高校，如斯坦福、伯克利，还有一些企业，如 Google、IBM 研究院、微软研究院、Facebook、百度等。这些研究机构在计算机领域的众多应用中都成功利用了深度学习方法，甚至有一个关于分子生物学的研究在深度学习方法的引领下发现了新的药物。

深度学习的基础是数据，相对于传统的机器学习算法，深度学习强调从海量数据中进行学习，解决海量数据中存在的高维、冗杂及高噪等传统机器学习算法难以处理的问题。

深度学习有两个目标：数据的知识表示和关系表示。知识表示强调学习数据中的隐藏表示，如刻画数据特征、影响数据因素、描述数据概念等。知识之间的关系表示主要通过层次化的分层模型来进行建模，主要受到哺乳动物视觉系统机理的启发。深度学习需要学习知识表示之间更为复杂的关系，如没有约束的一般图模型以及超图模型等。

深度学习需要学习数据的知识表示和关系表示，其目的是让机器进行各种模式识别任务，包括聚类、分类和回归等任务。其终极目标是让机器达到真正意义上的人工智能。

1）深度学习的先验性假设

（1）连续性。要求学习到的目标函数 c 是可微的，至少在某个区间是连续可微的。在现实世界中，局部是连续的，但是整体上会出现不连续。所以仅仅依赖连续性假设不足以学习出好的数据表示。

（2）多因素性。高维、冗杂、高噪的海量数据的分布往往是由多个因素综合在一起的结果。深度学习需要找出包含在其中的变化因素，至少分离开这些因素。

（3）分层组织。深度学习的世界一定能够被组织成一种分层结构，其中高层的概念更为抽象，可以用低层的更为具体的概念来表达。这种分层组织来源于神经科学家对于哺乳动物视觉机理的研究，是深度学习模型中深度结构的基础。

（4）半监督学习。所谓半监督学习，指从一些数据中学习到的知识可以用于指导其他数据的学习。假设 X 表示实际得到的各种观测数据，Y 表示数据的某种属性，那么用于表示 X 数据的分布 $p(X)$ 可以用来很好地表示分布 $p(Y|X)$。

（5）特征共享。特征共享是指完成一个任务学习得到的有效特征，很有可能对于完成其他任务也有效。比如英语常用的单词数据有限，但使用这些单词却可以表达几乎无限的语义。特征共享的先验假设是多任务学习、迁移学习以及领域适应性学习等模型的基础。

（6）流形（Manifold）。所谓流形，就是一般的几何对象的总称。流形假设指高维空间的数据一般可以用低维空间的数据来表示。流形假设是机器学习中很多线性或非线性降维算法的基础。比如主分量分析 PCA （Principal Component Analysis，PCA）、自编码器（Auto-Encoder）等。

（7）天然聚类。低维流形空间的局部变化具有保持数据类别的天然特性。

（8）空间时序一致性。观测时序上连续或空间上接近的数据往往具有相同的类别。

（9）稀疏性。给定一个观测，通常所有可能的因素中只有很少的几个因素与之相关。从表示的角度，如果使用所有特征去表示一个观测，很多特征的系数为 0。稀疏性假设在很多问题中被证明非常有用，是现实中普遍存在的现象。

（10）因素依赖简单性。对于好的高层表示，各种相互关联的因素之间往往呈现出非常简单的依赖关系。比如往往用线性预测器就可以得到较好的模式识别效果。

2）深度学习的理论基础

深度学习最初的主要理论依据来源于神经学家对哺乳动物视觉神经系统的研究成果。Hubel&Wiesel 模型指出哺乳动物的初级视觉皮层区域存在两种不同的神经单元：简单单元（只对条状产生响应）和复杂单元（不仅对条状产生响应，而且具有一定的空间不变性）。卷积神经网络是受 Hubel&Wiesel 模型的启发而设计的。如图 4-14 所示为 Riesenhuber 和 Poggio 提出并由 Serre 等人发展的 HMAX 模型。该模型给出了视觉神经系统的一种分层计算模型，模型中每层都与人脑的特定区域对应，如 V1、V2、V4 分别对应人脑的初级视觉皮层区域、二级视觉皮层区域、四级视觉皮层区域；PIT 对应人脑的后颞叶皮层，ALT 对应人脑的前下颞叶皮层。

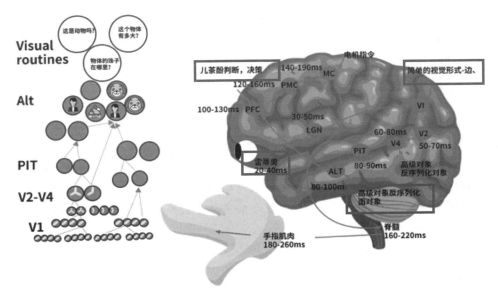

图 4-14　深度学习 HMAX 模型

图 4-15 是 Lee 等人使用深度学习模型学习得到的与生物神经研究结果类似的分层视觉表示。不仅从一定程度上验证了神经生物学关于视觉系统的分层模型，而且使得研究者对于深度学习未来的发展充满信心。

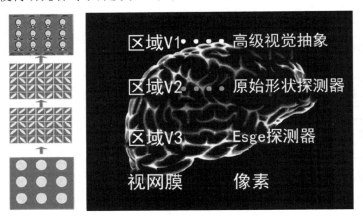

图 4-15　深度学习与大脑皮层

3）深度学习的分类

按照构成层次、训练过程的数学特征、训练过程是否使用类别标签进行数据观测、网络连接方式，深度学习的分类如表 4-1 所示。

表 4-1 深度学习的分类

类 别	模 型	描 述
构成层次	基本模型	通常作为基本部件，用于构建深度学习模型，本身并不算深度模型。包括： ❑ 感知器模型（Perception Model，PM） ❑ 全连接模型（Fully Connection Model，FCM） ❑ 线性全连接模型（Linear Fully Connection Model，LFCM） ❑ SoftMax 全连接模型（SoftMax Fully Connection Model） ❑ 玻尔兹曼机（Boltzmann Machine，BM） ❑ 限制玻尔兹曼机（Restricted Boltzmann Machine，RBM） ❑ 均值限制玻尔兹曼机（Mean RBM，mRBM） ❑ 均值方差限制玻尔兹曼机（mcRBM） ❑ 稀疏限制玻尔兹曼机（SRBM） ❑ 自编码器（Auto-Encoder，AE） ❑ 稀疏自编码器（Sparse Auto-Encoder，SAE） ❑ 降噪自编码器（De-noising Auto-Encoder，DAE） ❑ 对比自编码器（Contractive Auto-Encoder，CAE） ❑ 稀疏降噪自编码器（Sparse De-noising Auto-Encoder，SDAE） ❑ 卷积单元（Convolution Unit，CU） ❑ 下采样单元（Subsampling Unit，SU）
	整体模型	使用基本部件构建的深度网络实例，包含 2 层或更多中间层。包括： ❑ 深度人工神经网络（Deep Neural Network，DNN） ❑ 深度置信网络（Deep Belief Network，DBN） ❑ 深度玻尔兹曼机（Deep Bolzmann Machine，DBM） ❑ 深度自编码器（Deep AE，DAE） ❑ 深度稀疏自编码器（Deep Sparse Auto-Encoder，DSAE） ❑ 深度降噪自编码器（Deep De-noising Auto-Encoder，DDAE） ❑ 深度稀疏降噪自编码器（Deep Sparse De-noising Auto-Encoder，DSDAE） ❑ 卷积神经网络（Convolutional Neural Network，CNN）
训练过程的数学特征	概率性模型	训练过程采用概率化描述，训练目标是试图在观测数据的基础上恢复模型中隐变量的概率分布。训练方法是采用最大似然估计来最大化关于训练数据的似然函数。概率描述了已知参数时的随机变量的输出结果；似然则用来描述已知随机变量输出结果时，未知参数的可能取值。分为有向概率性深度模型和无向概率性深度模型
	确定性模型	训练过程采用确定性描述，训练目标为最小化特定形式的损失函数，如重建误差、均方误差、能量函数等

续表

类 别	模 型	描 述
训练过程是否使用类别标签进行数据观测	无监督深度模型	训练过程中不使用带有类别标签的观测数据,训练的模型通常为产生式,通过捕捉观测数据之间的高阶相关关系来进行模式分析和合成。无监督深度模式虽然不使用类别标签,但是可以用于分类任务
	监督式深度模型	训练过程中使用类别标签观测数据,用于模式分类。类别标签可以通过直接标定的方法获得,也可以通过其他间接方式获得。最典型的监督式深度模型是卷积神经网络
	混合式深度模型	模型本身包含产生式和区分式,最终目的是进行区分式任务,产生式模块主要用于辅助区分分类,使得优化和学习过程更加容易进行
网络连接方式	邻层连接深度模型	网络连接只是出现在相邻层之间,大多数深度学习模型都属于邻层连接,主要是因为这种模型在优化上相对容易
	跨层连接深度模型	网络连接不仅出现在相邻层之间,还可以跨层连接。跨层连接的目的是对跨层依赖关系进行建模。典型的跨层连接深度模型如深度分解网络(Deep Neural Network,DNN)
	环状连接深度模型	网络连接可以出现在任意层之间,玻尔兹曼机可以认为是环状连接深度模型的一种通用形式,但是很难训练。在语言识别方面多采用深度递归神经网络(Deep Recursive Neural Network,DRNN)

4)常见深度学习模型

常见的深度学习模型如表 4-2 所示。

表 4-2 常见的深度学习模型

模 型 全 称	构 成 层 次	数 学 特 性	训 练 方 式	连 接 方 式
感知器模型	基本模型	确定性	监督式	邻层连接
全连接模型	基本模型	确定性	监督式	邻层连接
线性全连接模型	基本模型	确定性	监督式	邻层连接
波尔兹曼机	基本模型	确定性	无监督	环状连接
限制玻尔兹曼机	基本模型	概率性	无监督	邻层连接
稀疏限制玻尔兹曼机	基本模型	概率性	无监督	邻层连接
均值限制玻尔兹曼机	基本模型	概率性	无监督	邻层连接
均值方差稀疏限制玻尔兹曼机	基本模型	概率性	无监督	邻层连接
钉板限制玻尔兹曼机	基本模型	概率性	无监督	邻层连接
自编码器	基本模型	确定性	无监督	邻层连接
降噪自编码器	基本模型	确定性	无监督	邻层连接
稀疏自编码器	基本模型	确定性	无监督	邻层连接
降噪稀疏自编码器	基本模型	确定性	无监督	邻层连接
多层感知器	整体模型	确定性	混合式	邻层连接
卷积神经网络	整体模型	确定性	监督式	邻层连接
深度置信网络	整体模型	概率性	混合式	邻层连接

续表

模 型 全 称	构 成 层 次	数 学 特 性	训 练 方 式	连 接 方 式
深度玻尔兹曼机	整体模型	概率性	混合式	邻层连接
深度稀疏玻尔兹曼机	整体模型	概率性	混合式	邻层连接
深度自编码器	整体模型	确定性	混合式	邻层连接
深度降噪自编码器	整体模型	确定性	混合式	邻层连接
深度稀疏自编码器	整体模型	确定性	混合式	邻层连接
深度降噪稀疏自编码器	整体模型	确定性	混合式	邻层连接
深度分解网络	整体模型	确定性	混合式	跨层连接
深度递归神经网络	整体模型	概率性	无监督	环状连接

4.4.6　机器学习训练与设计

1．学习与训练

用 T 来表示某类任务，用 P 来表示完成任务的表现评估。如果一个计算机程序在完成任务 T 时，其表现 P 能够在经验 E 的指导下自我完善，则称这个计算机程序从经验 E 中学习。

计算机程序在经验 E 的指导下完成任务 T 的过程叫作训练。

1）训练经验的类型

训练经验类型包括直接反馈和间接反馈。

所谓直接反馈，就是在训练过程中直接告知步骤、方法和结果；间接反馈指训练样本是过去的步骤、方法和结果。

间接反馈里还涉及一个信用分配（Credit Assignement）的问题，也就是训练样本中每个步骤对最终结果的影响度。比如下棋，前面几步走得很好，但是后面走得很差，其结果是输了。那么如何来评估前面几步和后面几步对结果的影响呢？这就是所谓的信用分配问题。

2）控制执行训练经验的顺序的自由度

执行训练样本的顺序完全是随机的，可以向施教者提出不同类型的查询，自己自动搜索来收集训练样例。

3）训练样例的分布与测试样例的分布一致性

目前，多数机器学习理论都假设训练样例的分布与测试样例的分布一致。

2．机器学习设计需要考虑的问题

机器学习是一种数据驱动方法（Data-Driven Approach）。然而，有时候机器学习像是一种魔术，即使是给定相同的数据，一位机器学习领域专家和一位新手训练得到的结果可能相去甚远。

1）学习算法

选择学习算法要与要解决的具体问题相结合。不同的学习算法有不同的归纳偏好（Inductive Bias），使用的算法的归纳偏好是否适应要解决的具体问题直接决定了学习模型的性能，有时可能需要改造现有算法以应对要解决的现实问题。

2）目标函数

目标函数用于刻画什么样的模型是好的，和选择学习算法一样，选择目标函数也要与具体问题相结合。

3）优化方法

通常情况下，目标函数有多个局部极小点，使用不同的参数初始化方法（如高斯随机初始化、Xavier 初始化、MSRA 初始化等）、不同的优化算法（如随机梯度下降、带动量的随机梯度下降、RMSProp、Adam 等）或不同的学习率等，都会对结果有很大影响。

另一方面，即使目标函数是凸函数，设计合适的优化方法可能会使训练过程有质的飞跃。

4）测试数据

学习器能从训练数据中尽可能学出适用于所有潜在样本（Sample）的普遍规律，从而能很好地泛化（Generalize）到新样本。为了评估模型的泛化能力，我们通常收集一部分数据作为测试集（Testing Set）计算测试误差，用以作为泛化误差的近似。

一个常见错误是用测试数据参加训练数据预处理（Data Pre-processing）。通常数据在输入给模型之前会经过一些预处理，如减去各维的均值、除以各维的方差等。如果这个均值和方差是由训练集和测试集数据一起计算得到的，这相当于间接偷看了测试数据。正确做法是只从训练数据中计算预处理所用的统计量，将这个量应用于测试集。

5）欠拟合/过拟合

欠拟合（Underfitting）通常是由于学习器的学习能力不足，过拟合（Overfitting）通常是由于学习能力过于强大。两者都会影响模型的泛化能力，但是解决这两个问题的方法迥然不同。解决欠拟合可以通过使用更复杂的模型、增加训练轮数等。缓解过拟合可以通过使用简单模型、正则化（Regularization）、训练早停（Early-stopping）等。欠拟合比较容易解决，而过拟合是无法彻底避免的，我们只能缓和，减小其风险。因此，关键在于认准当前的问题是欠拟合还是过拟合。判断欠拟合或过拟合最简单直接的方法是画出学习曲线（Learning Curve）。过拟合的表现是：训练误差很低（甚至为 0），而测试误差很高，两者有很大的差距；而欠拟合的表现是：训练误差和测试误差很接近，而且都很高。

6）特征工程

对问题/数据认识得越深刻，就越容易找到归纳假设与之匹配的学习算法，学习算法也越容易学到数据背后的潜在规律。

数据中特征的好坏直接影响学习算法的性能。如果数据之间相互独立并且与数据的标记有很好的相关性，学习过程将相对容易。但很多情况下，手中数据的原始特征并没有这么好的性质，特征和标记之间是一个非常复杂的映射关系。这时候机器智能需要人类智能的配合，我们需要从原始数据中构造合适的特征，这个过程叫作特征工程（Feature Engineering），这通常需要领域知识和用户对这个问题的认识。

7）维数灾难

由于能拿到手中的训练数据是有限的，当维数增加时，输入空间（Input Space）的大小随维数指数级增加，训练数据占整个数据空间的比例急剧下降，这将导致模型的泛化变得更困难。在高维空间中，样本数据将变得十分稀疏，许多的相似性度量在高维都会失效。解决维数灾难的一个重要途径是降维（Dimension Reduction），即通过一些手段将原始高维空间数据转变为一个低维子空间，在这个子空间中样本密度大幅提高，距离计算也更容易。特征选择（Feature Selection）和低维投影（如 PCA）是用来处理高维数据的两大主流技术。

8）数据收集

收集更多的数据是缓解过拟合最直接有效的方法。

收集更多的数据通常有下面两种办法：一种方法是收集更多的真实数据，这是最直接有效的方法。但有时收集数据很昂贵，或者我们拿到的是第二手数据，数据是有限的，这就需要另一个方法——从现有数据中生成更多数据，用生成的"伪造"数据当作更多的真实数据进行训练。这个过程叫作数据扩充（Data Augmentation），可以通过不同的数据扩充组合得到无穷多的训练样本。

在收集/生成数据过程中要注意一个关键问题：确保数据服从同一分布，否则会给学习过程增加很多困难。

9）集成学习

集成学习的目的在于结合多个弱学习器的优点构成一个强学习器。通常我们面对一个实际问题时会训练得到多个学习器，然后使用模型选择（Model Selection）方法来选择一个最优的学习器。而集成学习则相当于把这些学习器都利用起来，因此，集成学习的实际计算开销并不比使用单一学习器大很多。

3．机器学习设计的基本过程

机器学习的设计本质就是在 H 中搜索到一个 h，最佳拟合训练样本和学习程序已经有的先验，即 $h(x)=c(x)$。

1）学习与校验

学习与校验过程如图 4-16 所示。

2）学习程序设计

学习程序设计过程如图 4-17 所示。

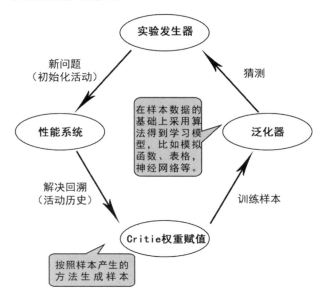

图 4-16　学习与校验过程

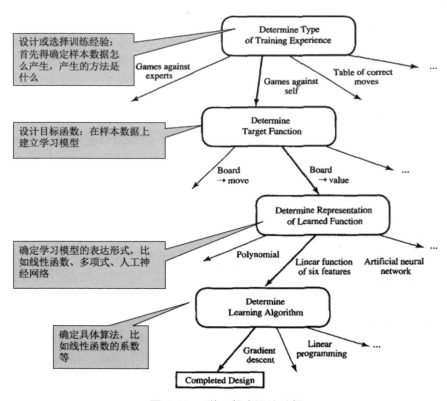

图 4-17　学习程序设计过程

4.5 应用实践 1：应用计算智能构建云入侵检测系统

4.5.1 概述

基于计算智能（Computational Intelligence，CI）的入侵检测引起了研究人员的极大兴趣。CI 系统的特征，如适应性、容错性、高计算速度和面对噪声信息的错误恢复能力能够满足构建一个良好的入侵检测模型的需求。本节综述了CI 方法在入侵检测中的应用研究进展，并总结和比较了人工神经网络、模糊集、进化计算、人工免疫系统、群体智能、软计算等 CI 核心方法对各个领域的研究贡献，突出有前途的新研究方向。

传统的入侵检测技术，如防火墙、访问控制和加密已经不能完全保护网络和系统免受日益复杂的攻击和恶意软件的侵害，因此，入侵检测系统（Intrusion Detection System，IDS）已成为安全基础设施中不可或缺的组成部分，用于在系统遭受广泛破坏之前对其进行检测。

1. IDS 发展现状

在构建 IDS 时，需要考虑许多问题，如数据收集、数据预处理、入侵识别、报告和响应等。其中，入侵识别是其核心。检查审计数据并与检测模型进行比较，检测模型描述侵入性或良性行为的模式，以便识别成功和不成功的入侵尝试。

自从 Denning 于 1987 年提出第一个入侵检测模型以来，研究一直专注于如何有效和精确地构造检测模型。在 20 世纪 80 年代末和 90 年代初，一种结合专家系统和统计方法的技术非常流行，检测模型来源于安全专家的领域知识。从20 世纪 90 年代中期到末期，获得正常或异常行为的知识已由手工向自动化转变，人工智能和机器学习技术被用来从一组训练数据中发现潜在的模型。常用的方法有基于规则的归纳、分类和数据聚类。

实际上，从数据中自动构建模型的过程并不简单，特别是对于入侵检测问题。这是因为入侵检测面临着网络流量巨大、攻击等级分布极不平衡、正常和异常行为之间难以实现决策边界、需要不断适应不断变化的环境等问题。当遇到这些情况时，人工智能和机器学习有很大的局限性。幸运的是，以明显的容错能力、高计算速度和抗噪声信息的弹性著称的计算智能技术弥补了这两种方法的局限性。

2．IDS 的两条技术路线

IDS 动态地监视被监视系统中发生的事件，并决定这些事件是攻击的症状还是系统的合法使用。IDS 的组织架构如图 4-18 所示，其中实线箭头表示数据/控制流，而虚线箭头表示对入侵活动的响应。

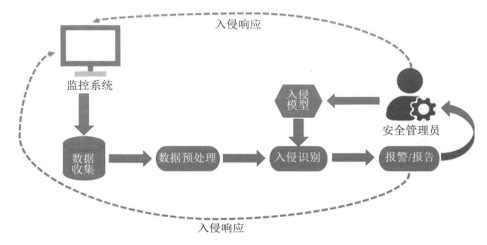

图 4-18　IDS 的组织架构

总的来说，根据应用的检测方法，IDS 分成两大类：特征检测（又称入侵检测或黑名单检测）和异常检测。

特征检测通过将观察到的数据与预先定义的入侵行为描述相匹配来识别入侵，因此众所周知的入侵活动可以被有效地以比较低的误报率检测到。基于此，这种方法被大量商业系统广泛采用。然而，入侵通常是多态性的，并且不断进化。当面对未知的入侵时，特征检测就很容易失效。解决这个问题的一种方法是经常更新知识库（黑名单规则库），或者采用费时费力的手工方法，或者借助有监督机器学习算法来使工作自动化。不幸的是，用于此目的的数据集通常都非常昂贵，因为它们需要对数据集中的每一个样本实例打标签，标记其是正常还是异常。另一种解决方法是采用 Denning 提出的异常检测模型。

异常检测与黑名单检测是正交的。它假定异常行为很少发生并且不同于正常行为。因此，它为正常行为建立模型，并通过观察这些模型的偏差来检测观察到的数据中的异常。目前有两种类型的异常检测模型，第一种是静态异常检测，它假设被监视目标的行为永远不会改变，如 Apache 服务的系统调用序列；第二种是动态异常检测，它从终端用户的上网行为习惯或者网络/主机的使用习惯中提取模式，这些模式有时被称为情景模式。

显然，异常检测具有检测新型入侵活动的能力，并且构建情景模式时只需要正常的数据。然而，由于训练阶段异常样本的不足，其主要困难在于发现正常行为和异常行为之间的边界。另一个困难是需要适应不断变化的正常行为，尤其是动态异常检测。

除了检测方法，其他的一些特征也可以用来对 IDS 系统进行分类，如图 4-19 所示。

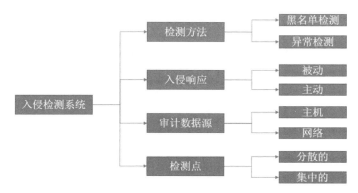

图 4-19　入侵检测系统的分类特征

4.5.2　云 IDS 相关技术

CI 系统具有计算适应性强、容错能力强、计算速度快、受噪声信息影响的误差小等特点。

CI 不同于众所周知的 AI 领域，AI 处理符号化的知识表示，CI 处理信息的数字表示；AI 关注的是高级认知功能，而 CI 关注的是低级认知功能；AI 分析了一个给定问题的结构，并试图在此结构的基础上构建一个智能系统，从而以自顶向下的方式运行，而该结构在 CI 中是从无序开始，以自底向上的方式运行。

虽然业界对于 CI 究竟是什么还没有完全达成一致，但是对于哪些领域属于 CI 保持一致的观点。这些领域包括人工神经网络、模糊逻辑、进化计算、人工免疫系统和群体智能。这些方法中除模糊逻辑外，其他方法还能实现知识的自主获取和整合，可用于监督学习和非监督学习模式。这两种学习模式在训练阶段构建数据驱动模型，并在测试阶段验证模型的性能。

在入侵检测领域，监督学习通常从打过标签的训练数据中生成分类器，用作特征检测。分类器基本上是将数据点映射到相应的类标签的函数。无监督学习与有监督学习的区别在于，在训练阶段有没有带类标签（标记）的数据。它根据相似度对数据点进行分组。无监督学习满足异常检测的假设，因此常用于异常检测。

1．基准数据集

由于 CI 方法是从数据集中构建检测模型，因此训练数据集的质量直接影响训练模型的质量。在调查研究工作中发现，数据通常有三个来源：网络的数据包、用户输入的命令序列或系统底层信息，如系统调用序列、日志文件、系统错误日志和 CPU/内存使用等。图 4-20 中列出了一些常用的数据集。这些数据集均已用于特征检测或异常检测。

数据源	数据集名字	数据集缩写
网络流量	DARPA 1998 网络流量转储 Files DARPA 1999 网络流量转储 Files KDD99 数据集 互联网探索枪战数据集	DARPA98 DARPA99 KDD99 IES
用户行为	UNIX用户数据集	UNIXDS
系统调用序列	DARPA 1998 基本安全模块文件 DARPA 1999 基本安全模块文件 新墨西哥大学数据集	BSM98 BSM99 UNM

图 4-20　入侵检测领域常用的数据集总结

1）DARPA 系列数据集

美国麻省理工学院的林肯实验室于 1998 年评估了不同入侵检测方法的性能，实验室收集了包含 7 周的训练数据和 2 周的测试数据的数据集。其中，攻击数据包括针对受攻击 UNIX 主机发起的 38 次不同攻击的 300 多个实例，分为 4 类：拒绝服务（DoS）、扫描探测、U2R（用户到根目录）和 R2L（远程到本地）。对于每周在 Solaris 主机上产生的内部和外部网络流量数据，将收集 Sun Microsystem 的基本安全模块（BSM）记录的审计数据，以及 UNIX 主机的文件系统转储。1999 年，林肯实验室再次进行了评估。这次是 3 周的训练数据和 2 周的测试数据。针对受害者 UNIX 和 Windows NT 主机以及 Cisco 路由器发起了 58 种攻击类型的 200 多个实例。此外，主机审计数据扩展到 Windows NT 系统。2000 年，为了解决分布式 DoS 和 Windows NT 攻击，生成了另外 3 个特定于场景的数据集。

2）KDD99 数据集

KDD99 数据集是 1999 年由一个 Bro 程序从 DARPA98 网络流量数据中派生出来的，该程序将各个 TCP 包组装成 TCP 连接。KDD99 是国际知识发现和数据挖掘工具竞赛中使用的基准数据集，也是入侵检测领域中最常用的数据集。每个 TCP 连接都有 41 个特性，其中一个标签指定连接的状态是正常的还是特定的攻击类型，包括 38 个数值特征和 3 个符号特征，分为以下 4 类：

（1）基本特征：使用 9 个基本特征来描述每个 TCP 连接。

（2）内容特征：使用 13 个域名知识相关的特征来表示在网络流量中没有

连续模式的可疑行为。

（3）基于时间的流量特征：使用 9 个特征来总结过去 2 秒内和当前连接有相同目的主机或相同服务的连接。

（4）基于主机的流量特征：10 个特性是使用连接到同一主机的 100 个窗口而不是一个时间窗口来构建的，因为慢扫描攻击可能会占用比 2 秒长得多的时间间隔。

KDD99 训练集包含 494 万个数据实例，包括正常的网络流量和 24 次攻击。该数据集非常大，只有 10%经常使用。

3）互联网探索枪战数据集

互联网探索枪战数据集是另一个试图评估各种数据探测技术的项目。这个数据集由 1 个自由攻击数据集和 4 个定向攻击数据集组成，分别是 IP 欺骗攻击、远程登录或 FTP 爆破、扫描攻击和网络跳跃攻击。这些数据是利用网络数据采集分析工具 TCPDump 在 MITRE 公司网络上花了大约 16 分钟捕捉到的，其中只收集了具有 13 种属性的 TCP 和 UDP 数据包。

4）新墨西哥大学数据集和 UNIX 用户数据集

新墨西哥大学数据集是由美国新墨西哥大学的研究团队提供的，该团队收集了由不同程序执行的系统调用的几个数据集。UNIX 用户数据集包含了 9 组经过净化的用户数据，这些数据来自普渡大学 8 名 UNIX 计算机用户长达 2 年的命令历史。

5）自生成数据集

由于这些基准集展露出了一些缺点，研究人员有时会生成自己的数据集。然而，在真实的网络环境中，很难保证正常的数据不受入侵影响。引入鲁棒方法能够去除训练数据中的异常。使用自生成数据集的另一个原因是训练集不完整，这会降低 IDS 系统的准确性，因此人工数据被生成并合并到训练集中。

2．性能评估

1）混淆矩阵

评估一个 IDS 的有效性是通过它的正确分类的能力来体现的。根据给定事件的本质特征和 IDS 的预测，如图 4-21 所示，给出了 4 种可能的结果，称为混淆矩阵。真阴性和真阳性对应 IDS 的正确操作，也就是说，事件被正确地分类成正常事件和攻击事件；相对地，假阳性（误报）指代被分类成攻击的正常事件，假阴性（漏报）指代被分类为正常的攻击事件。

基于上述混淆矩阵，我们主要采用以下准则来衡量 IDS 的性能。

❑ 真阴性率（TNR）：TN/（TN+FP），也被称为特异率，即在检测攻击中，不误判的概率。

混淆矩阵		预测类	
		负类(正常)	正类(攻击)
实际类	负类(正常)	真阴性(TN)	假阳性(FP)
	正类(攻击)	假阴性(FN)	真阳性(TP)

图 4-21　混淆矩阵

❑　真阳性率（TPR）：TP/（TP+FP），也被称为检测率（DR），即在所有的攻击中成功预测出攻击的概率，也称敏感率。在信息检测中，这被称为回召率。

❑　假阳性率（FPR）：FP/（TN+FP）= 1 - TNR，也被称为误报率（FAR）。

❑　假阴性率（FNR）：FN/（TP+FN）= 1 - TPR，也被称为漏检率。

❑　正确率：（TN+TP）/（TN+TP+FN+FP），即在所有的检测中正确地将攻击和非攻击行为检测出来的概率。

❑　准确率：TP/（TP+FP），它是另一个信息检测术语，经常与回召率搭配使用，即在所有被判定为攻击的事件中，真正攻击的概率。

最流行的性能指标是检测率（DR）和误报率（FAR），一个高质量的 IDS 应该包括一个高的检测率和低的误报率。

2）ROC 曲线

ROC 起源于"二战"期间发展起来的雷达信号检测技术，用于描述在噪声信道上的命中率和误报率之间的权衡。在入侵检测中，这种方法用来计算检测耗能或者评估各种各样的检测学习方案。

一个最优的 IDS 应该最大化检测率（DR）并最小化误报率（FAR）。DR 和 FAR 之间的权衡是由 IDS 的各种参数决定的，如检测阈值或滑动窗口的大小等。ROC 曲线对应的 Y 轴是平均入侵检测率，X 轴是误报率，如图 4-22 所示，通过改变一些参数的值，可以得到不同的曲线。ROC 曲线为我们提供了一种比较不同系统性能的有效方法。

图 4-22 显示了 System1 的平均性能优于其他两个系统。

3. 人工神经网络

人工神经网络（ANN）由一系列根据给定的拓扑结构高度互联、被称为神经元的处理单元组成，具有从有限的、有噪声的和不完整的数据中通过实例学习和归纳总结的能力，已成功地应用于广泛的数据密集型应用程序。本节将按照图 4-23 所示的组织结构来回顾 ANN 在入侵检测领域的贡献和性能。

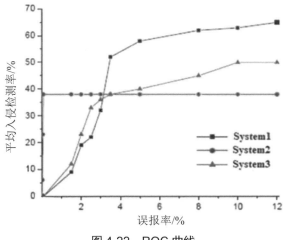

图 4-22　ROC 曲线

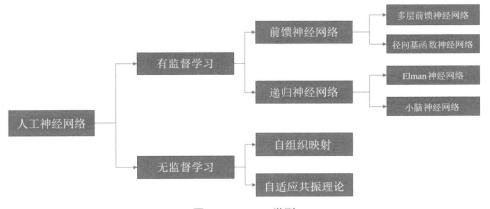

图 4-23　ANN 类型

1）有监督学习

（1）前馈神经网络。

前馈神经网络是第一个也可以说是最简单的人工神经网络。如下两种类型的前馈神经网络通常用于建模正常模式或入侵模式。

① 多层前馈神经网络。

多层前馈（MLFF）神经网络使用各种学习技术，最流行的是多层前馈反向传播（MLFF-BP）。在入侵检测的早期发展中，MLFF-BP 网络主要应用于用户行为层面的异常检测，例如通过使用的命令集模式及其频率、CPU 使用情况、登录主机地址，以区分正常和异常行为。后来，研究兴趣从用户行为转移到由系统调用序列描述的软件行为，这是因为系统调用序列比命令更稳定。漏桶算法（Leaky Bucket）为网络诊断出的异常事件提供了一定的记忆，使程序模式的时序特征得以准确捕捉。

网络流量是另一个不可或缺的数据源。MLFF-BP 作为一个二进制分类器，能够正确识别数据源中的每个嵌入攻击。MLFF-BP 也可以用作多类分类器（MCC）。MCC 神经网络可以有多个输出神经元，也可以装配多个二元神经网络分类器。显然，后者在面对新类时比前者更灵活。

除了 BP 学习算法，MLFF 网络中还有很多其他的学习方法。将 12 种不同的学习算法在 KDD99 数据集上进行比较，发现弹性反向传播算法在准确性（97.04%）和训练时间（67 个时点）方面取得了最好的性能。

② 径向基函数神经网络。

径向基函数（RBF）神经网络是另一种广泛使用的前馈神经网络。由于它们是通过测量 RBF 隐藏神经元的输入和中心之间的距离来进行分类的，因此它们比耗时的反向传播要快得多，更适合于样本容量大的情景。

RBF 网络不仅是一个分类器，还用于融合多个分类器的结果。该方法优于 Dempster-Shafer 组合和加权多数票等 5 种不同的决策融合函数。研究人员提出了一种将误用检测和异常检测结合在分层 RBF 网络框架中的新方法，在第一层，RBF 异常检测器识别事件是否正常。异常事件会传递一个 RBF 特征检测器链，每个检测器负责特定类型的攻击。异常事件不能被任何特征检测器分类保存到数据库中。当收集到足够多的异常事件时，C-Means 聚类算法将这些事件聚类到不同的组中；在每一组上训练一个特征 RBF 检测器，并添加到特征检测器链中。通过这种方式，所有入侵事件将被自动、自适应地检测和标记。

MLFF-BP 和 RBF 网络应用广泛，实验表明，对于特征检测，MLFF-BP 网络在检测率和误报率方面略优于 RBF 网络，但需要更长的训练时间；而对于异常检测，RBF 网络具有较高的检测率和较低的误报率，提高了性能，并且需要较少的训练时间（从小时减少到分钟）。总之，RBF 网络具有更好的性能。

研究人员对 MLFF-BP 和 RBF 的二进制和十进制输入编码方案进行了有趣的比较，结果表明，二进制编码的误码率低于十进制编码，因为十进制编码只计算频率，不考虑系统调用的顺序。然而，十进制编码可以很好地处理噪声，并且可以用更少的数据对分类器进行训练。此外，十进制编码的输入节点比二进制编码的输入节点少，从而减少了训练和测试时间，简化了网络结构。

（2）递归神经网络（RNN）。

递归神经网络检测攻击在一段时间内的扩散，如慢端口扫描，是一项重要而困难的工作。为了捕获正常模式或异常模式下的时间局部性，一些研究人员使用了时间窗口或类似的机制，或者混沌神经元为 MLFF-BP 网络提供外部记忆。但是，在预测用户行为时，窗口大小应该是可调的。当用户执行特定的工作时，他们的行为是稳定和可预测的。在这种情况下，需要一个大的窗口来增强确定性行为；当用户从一个工作换到另一个工作时，行为变得不稳定和随机，所以需要一个小窗口来快速忘记无意义的过去。记忆在神经网络中的结合导致了递归链接的发明，因此被命名为递归神经网络（RNN）或 Elman 网络，其与 MLFF 的结构如图 4-24 所示。与 MLFF 相比，RNN 在 t 时刻的部分输出是 $t+1$ 时刻的输入，从而形成神经网络的内部记忆。

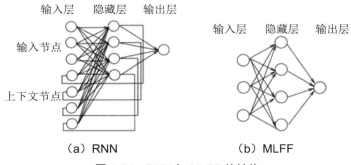

图 4-24　RNN 与 MLFF 的结构

递归网络最初被用作预测器，其中网络以输入序列预测下一个事件。当预测输出与实际事件之间有足够的偏差时，就会发出警报。研究人员发现，在给定前一个命令序列的情况下，预测下一个命令的准确性可以达到 80%。将递归网络与 MLFF-BP 网络作为程序系统调用序列的预测器进行比较，结果表明，递归网络的检测准确率为 77.3%，零误报。

递归网络也被训练成分类器。由于网络流量数据具有时域局部性，研究人员采用递归网络来检测 KDD99 数据集中的网络异常。为了提高 Elman 网络的训练速度，研究人员选择了一种基于时间的截断反向传播（T-BPTT）学习算法。他们论证了网络数据包中有效载荷信息的重要性。保留包头中的信息，但是丢弃有效负载会导致不可接受的信息丢失。实验表明，有载荷信息的 Elman 网络优于没有载荷信息的 Elman 网络。

小脑神经网络（CMAC）是另一种具有增量学习能力的递归网络。它避免了每次出现新的入侵时对神经网络进行再训练。

2）无监督学习

自组织映射（SOM）和自适应共振理论（ART）是两种典型的无监督神经网络。与统计聚类算法相似，它们通过相似度对对象进行分组。它们适用于入侵检测任务，正常行为在一到两个中心附近密集分布，而异常行为和入侵出现在正常簇外模式空间的稀疏区域。

（1）自组织映射。

自组织映射，也称为 Kohonen 映射，是一种前馈式无监督学习网络，其输出集中在低维（通常是二维或三维）网格中。它根据输入数据的相似性保留输入数据的拓扑关系。

SOM 是最受欢迎的用于异常检测任务训练的神经网络。研究人员使用

SOM 来学习正常系统活动的模式。然而，在特征检测中，SOM 作为数据预处理器对输入数据进行聚类，其他分类算法，如前馈神经网络，是使用 SOM 的输出进行训练的。有时 SOM 将来自不同类的数据映射到一个神经元。同时，研究表明多层 SOM 与单层 SOM 相比，分层 SOM 的误报率明显降低。

（2）自适应共振理论。

自适应共振理论自 1976 年由斯蒂芬·格罗斯伯格（Stephen Grossberg）提出以来，包含了一系列执行无监督或有监督学习、模式识别和预测的神经网络模型。无监督学习模型包括 ART-1、ART-2、ART-3 和 Fuzzy ART。自适应共振理论映射 ARTMAP（Adaptive Resonance Theory Map）以 MAP 为后缀命名，如 ARTMAP、Fuzzy ARTMAP、Gaussian ARTMAP。与基于绝对距离对数据对象进行聚类的 SOM 算法相比，ART 算法基于输入模式与权重向量的相对相似性对数据对象进行聚类。

模糊 ART 网络结合了模糊集合理论和自适应谐振理论。这种组合在响应任意输入序列方面比单独使用 ART 网络更快、更稳定。

SOM 和 ART 在检测网络异常行为方面都显示出了良好的前景，ART 的灵敏度似乎比 SOM 要高得多。

4．模糊逻辑

在过去的几十年里，模糊逻辑的应用数量和种类都有了快速的增长。模糊逻辑处理的模糊性和不精确性适用于入侵检测有两个主要原因。首先，入侵检测问题涉及所收集的审计数据中的许多数值属性，以及各种派生的统计度量。直接在数值数据上建立模型会导致很高的检测误差。例如，一个稍微偏离模型的入侵可能不会被检测到，或者一个正常行为的小变化可能会导致错误警报。其次，安全性本身包含模糊性，因为正常与异常之间的边界没有明确的定义。下面将阐明如何将模糊逻辑应用于入侵检测模型。

1）模糊特征检测

模糊特征检测（Fuzzy Misuse Detection）使用模糊模型，如模糊规则或模糊分类器来检测各种入侵行为，将模糊逻辑引入入侵检测领域，将其与专家系统相结合。模糊规则代替了一般规则，使以自然语言表示的知识更准确地映射到计算机语言。安全专家根据自己的领域知识建立了模糊规则。虽然模糊集及其隶属度函数由模糊 C 均值算法确定，但手工编码规则是其工作的主要局限性。避免手工编码的模糊规则是模糊特征检测中的一个主要研究课题。常用的方法有基于属性值直方图的生成方法、基于重叠区域划分的生成方法、基于模糊蕴涵表的生成方法、基于模糊决策树的生成方法、基于关联规则的生成方法、基于支持向量机的生成方法。随着计算智能的快速发展，具有学习和自适应能力的方法被广泛应用于模糊规则的自动构造。这些方法包括人工神经网络、进化计算和人工免疫系统。

模糊逻辑的另一个应用是决策融合，即模糊逻辑将不同模型的输出融合在一起，给出最终的模糊决策。

2）模糊异常检测

模糊逻辑在异常检测中也起着重要作用。模糊异常检测（Fuzzy Anomaly Detection）目前的研究方向是利用数据挖掘技术建立模糊的正态行为谱。模糊逻辑还与另一种流行的数据挖掘技术——异常检测中的离群点检测一起工作。根据 IDS 的假设，恶意行为自然不同于正常行为。因此，应将异常值视为异常行为。因此，模糊 C-Medoids 算法和模糊 C-Means 算法是识别离群值的两种常用聚类方法。作为所有的聚类技术，它们都受到"维数诅咒"的影响，在面对高维数的数据集时性能下降。特征选择是数据预处理的必要步骤。例如，主成分分析和粗糙集可以在聚类前应用于数据集。

3）小结

模糊逻辑作为对自然语言不确定性建模的一种手段，为入侵检测构建了更加抽象和灵活的模式，大大提高了检测系统的鲁棒性和适应能力。模糊逻辑领域有两个研究方向，研究了具有学习和自适应能力的模糊规则自动设计算法，目前流行的方法包括但不限于关联规则、决策树、进化计算、人工神经网络。其次，模糊逻辑有助于提高机器学习算法的可理解性和可读性。模糊逻辑的应用，使正常与异常的突发性分离得到了很好的解决。

5. 进化计算

计算机科学中的进化计算（Evolutionary Computation，EC）与自然界的进化一样具有创造性，能够以极大的复杂性解决现实世界中的问题。这些问题通常涉及随机性、复杂的非线性动力学和多模态函数，是传统算法难以克服的问题，这时遗传算法（Genetic Algorithm，GA）和遗传规划（Genetic Programming，GP）被发明。GA 和 GP 在几个实现细节上有所不同，但在概念上几乎是相同的。一般来说，它们的演化可以描述为一个两步迭代过程，由随机变化和选择组成，如图 4-25 所示。

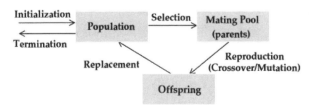

Initialization—起始；Termination—结束；Population—人口；Selection—选择；Mating Pool—交配池；Replacement—更替；Reproduction—繁殖；Crossover—杂交；Mutation—突变操纵；Offspring—子孙。

图 4-25 一个典型进化算法的流程图

1）EC 在 IDS 中的角色

EC 在 IDS 领域的作用有三个：优化、自动模型结构设计和分类器。

（1）优化。

一些研究人员试图利用多重故障诊断的方法来分析入侵检测问题，这种方法类似于人类在患病时被医生诊断的过程。首先，定义一个事件-攻击矩阵，称为预先学习的领域知识（类似于医生所拥有的知识）。我们需要从新观察到的事件（类似于症状）推断发生一次或多次攻击。这种问题可以简化为一个 0~1 整数问题，即 NP 完全问题。

（2）自动模型结构设计。

神经网络和聚类算法是构建入侵检测模型的两种常用技术。其中的问题在于，人们必须为前者选择一个最优的网络结构，为后者选择聚类的数量。为了弥补这些不足，引入了进化算法来实现自动设计。

遗传算法常常被用来选择最优特征集，学习 RBF 网络的结构，如基函数的类型、隐藏神经元的数量、训练周期的数量等。一个典型的例子是进化模糊神经网络（EFuNN），它实现了一个 Mamdani 型模糊推理系统，该系统在学习过程中实现了所有节点的创建。相对于具有固定拓扑和连接的进化网络，研究人员提出了一种进化神经网络（ENN）算法来进化检测异常系统调用序列的 ANN，其实现了一种基于矩阵的基因型表示，其中右上角为节点间的连通信息，左下角为节点间的权重描述。因此，这个网络没有结构上的限制，更加灵活。不同人工神经网络结构的对比如图 4-26 所示。

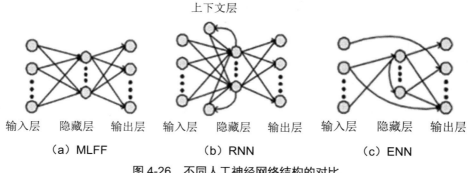

图 4-26　不同人工神经网络结构的对比

研究人员提出了一种基于可理解神经网络树的特征检测模型，它是一个模块化的神经网络，其整体结构是决策树，每个非终端节点都是专家神经网络。遗传算法从根节点递归地设计这些网络。设计过程实际上是一个多目标优化问题，使得网络的划分能力高，树的尺寸小。还有研究利用分布估计算法（EDA）研究了神经网络进化的可能性。其采用浮点编码方案表示权重、阈值和灵活的激活函数参数。EDA 中的建模和采样步骤提高了搜索效率，因为采样是通过建模提取的全局信息来指导的，以探索有前途的领域。

上述工作的实验结果均证实了自动设计的网络在检测性能上优于传统方法。

（3）分类器。

进化算法作为分类器的应用有两种：分类规则和转换函数。分类规则是带有 if-then 子句的规则，其中规则前件（IF 部分）包含用于预测属性的条件的连接，而规则后件（THEN 部分）包含类标签。如图 4-27 所示，EC 的任务是寻找覆盖未知概念（阴影区域）数据点（表示为 "+"）的分类规则（以圆圈表示）。从这个意义上讲，进化的分类规则被视为概念学习。分类也可以通过转换函数来实现，转换函数将数据转换为低维空间，即一维或二维空间，这样一条简单的线可以最好地分离不同类中的数据，如图 4-28 所示。

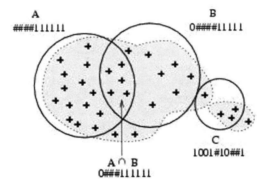

图 4-27　分类规则

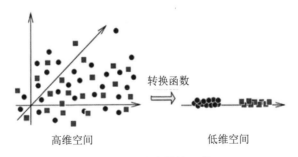

图 4-28　分类转换函数

遗传算法使用固定长度的向量来表示分类规则。if-then 规则中的先行词和类标签被编码为染色体中的基因，如图 4-29 所示。

"*" 作为一个通配符，允许任何可能的值的基因，从而提高规则的普遍性。另一方面，GP 经常使用图 4-30 所示的树或决策树来表示分类规则。与仅由与运算符连接前件条件的 GA 相比，GP 具有更丰富的表达能力，它允许更多的逻辑运算符，如 OR、NOT 等。此外，如果图 4-30 中的逻辑操作符被算术操作符替换，那么树表示一个转换函数。线性结构 GP 是另一种通过作用于操作数的操作符序列来表示转换函数的方法，如图 4-31 所示。与此相反，GA 表示包含输入属性系数或权重的线性向量中的转换函数。

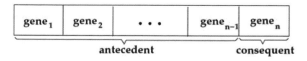

图 4-29　GA 染色体

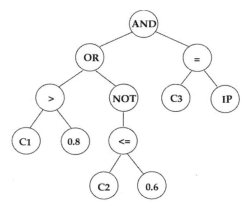

图 4-30　GP 染色体树

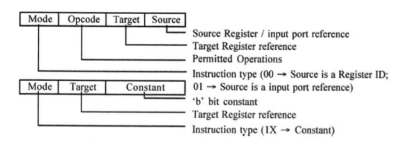

图 4-31　线性 GP 染色体

2）局部优化

大多数 EC 应用都集中在优化问题上，这意味着群体中的个体为了全局最优而与其他人竞争。然而，模式识别或概念学习实际上是一个多模态问题，需要多个规则或簇来覆盖未知的知识空间（也称为"集合覆盖"问题）。为了定位和维护多个局部最优，而不是单个全局最优，引入了局部优化。局部优化策略已经被证明是有效的，它可以创建聚集于局部最优的子种群，从而保持种群的多样性。在入侵检测中，共享和拥挤都被用来鼓励多样性。

3）进化算子

在入侵检测任务中常用的算子主要是选择、交叉和变异算子。除了这三个算子，还有很多算子是为了提高检出率、保持多样性等目的而设计的。其中，种子和删除是入侵检测应用中许多 EC 算法所采用的两个新兴算子。

4）适应度函数

适当的适应度函数是 EC 必不可少的，因为它与算法的目标密切相关，从而指导搜索过程。入侵检测系统的目的是准确地识别入侵。因此，在生成适应度函数时，准确性应该是一个主要因素。

准确性实际上需要检测率（DR）和误报率（FPR），忽略它们中的任何一个都会导致错误分类。一个好的 IDS 应该具有高检测率和低误报率的特性。

简洁是另一个需要考虑的有趣特性。这有两个原因：简洁的结果容易理解，简洁的结果避免了误分类错误。第二个原因不那么明显。简洁性可以重新表述为模型（如规则或集群），用于覆盖数据集的空间。如果规则 A 和规则 B 具有相同的数据覆盖范围，但是规则 A 比 B 更简洁，那么当覆盖相同的数据集时，A 使用的空间比 B 少。因此，B 的额外空间更容易造成误分类错误。

5）小结

EC 在入侵检测中扮演了多种角色，如寻找最优解、自动模型设计、分类器学习等。实验验证了 EC 的有效性和准确性。

6．人工免疫系统

人类的免疫系统可保护我们的身体免受各种有害病原体（如细菌、病毒和寄生虫等）的攻击。它将病原体与自身组织区分开来，并进一步清除这些病原体。这为计算机安全系统，特别是入侵检测系统提供了丰富的灵感。将理论免疫学和观察到的免疫功能、原理和模型应用于 IDS，逐渐发展成为一个新的研究领域，称为人工免疫系统（AIS）。

基于 AIS 的入侵检测系统进行异常检测时，不是为正常情况构建模型，而是仅通过给定的正常数据生成非自我（异常）模式，如图 4-32 所示。任何与非自我模式匹配的都将被标记为异常。

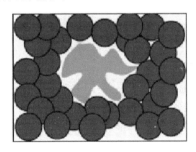

图 4-32　人工免疫系统

图 4-32 所示基于人工智能的入侵检测系统的目标是生成所有的模式，在图中表示为黑圈，不匹配任何正常的数据；阴影区域表示只包含正常数据的空间。

1）AIS 概述

在开始讨论 AIS 模型之前，有必要对 HIS（Human Immune System，人类免疫系统）进行简要的概述。人类免疫系统具有多层次的保护结构，包括物理屏障、生理屏障、先天免疫系统和适应性免疫系统。与前三层相比，适应性免疫系统能够自适应地识别特定类型的病原体，并记忆它们以加速未来的反应。它是 AIS 的主要灵感来源。简而言之，HIS 是一种分布式、自组织、轻量级的机体防御系统。这些显著的特性满足并有助于入侵检测系统的设计目标，从而形成一个可伸缩和健壮的系统。

2）AIS 模型（入侵检测）

（1）自-非-自识别模型。

Forrest 等人提出的第一个 AIS 模型用于变化检测算法，检测文件和系统调用序列的变化。该模型模拟了 HIS 的自-非-自分辨原理。

（2）具有生命周期的 AIS 模型。

Hofmeyr 和 Forrest 后来用 HIS 提供的更多组件和想法扩展了上述原型。新的 AIS 模型考虑了检测器的生命周期：不成熟、成熟但幼稚、激活、记忆和死亡。有限检测器的寿命加上相互激励、分布公差和动态检测器，消除了自反应检测器，适应了自集的变化，并通过基于特征的检测提高了检测率。

作为该模型的一个应用，研究人员开发了一个名为 LISYS（轻量级免疫系统）的系统来检测分布式环境中的入侵。

（3）进化 AIS 模型。

Kim 和 Bentley 提出了基于基因库进化、负选择和克隆选择三个进化阶段的 AIS 模型。

基因库储存着潜在的有效基因。未成熟的检测器是通过选择有用的基因并重新排列它们而不是随机产生的。成功检测器中的基因将被添加到库中，而失败检测器中的基因被删除。从某种意义上说基因库在发展，消极选择通过呈现自我而不提供关于自我的任何全局信息来移除不成熟的错误检测器；克隆选择用有限数量的检测器检测各种入侵，生成记忆检测器，并驱动基因库进化。Kim 和 Bentley 的模型采用了 Hofmeyr 的生命周期模型。

（4）多层的 AIS 模型。

T 细胞和 B 细胞是 HIS 中两个主要但复杂的免疫元件。Dasgupta 等人提出了一个多层的免疫学习算法，主要关注它们的功能和相互作用。

该模型考虑了入侵检测和告警的多级方式。T 细胞识别从外来蛋白质中提取的肽，而 B 细胞识别抗原表面的表位。因此，在其计算模型中，T 检测器（类似于 T 细胞）执行低级连续位匹配，而 B 检测器（类似于 B 细胞）在字符串的非连续位置执行高级匹配。为防止系统误报，引入了 T-抑制（T-suppression），决定了 T 检测器是否激活。激活的 T 检测器将进一步提供一个信号来帮助激活 B 检测器。该模型进一步模拟了成熟 T 细胞和 B 细胞的负性选择、克隆选择和体细胞超突变。

3）AIS 的相关知识

（1）表示方案以及亲和度量。

HIS 的核心是淋巴细胞的自我识别和非自我识别。为了在计算环境中解决这一问题，适当地表示淋巴细胞并确定匹配规则是关键步骤。

（2）负选择算法。

负选择算法模拟了非自反应淋巴细胞的选择过程。因此，给定一组正常数据，它将生成一组检测器，这些检测器与这些正常数据样本都不匹配。这些检测器可用于将新的（不可见的）数据分类为自（正常的）或非自（异常的）数据，以及解决神经网络算法的一些关键问题，如探测器的产生和覆盖率估计。

（3）亲和突变与基因库进化。

亲和突变的基本特征是免疫反应的抗原刺激。无性系选择和体细胞超突变本质上是达尔文选择和变异的过程，在动态变化的环境中保证了非自我识别的高亲和性和特异性。计算上，这导致了进化启发的克隆选择算法的发展。这些算法依赖于非自身数据（抗原）的输入，而负选择算法需要自身数据作为输入。

（4）危险理论。

引导 AIS 发展的根本原则是自我-非自我识别。当人体遇到非自身抗原时，就会触发免疫反应。因此，阴性选择是清除自体反应性淋巴细胞的重要过滤器。然而，这一经典理论也存在一些问题，因为它不能解释移植、肿瘤和自体免疫，在这种情况下，一些自体抗原被破坏，而一些自体抗原被抑制。

4）小结

人类免疫系统中成功的保护原理激发了人们开发模拟类似机制的计算模型的极大兴趣。回顾这些基于人工智能的入侵检测系统或算法，我们可以得出结论，免疫系统的独特性、分布性、病原识别、不完善检测、强化学习和记忆能力弥补了传统入侵检测方法的不足，从而形成了动态、分布式、自组织和自主的入侵检测。

HIS 具有由各种分子、细胞和器官组成的层次结构。因此，研究者在建模时可能会有自己的观点和版本。与其他 AIS 方法相比，NS（Noise Suppression，噪声抑制）算法在入侵检测中得到了更深入的研究和更广泛的应用。这是因为 NS 算法将异常检测引入了一个新的方向：对非自模型而不是自模型进行建模。我们也注意到危险理论的迅速发展，这为 AIS 的设计提供了一些新的思路。检测器的生命周期已经被证明是一种有效避免漏洞和适应自我数据变化的方法。回顾的研究很少使用免疫网络。

尽管基于 AIS 的 IDS 取得了许多成功，但仍然存在一些悬而未决的问题：

（1）适合真实环境。

目前大多数算法都是在 KDD99 数据集上测试的。然而，实际环境要复杂得多。因此，提高现有 AIS 算法的效率是必要的。以 NS 算法为例，需要考虑如何避免缩放的问题产生异物的模式；如何发现和填补漏洞；如何估计规则集的覆盖范围；以及如何处理大量的多维数据。

（2）适应自身数据的变化。

正常的行为是不断变化的，正常的模式也是如此。尽管检测器的生命周期的概念有助于适应，但刺激信号需要系统管理员，这在现实中是不可行的。因此，需要进一步探索人类免疫系统的相关机制，并仔细映射，以解决异常检测问题。

（3）来自免疫学的新颖、准确的隐喻。

目前的人工智能算法过于简化了免疫学中的对应算法。我们需要仔细利用免疫系统所有已知的有用特性，同时也要考虑免疫学的最新发现。

（4）综合免疫反应。

HIS 不仅能识别非自身抗原，而且能在识别后去除这些抗原。目前基于 AIS 的 IDS 主要关注自我识别和非自我识别，很少有研究探讨检测后的响应机制。IDS 上下文中的响应不仅仅意味着生成警报，还意味着检测结果在系统中实现的更改。

7. 群体智能

群体智能（Swarm Intelligence，SI）是一种人工智能技术，涉及分散系统的集体行为研究。它通过对群居昆虫或群体的涌现行为进行计算仿真，简化复杂问题分布式框架的设计。紧急行为或应急是指复杂的系统和模式从相对简单的相互作用的多样性中产生的方式。在过去的几年里，SI 已经成功地应用于优化、机器人和军事应用。

1）群体智能概述

我们可以观察自然界各种有趣的动物行为。蚂蚁可以找到通往最佳食物来源的最短路径，可以分配不同的任务，也可以保护自己的领地不受周围环境的侵犯；一群鸟在飞，一群鱼在游，在一瞬间改变了方向，没有相互碰撞。这些群居动物表现出强大的解决问题的能力和复杂的集体智慧。SI 方法是指在不进行集中控制或不提供全局模型的情况下，通过多个简单的代理来解决复杂的问题。代理及其环境之间的局部交互常常会导致出现一种全局行为模式。因此，紧急策略和高度分布式控制是 SI 的两个最重要的特性，它们产生了一个自治、自适应、可伸缩、灵活、健壮、并行、自组织和高效的系统。

一般来说，SI 模型是基于人群的。种群中的个体是潜在的框架。这些个体通过迭代步骤协同搜索最优值。然而，个体通过直接或间接的通信，而不是通过进化计算中的交叉或突变算子，来改变其在搜索空间中的位置。在计算智能领域有两种流行的群体启发方法：蚁群优化（ACO）和粒子群优化（PSO）。蚁群算法模拟蚂蚁的行为，并成功地应用于离散优化问题；PSO 模拟了鸟群或鱼群的简化社会系统，适用于求解具有约束的非线性优化问题。

2）蚁群优化

蚂蚁是有趣的群居昆虫。蚂蚁不是很聪明，但是蚂蚁群可以通过直接和间接的相互作用，以一种自我组织的方式完成对单个蚂蚁来说不可想象的复杂任务。在蚁群中观察到两种有趣的紧急行为：觅食和分类行为。

一群蚂蚁可以集体找到最近和最丰富的食物的位置，而任何单独一只蚂蚁无法找到。这是因为蚂蚁在移动时，会分泌一种叫作信息素的化学物质来标记所选择的路线。信息素在某一路径上的浓度表明它的用途。信息素浓度较高的路径会鼓励更多的蚂蚁跟随，而这些蚂蚁又会加强信息素的浓度。先从短路径到达食物的蚂蚁会比其他蚂蚁更早返回巢穴，所以这条路径上的信息素会比其他长路径上的信息素更强。结果，更多的蚂蚁选择了较短的路径。然而，信息素会慢慢蒸发，较长的路径会在同一时间内保持较少甚至没有信息素的踪迹，进一步增加了蚂蚁选择较短路径的可能性。

研究人员将蚂蚁隐喻应用于求解复杂的离散优化问题，包括旅行商问题、调度问题、通信网或车辆路径问题等。它在入侵检测领域的应用是有限的，但很有趣，也很有启发性。研究人员提出了一种蚂蚁分类器算法，它是蚂蚁挖掘算法的一个扩展，用于发现分类规则。人工蚂蚁从规则前件寻找到类标签的路径，从而逐步发现分类规则。

只使用一个蚁群来查找所有类中的路径是不合适的，因为某个蚁群更新的信息素级别会混淆对另一个类感兴趣的后续蚁群。因此，应用多个蚁群，在每个蚁群中同时寻找多类分类问题的框架，将重点放在一个类上。每一群蚂蚁都储存着一种不同类型的信息素，而蚂蚁只被同一群蚂蚁储存的信息素所吸引。此外，斥力机制阻止不同蚁群的蚂蚁选择相同的最优路径。

除了找到最短路径，蚂蚁还表现出惊人的排序能力。蚂蚁在相似的发育阶段（如幼虫、卵和茧）将孵化物聚集在一起。为了进行排序，蚂蚁必须同时感知它们所携带的元素类型和该类型元素的局部空间密度。具体来说，每只蚂蚁都必须遵循一些本地策略规则：如果它遇到一个周围有不同类型对象的对象，它会选择其中一个对象；如果它传输一个对象并看到前面有一个类似的对象，它就会保存该对象。通过执行这些局部策略规则，蚂蚁显示了对对象进行全局排序和聚类的能力。

3）粒子群优化

粒子群优化（Particle Swarm Optimization，PSO）是一种基于种群的随机优化技术，其灵感来源于鸟群或鱼群等的社会行为。PSO 的高级视图是一个基于协作填充的搜索模型。种群中的个体称为粒子，代表可能的解。粒子的性能是通过问题相关的适应度来评估的。这些粒子在多维搜索空间中移动，它们根据自己的经验（局部搜索）或邻居的经验（全局搜索）调整自己的位置和速度，从而达到最佳框架（全局最优），如式（4-19）所示。

$$v_i(t) = w \times v_i(t-1) + c_1 \times r_1(p_i^l - x_i(t-1)) + c_2 \times r_2(p_i^g - x_i(t-1))$$
$$x_i(t) = x_i(t-1) + v_i(t) \tag{4-19}$$

从某种意义上说，PSO 结合了局部搜索和全局搜索来平衡开发和探索。其中，$i = 1, 2, \cdots, N$；$v_i(t)$ 表示粒子 i 的速度，表示 i 在第 t 代移动的距离；$x_i(t)$ 表示 i 在 t 代中的位置；p_i^l 表示 i 之前的最佳位置；p_i^g 表示之前整个群体的最佳位置；w 是平衡局部搜索压力和全局搜索压力的惯性权重；c_1 和 c_2 是正的恒定加速度系数，控制粒子的最大步长；r_1 和 r_2 是区间[0, 1]中的随机数，引入随机性进行利用。

4）小结

ACO 和 PSO 算法既可以发现误用检测的分类规则，也可以发现异常检测的聚类，甚至可以跟踪入侵者的踪迹。实验结果表明，这些方法取得了与传统方法相当或更好的性能。蚁群算法和粒子群算法都起源于对群居昆虫和群体行为的研究。蜂群通过独立个体之间的简单局部互动，展示出令人难以置信的强大智能。这种自组织和分布式特性对于解决入侵检测问题特别有用，这些问题以其庞大的体积和高维数据集而闻名，对于实时检测需求和多样化及不断变化的行为也非常有用。群体智能将提供一种方法，将这样一个难题分解成几个简单的问题，每个问题都被分配给一个代理并行处理，从而使 IDS 具有自主性、适应性、并行性、自组织性和成本效益。

8．软计算

软计算是一种构造一个并行的计算智能系统的创新方法，这种方法与人类非凡的推理能力相似，并且能够在不确定和不精确的环境中进行学习。软计算一般包括人工神经网络、模糊逻辑、进化计算、概率计算等几种计算智能方法，还包括人工免疫系统、信念网络等。这些成员既不是相互独立的，也不是相互竞争的。相反，它们以合作和互补的方式工作。

这些方法的协同作用可以是紧密的，也可以是松散的。紧密耦合的软计算系统也称为混合系统。在混合系统中，方法以不可分割的方式混合在一起。神经模糊系统、遗传模糊系统、遗传神经系统是这类系统中最常见的。相对而言，松散耦合的软计算系统（或集成系统）将这些方法组合在一起。每一种方法都可以清楚地标识为一个模块。

1）人工神经网络和模糊系统

人工神经网络模拟输入和输出之间的复杂关系，并试图在数据中找到模式。不幸的是，输出模型通常不能以可理解的形式表示，而且输出值总是清晰的。模糊系统已被证明能有效地处理不精确和近似推理。然而，构建一个性能良好的模糊系统并非易事。例如，确定合适的隶属函数和模糊规则通常是一个反复试验的过程。

显然，神经网络与模糊逻辑的融合对双方都有好处：神经网络通过学习和适应能力，完美地促进了对给定任务自动开发模糊系统的过程。这种组合称为神经模糊系统。由于输出不再清晰，模糊系统使神经网络具有鲁棒性和自适应能力。这种组合称为模糊神经网络。神经模糊系统通常表示为多层前馈神经网络，如图 4-33 所示。

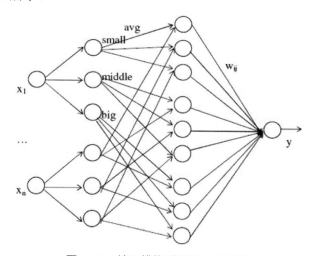

图 4-33　神经模糊系统的一般模型

第一层的神经元接受输入信息。第二层包含将模糊值转换为模糊集的神经元，并根据相关的模糊隶属度函数输出模糊隶属度。第三层神经元代表模糊规则的前因部分。它们的输出表明如何满足每个模糊规则的先决条件。第四层执行去模糊，并将前件与规则的后件关联起来。有时使用多个去模糊层。这种学习方法与神经网络的学习方法类似。根据输出值与目标值之间的误差，调整推理层与去模糊层之间的隶属函数和权重。通过学习，自动确定模糊规则和隶属函数。常用的学习方法是反向传播。

一种有趣的神经模糊系统是模糊认知图（FCM）。FCM 是一种软计算方法，是对认知地图的一种扩展，被广泛用于表示社会科学知识。它们能够把人类的知识结合起来，通过学习程序加以调整，并提供知识的图形化表示，可以用来解释推理。如图 4-34 所示，使用 FCM 融合可疑事件，检测涉及多个步骤的复杂攻击场景。黑名单检测模型检测到的可疑事件映射到 FCM 中的节点。FCM 中的节点被视为神经元，它们以不同的权重触发警报，描述它们之间的因果关系。因此，特定机器或用户的警报值是作为给定时间内所有激活的可疑事件的函数计算的。这个值反映了当时该机器或用户的安全水平。

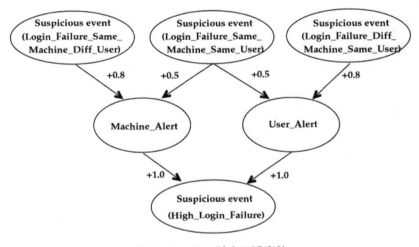

图 4-34　FCM 融合可疑事件

2）进化计算和模糊系统

进化计算是另一种具有学习和适应能力的范式。因此，进化计算成为自动设计和调整模糊规则的另一种选择。与清晰规则相比，模糊规则具有以下形式：

$$if\ x_i = A_1\ and\ \cdots and\ x_n = A_n\ then\ Class\ C_j\ with\ CF = CF_j \qquad （4-20）$$

其中，x_i 为输入数据的属性；A_i 是模糊集；C_j 是类标签；CF_j 是属于 C_j 类的模糊 if-then 规则的确定性程度。给定输入数据，有几种用于确定类标签的去模糊技术。赢者通吃和多数投票是两种常用的去模糊化技术。胜利者是指 CF_j 值最大的规则。在使用模糊逻辑时，专家很难对隶属函数给出一个"好的"定义。遗传算法已被证明在优化成员函数方面是成功的。

黑名单检测模型的建立实质上是一个多类分类问题。在之前的研究中，所有类别的清晰分类规则都是在一个种群中进化而来的。每个人代表了整体学习任务的部分框架。他们合作解决目标问题。局部优化被用来维持种群的多样性或多态性。这种方法有时被称为 Michigan 方法，是分类器系统中常用的一种方法。XCS 就是这样一个例子。

3）集成方法

黑名单入侵检测是一个非常活跃和研究较多的领域。许多分类方法，如人工智能、机器学习或计算智能，已被用于提高检测精度，同时减少误报误差。然而，每种方法都有其优点和缺点，导致不同的类具有不同的精度级别。不同的方法提供了关于要分类的模式的补充信息。因此，集成方法提高了 IDS 的整体性能。多数投票、赢者通吃等技术将不同方法构建的分类器的输出组合在一起，生成最终的预测结果。

4）小结

软计算利用对不精确性、不确定性、低求解成本、鲁棒性和部分真实的容忍度来实现可操作性和更好的与现实的对应。因此，它们的优点提高了入侵检测系统的性能。进化计算和人工神经网络从训练数据中自动构造模糊规则，并以可读的格式表示入侵知识。进化计算设计了人工神经网络的最优结构。这些软计算方法共同为 IDS 问题提供了可理解的、自治的框架。此外，研究还表明了集成方法在 IDS 建模中的重要性。集成有助于间接地结合不同学习范式的协同性和互补性，而不需要任何复杂的杂交。混合系统和集成系统都预示着入侵检测系统的发展趋势。

4.6　应用实践 2：机器学习在云 WAF 的应用

4.6.1　两类 Web 安全检测方法

Web 安全检测方法包括两类：基于已知攻击特征实施检测方法和基于异常行为检测方法。

基于已知攻击特征实施检测方法的特点如下。

❑　入侵检测系统（Snort）把大量历史攻击特征打包成特征库进行匹配。

❑　更新困难，依靠历史攻击特征不能预测未知攻击方式。

❑　无法防御新的攻击类型。

基于异常行为检测方法的特点如下。

❑　应用于定制化 Web 应用。

❑　支持检测新的攻击类型。

传统 Web 入侵检测技术通过维护规则集对入侵访问进行拦截。一方面，硬规则在灵活的黑客面前，很容易被绕过，且基于以往知识的规则集难以应对 0Day 攻击；另一方面，攻防对抗水涨船高，防守方规则的构造和维护门槛高、成本大。

基于机器学习技术的新一代 Web 入侵检测技术有望弥补传统规则集方法的不足，为 Web 对抗的防守端带来新的发展和突破。机器学习方法能够基于大量数据进行自动化学习和训练，已经在图像、语音、自然语言处理等方面广泛应用。

然而，机器学习应用于 Web 入侵检测也存在挑战，其中最大的困难就是标签数据的缺乏。尽管有大量的正常访问流量数据，但 Web 入侵样本稀少，且变化多样，对模型的学习和训练造成困难。

因此，目前大多数 Web 入侵检测都是基于无监督的方法，针对大量正常日志建立模型（Profile），而与正常流量不符的则被识别为异常。这个思路与拦截规则的构造恰恰相反。拦截规则意在识别入侵行为，因而需要在对抗中"随机应变"；而基于模型的方法旨在建模正常流量，在对抗中"以不变应万变"，且更难被绕过。

4.6.2　基于机器学习的 Web 入侵检测

基于机器学习的 Web 入侵检测分为两种模式，一种是以基于 Web 入侵行为的流量、日志作为训练样本，建立 Web 入侵检测模型；另外一种则是以基于正常 Web 访问的流量或日志作为训练样本，建立正常 Web 访问模型。

这里讨论的是后一种，这种模式采用白名单的思维，一旦某个 Web 访问偏离正常访问行为特征，则被数据模型判定为异常访问。

白名单式的基于机器学习的 Web 入侵检测方法大致分为下面几类。

（1）基于统计的学习模型。基于统计学习的 Web 异常检测，通常需要对正常流量进行数值化的特征提取和分析。特征包括 URL 参数个数、参数值长度的均值和方差、参数字符分布、URL 的访问频率等。接着，通过对大量样本进行特征分布统计，建立数学模型，进而通过统计学方法进行异常检测。

（2）基于文本分析的机器学习模型。Web 异常检测归根结底是基于日志文本的分析，因而可以借鉴自然语言处理（NLP）中的一些方法思路，进行文本分析建模。其中比较成功的是基于隐马尔科夫模型（HMM）的参数值异常检测。

（3）基于单分类模型。由于 Web 入侵黑样本稀少，传统监督学习方法难以训练。基于白样本的异常检测，可以通过非监督或单分类模型进行样本学习，构造能够充分表达白样本的最小模型，实现异常检测。

（4）基于聚类模型。通常正常流量是大量重复性存在的，而入侵行为则极为稀少。因此，通过 Web 访问的聚类分析，可以识别大量正常行为之外的小撮异常行为，进行入侵发现。

1. 机器学习：基于统计学建模

基于机器学习进行 Web 入侵检测的关键是模型的建立。

为了防止模拟攻击，用于建立模型的特征参数必须是多样的。

1）模型的工作原理

对于每个 Web 请求，对特征参数进行分类，每一类特征参数都有相应的异常判定规则，包括异常出现的概率 p 影响因子（或者叫权重）w，最后统计求和得出这个 Web 请求的异常概率。如果设定阈值概率为 90%，则超过 90% 被判定为异常 Web 请求。

比如本文提出的 Web 访问异常判定模型：训练集由多个 URI（Uniform Resource Identifier，统一资源标志符）数据构成，每个 URI 都会有一个总的异常值，等于与此 URI 相关的参数的正常概率及权重乘积之和：

$$\sum_m w_m \times (1 - p_m) \tag{4-21}$$

比如下面是一个 URI：

http:// /index.php?content=more_product&id=-17+UNION+SELECT+1,2,3,4,5,6--

如何判定与这个 URI 相关的参数异常与否呢？这里提出几个评判依据：参数值的长度、输入数据中的文本字符分布、参数缺少或错误、参数顺序、访问频率、访问时间分布等。

2）根据参数值的长度来判定

通过训练集计算参数值的平均长度 EX 和方差 DX。

借助 Chebyshev Ineqaulity（切比雪夫不等式）判定此参数值异常的概率 p。

$$P\{|X - EX| \geqslant \varepsilon\} \leqslant \frac{DX}{\varepsilon^2} \tag{4-22}$$

3）根据参数字符分布规律来判定

Pearson 分布系统由统计学鼻祖 Karl Pearson 在 1895 年提出。该分布分为 8 种（0 型是正态分布，I 型是四参数 beta 分布，III 型是三参数 gamma 分布，IV 型有自己的 pdf 表达式且不属于任何标准的分布，VII 型为 t 分布）。

Pearson 系统随机发生器（pearsrnd）可以在给定一、二、三、四阶中心矩（均值、方差、偏度、峰度）的情况下，生成这 8 种分布的样本。具体可参考 *On Pearson families of distributions and its applications*。

4）根据参数结构来判定

一般每个参数的形式和值都是确定的，如果出现了超长参数、包含不可见字符的参数等，则可能会存在异常。所以可以建立一个数学模型，能够根据参数结构来输出参数异常的概率。

可以应用的场景包括缓冲区溢出、目录遍历、XSS 攻击等。同时，可以先整理出正常参数的结构形式，用 NFA 状态图展开，然后用样本数据训练，找到一个合适的数学模型（如贝叶斯模型），用此模型来发现一些参数异常的概率。

5）根据标记器 Token Finder 来判定

对于 flag、索引等参数，可以将这些参数的值作为枚举存储下来，用样本训练出枚举（或字典）列表。

如果某参数值在这个枚举列表中，则概率为 1，否则概率为 0。

6）根据参数缺失或诡异来判定

一般情况下，URI 中的参数在数字、名字、顺序等方面有一定的规律，如果出现一些伪造或攻击目的的访问请求，通常在参数方面会出现不完整、相互矛盾、参数缺失等不正常的情况。

7）根据参数顺序来判定

一般情况下，URI 中的多个参数之间的顺序是确定的，即使某些参数空缺，但是参数之间的顺序是不会变化的。所以建立参数之间的有向无环图，通过模型来检测参数顺序不正常的情况。

8）根据访问应用的频率来判定

访问频率分为两种：一种是来自某 Client 的访问某应用的频率，一种是访问某应用的总频率。将训练时间分为多个小段，然后看这两种访问频率随时间的分布。这里也要用到 Chebyshev 概率不等式。这种方法一般运用在探测、猜测、低速以逃避检测等攻击场景。

9）根据访问请求之间的间隔时间来判定

统计正常情况下两个请求之间的时间间隔的分布情况。模型训练可以借助 Pearson 分布理论。

10）根据 Web 应用被调用顺序来判定

来自某个 Client 的访问会调用系列的 Web 应用，这些应用通常会有一定的先后顺序。

模型训练的方法与前面的参数结构推导类似，建立访问会话 Sessions 的 NFA 位图，用训练样本训练模型，凡是偏离此模型的访问会话都可能是异常的。

上面提到的方案，其缺点如下。

❑　大量误报。

❑　难以描述具体异常类型。

那么如何来解决误报和描述导致异常的攻击特征呢？那就是进行异常归纳，步骤如下。

（1）对相似的异常进行聚类。

（2）根据已知的攻击类型对聚类进行相似性推断。

（3）排除误报。

（4）非误报，提取特征。

（5）根据提取的特征进行匹配。

（6）根据匹配结果执行不同规则。

2. 机器学习：基于文本分析的机器学习模型

数据驱动的 Web 威胁感知异常模型和威胁模型。前者从如何从众多的 Web 访问请求中感知到异常的角度出发，后者从如何从探测到的异常中分辨、确认威胁类型的角度出发。

1）模型原理

如果把站点看作一张大图，站点下的每个页面为这张大图中的每个节点，而不同页面之间的链接指向关系为节点与节点之间的有向边，那么能画出如图 4-35 所示的有向图。

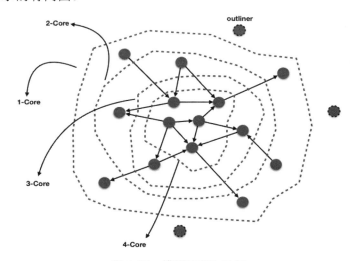

图 4-35　模型原理向量图

节点是否是异常，由其所处的环境中的其他节点来决定，类似一个简化版的网页排名（PageRank）。如果大量其他节点指向某个节点（入度较大），那么该节点是异常的概率就很小。相反，如果一个节点是图中的孤立点（入度为 0），则该节点是异常的概率就很大。

单有这张有向图还不够，诸如/robots.txt、/crossdomain.xml 之类的正常节点无其他节点指向的情况很多，这个层面的异常能表达的信息量太少，所以我们还需要引入另一个异常。

通常一个异常节点（如 Webshell），大多数正常用户是不会去访问的，只有少量的攻击者会去访问（这里不考虑修改页面写入 Webshell 的情况，这个模型不能覆盖这类情况）。用一个简单的二部有向图就能很好地表达。入度越少的节点，同样越有可能是异常，如图 4-36 所示。

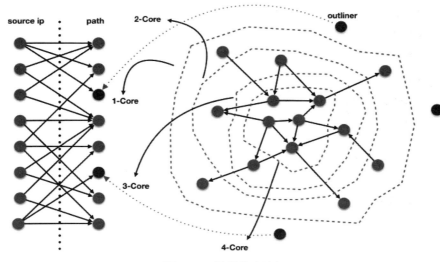

图 4-36　异常节点访问

联合两张图中的异常，会比单独任一张图产出的异常更具表达力。

2）工程实现

整个模型包含三个主要模块：抽取器（Extractor）、训练器（Trainer）、检测器（Detector）。对每条 http 原始日志，同样先经过 Extractor 进行路径抽取，各种 ETL（Extract-Transform-Load，数据仓库技术）、解码等处理。由于有向图中的边关系由 Referer→Path 来确定，而 Referer 是可以轻易伪造的，所以需要虚假 Referer 做检测，如图 4-37 所示。

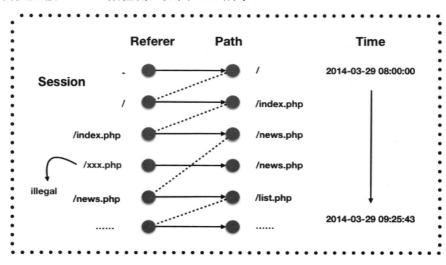

图 4-37　工程实现模型

先做一个 Session Identification（会话识别），对每个 Session 块中的数据，分析其导航模式。正常的 Referer 必然会出现在当前 Session 中之前的 Path 数据中，同时，能够与当前 Session 之前的数据形成连通路径。当然，导航模式并不能完全检测所有的伪造 Referer，攻击者完全可以先访问 A，再构造一个 Referer 为 A 访问 B 的请求。不过没关系，后面还有方法能避免这些数据进入 Trainer。

Extractor 出来后的数据，直接进入 Detector，Detector 检测 Path 是否在有向图中，如果在，则更新有向图中节点的最后访问时间；如果不在，则认为是有向图异常，进入二部图中。二部图维护一个 N 天的生命周期，如果某 Path 节点总的入度小于 L，则为最终异常。

Trainer 每天从二部图中过滤掉当天命中 WAF、扫描器特征或扫描器行为的源 IP 所有请求，若节点总入度大于 M 的节点，则迭代节点及其链接关系加入有向图中，并在二部图中去除该节点以及对应边。同时，对于有向图中最后访问时间超过 30 天的节点直接丢弃，如图 4-38 所示。

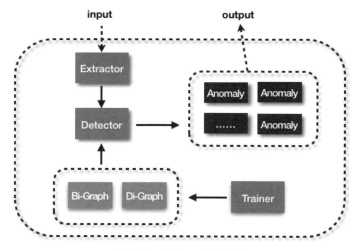

图 4-38 Trainer 训练流程

3．机器学习：基于单分类的机器学习模型

在二分类问题中，由于只有大量白样本，可以考虑通过单分类模型学习单类样本的最小边界，边界之外的则识别为异常。

这类方法中比较成功的应用是单类支持向量机（One-Class SVM），如图 4-39 所示。这里简单介绍该类方法的一个成功案例——McPAD 的思路。

McPAD 系统首先通过 N-Gram（N 元模型）将文本数据向量化，对于如图 4-40 所示的例子：

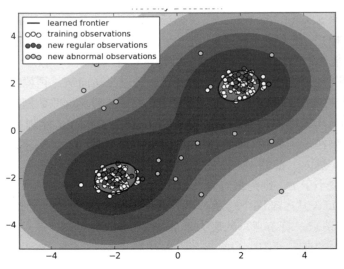

图 4-39　单分类的机器学习模型

http://abc.com/test?path=/category-0001.htm
http://abc.com/test?path=/category-0002.htm

图 4-40　文本例子

首先通过长度为 n 的滑动窗口将文本分割为 n-gram 序列，例子中，n 取 2，窗口滑动步长为 1，可以得到如图 4-41 所示的 n-gram 序列。

command	/category-0002.htm					n-gram 序列
n-gram 2	/c ca	ry	02	tm	➡	/c, ca, at, te, eg, go, or, ry …

图 4-41　n-gram 序列

下一步要把 n-gram 序列转化成向量。假设共有 256 种不同的字符，那么会得到 256×256 种 2-gram 的组合（如 aa、ab、ac 等）。我们可以用一个 256×256 长的向量，每一位 one-hot 表示（有则置 1，没有则置 0）文本中是否出现了该 2-gram。由此得到一个 256×256 长的 0/1 向量。进一步，对于每个出现的 2-gram，用这个 2-gram 在文本中出现的频率来替代单调的 1，以表示更多的信息：

$$f(\beta|B) = \frac{\#\ of\ occurrences\ of\ \beta\ in\ B}{l-n+1} \tag{4-23}$$

至此，每个文本都可以通过一个 256×256 长的向量表示，如图 4-42 所示。

现在我们得到了训练样本的 256×256 向量集，现在需要通过单分类 SVM 去找到最小边界。然而问题在于，样本的维度太高，会对训练造成困难。所以还需要再解决一个问题：如何缩减特征维度。特征维度约减有很多成熟的方法，

McPAD 系统中对特征进行了聚类达到降维目的，如图 4-43 所示。

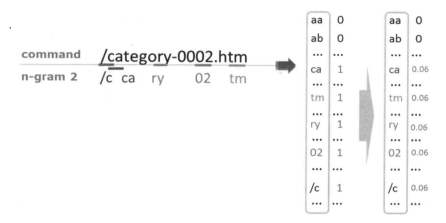

图 4-42　文本的向量表示

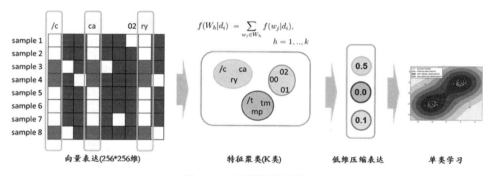

图 4-43　聚类降维流程

图 4-43 左矩阵中黑色表示 0，白色表示非零。矩阵的每一行代表一个输入文本（sample）中具有哪些 2-gram。如果换一个角度来看这个矩阵，则每一列代表一个 2-gram 有哪些 sample 存在，由此，每个 2-gram 也能通过 sample 的向量表达。从这个角度我们可以获得 2-gram 的相关性。对 2-gram 的向量进行聚类，指定的类别数 K 即为约减后的特征维数。约减后的特征向量再投入单类 SVM 进行进一步模型训练。

再进一步，McPAD 采用线性特征约减加单分类 SVM 的方法解决白模型训练的过程，其实也可以被深度学习中的深度自编码模型替代，进行非线性特征约减。同时，自编码模型的训练过程本身就是学习训练样本的压缩表达，通过给定输入的重建误差，判断输入样本是否与模型相符，如图 4-44 所示。

沿用 McPAD 通过 2-gram 实现文本向量化的方法，直接将向量输入深度自编码模型进行训练，如图 4-45 所示。测试阶段，计算重建误差作为异常检测的标准。

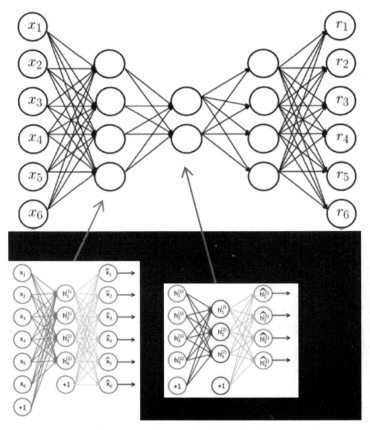

图 4-44　McPAD 采用线性特征模型

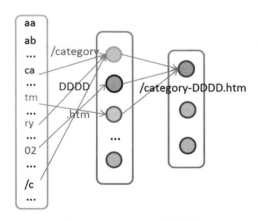

图 4-45　深度自编码模型

4.6.3　Web 入侵检测模型

Web 防火墙是信息安全的第一道防线。随着网络技术的快速更新，新的黑客技术也层出不穷，为传统规则防火墙带来了挑战。传统 Web 入侵检测技术通过维护规则集对入侵访问进行拦截。一方面，硬规则在灵活的黑客面前很容易被绕过，且基于以往知识的规则集难以应对 0Day 攻击；另一方面，攻防对抗水涨船高，防守方规则的构造和维护门槛高、成本大。机器学习方法能够基于大量数据进行自动化训练，学习恶意 Web 攻击的高维特征，弥补传统规则集方法的不足，更加难以被绕过，为 Web 对抗的防守端带来新的发展和突破。

下面基于开源 WAF 项目 Fwaf，应用机器学习，有效提升 Web 入侵检测的精准度，同时漏报率也有一定的降低。

1．模型设计思路

要对 Web 参数进行建模有两种框架，一种是单分类的方法，"非白即黑"，这种方法只需要收集大量的白样本，也就是大量正常的 Payload，对正常参数建模即可。这种单分类的方法有单类 SVM、AutoEncoder、HMM 等，单分类的模型处理起来局限性很多。

另一种是二分类和多分类的方法，需要收集大量的黑白样本，即正常和异常 Payload 进行有监督学习。这类算法有 Logistic 回归分析模型、决策树、SVM、神经网络等。下面以比较快速的 Logistic 回归分析模型为例。

模型建立的整套处理流程如下。

（1）数据收集。

（2）数据清洗。

（3）模型训练。

（4）模型评估。

2．数据收集

首先要做的是寻找带有标记的数据。

Fwaf 项目中使用的白样本包含数百万条正常的 Web 查询请求，原数据来自 http://secrepo.com/，大约有 1500000 条数据，存储在 goodqueries.txt 文件中。

（1）正常请求部分样本：

```
/103886/
/rcanimal/
/458010b88d9ce/
/cclogovs/
```

```
/using-localization/
/121006_dakotacwpressconf/
/50393994/
/169393/
/166636/
/labview_v2/
/javascript/nets.png
/p25-03/
/javascript/minute.rb
/javascript/Weblogs.rss
/javascript/util.rtf
```

黑样本是从 GitHub（如 https://github.com/foospidy/Payloads）上收集的一些包含 XSS、SQL 和其他攻击的 Payload，大约有 50000 条数据，组成恶意的 Web 查询数据集，存储在 badqueries.txt 文件中。这就是训练分类器所需的数据。

（2）恶意请求部分样本：

```
/top.php?stuff='uname >q36497765 #
/h21y8w52.nsf?<script>cross_site_scripting.nasl</script>
/ca000001.pl?action=showcart&hop=\"><script>alert('vulnerable')</script>&path=
acatalog/
/scripts/edit_image.php?dn=1&userfile=/etc/passwd&userfile_name= ;id;
/javascript/mta.exe
/examples/jsp/colors/kernel/loadkernel.php?installpath=/etc/passwd\x00
/examples/jsp/cal/feedsplitter.php?format=../../../../../../../../../etc/passwd\x00&debug=1
/phpWebfilemgr/index.php?f=../../../../../../../../../etc/passwd
/cgi-bin/script/cat_for_gen.php?ad=1&ad_direct=../&m_for_racine=</option></select>
<?phpinfo();?>
/examples/jsp/cal/search.php?allwords=<br><script>foo</script>&cid=0&title=1&desc=1
/moodle/filter/tex/texed.php?formdata=foo&pathname=foo"+||+echo+db+4d+5a+50+00+
02+00+00+00+04+00+0f+00+ff+ff+00+00+b8+00+00+00+00+00+00+00+40++>>esbq
/examples/jsp/colors/workarea/contentdesigner/ekformsiframe.aspx?id="><script>alert
('nessus')</script>
/id;1627282494;fp;2;fpid;1/
```

3．数据清洗

无论是恶意请求数据集还是正常请求数据集，都是不定长的字符串列表，很难直接用逻辑回归算法对这些不规律的数据进行处理，所以，需要找到这些文本的数字特征，用来训练检测模型。

在这里使用 TD-IDF 来作为文本的特征，并以数字矩阵的形式进行输出。

TF-IDF 是 Term Frequency - Inverse Document Frequency 的缩写，意为词频-逆文本频率，是一种用于资讯检索与文本挖掘的加权技术，经常被用于描述文本特征。

TF-IDF 由两部分组成：TF 和 IDF。TF 即词频，我们之前做的向量化就是做了文本中各个词的出现频率统计，并作为文本特征。

TF 公式：

$$TF_{i,j} = \frac{n_{i,j}}{\sum_k n_{k,j}} \tag{4-24}$$

其中，$n_{i,j}$ 是该词在文件 d_j 中的出现次数，而分母则是在文件 d_j 中所有字词的出现次数之和。

IDF 即逆文本频率，它反映了一个词在所有文本中出现的频率，如果一个词在很多的文本中出现，那么它的 IDF 值应该低。而反过来，如果一个词在比较少的文本中出现，那么它的 IDF 值应该高。一个极端的情况是，如果一个词在所有的文本中都出现，那么它的 IDF 值为 0。

上面是定性地说明 IDF 的作用，那么如何对一个词的 IDF 进行定量分析呢？这里直接给出一个词 t_i 的 IDF 基本公式：

$$IDF_i = \log \frac{|D|}{|\{j : t_i \in d_j\}|} \tag{4-25}$$

其中，$|D|$ 是语料库中的文件总数；$|\{j : t_i \in d_j\}|$ 是包含词语 t_i 的文件数目（即 $n_{i,j} \neq 0$ 的文件数目）。如果该词语不在语料库中，就会导致被除数为零，因此一般情况下使用 $|\{j : t_i \in d_j\} + 1|$。

TF-IDF 公式：

$$TFIDF_{i,j} = TF_{i,j} \times IDF_i \tag{4-26}$$

计算 TD-IDF 之前首先需要对每个文档（URL 请求）的内容进行分词处理，也就是需要定义文档的词条长度，这里选择分词 n-gram 的长度为 1～3 个字符，可以根据模型的准确度对这个参数进行调整。

例如，当 n-gram 长度设置为 3 时：

```
// URL 请求
www.foo.com/1
// 经过分词后
['www','ww.','w.f','.fo','foo','oo.','o.c','.co','com','om/','m/1']
vectorizer = TfidfVectorizer(min_df=0.0, analyzer="char", sublinear_tf=True,
ngram_range=(1, 3))  # 将数据转换为向量
X = vectorizer.fit_transform(queries)
```

4．模型训练

现在有了特征矩阵作为训练的数据集，可以先从中保留出一少部分数据（大约占总数据的 20%，可以自行指定）作为测试验证集，用于验证训练好的模型的准确率。至于如何保留出测试验证集，可以直接使用 scikit-learn 提供的 train_test_split 方法对原始数据集进行分割。

```
x_train, x_test, y_train, y_test = train_test_split(x, y, test_size=0.2, random_state=42)
// x 是原始的特征矩阵，y 是对应的结果输出（正常是 0，恶意是 1）的列表
// random_state 是随机说种子，test_size 是测试验证样本所占比例
// x_train、x_test 分别是用于训练模型和测试模型准确度的特征矩阵
// y_train 和 y_test 是与 x_train、x_test 对应的结果输出列表
```

有了训练数据，可以直接使用逻辑回归的方法来训练我们的模型，这一步需要计算机花点时间对数据进行处理，但是我们只需要调用 scikit-learn 定义一个逻辑模型实例，然后调用训练方法，传值训练数据即可，代码如下：

```
lgs = LogisticRegression(class_weight={1: 2 * validCount / badCount, 0: 1.0})
# class_weight 用于处理样本之间的不均衡
lgs.fit(X_train, y_train)  # 训练模型
```

5．模型评估

经过训练之后，使用 lgs 实例的 score 方法选择一批测试数据来计算模型的准确度。至于测试数据（x_test, y_test），我们已经在上一步中分割得到。

```
###############
# Evaluation #
###############
predicted = lgs.predict(X_test)

fpr, tpr, _ = metrics.roc_curve(y_test, (lgs.predict_proba(X_test)[:, 1]))
auc = metrics.auc(fpr, tpr)
print("-----------")
print("Accuracy: %f" % lgs.score(X_test, y_test))  # 检查准确性
print("Precision: %f" % metrics.precision_score(y_test, predicted))
print("Recall: %f" % metrics.recall_score(y_test, predicted))
print("F1-Score: %f" % metrics.f1_score(y_test, predicted))
print("AUC: %f" % auc)
```

准确率 99%：

```
Accuracy: 0.999412
Precision: 0.984508
Recall: 0.998179
F1-Score: 0.991296
AUC: 0.999987
```

同时，可以调用 lgs.predict 的方法对新的 URL 是否是恶意的进行判定。
x_predict = ['待预测 URL 列表']。

```
x_predict = vectorizer.transform(x_predict)
res = lgs.predict(x_predict)
```

在这里随机选取一些 URL 进行预测，判断的结果如图 4-46 所示。

```
 1  wp-content/wp-plugins (CLEAN)
 2  <script>alert(1)</script> (MALICIOUS)
 3  SELECT password from admin (MALICIOUS)
 4  "><svg onload=confirm(1)> (MALICIOUS)
 5  /example/test.php (CLEAN)
 6  google/images (CLEAN)
 7  q=../etc/passwd (MALICIOUS)
 8  javascript:confirm(1) (MALICIOUS)
 9  "><svg onclick=alert(1) (MALICIOUS)
10  fsecurify.com/post (CLEAN)
11  <img src=xx onerror=confirm(1)> (MALICIOUS)
12  foo/bar (CLEAN)
13  fooooooooooooooooooooo (CLEAN)
14  example/test/q=<script>alert(1)</script> (MALICIOUS)
```

图 4-46　Fwaf 判断结果

GitHub 开源项目源码地址为 https://github.com/faizann24/Fwaf-Machine-Learning-driven-Web-Application-Firewall。

第 5 章 ◀

大数据挖掘在云计算安全领域的
应用研究和实践

5.1　大数据的基本概念

随着云时代的到来，大数据（Big Data）被频繁提及，那么到底什么是大数据？它与传统上的数据有什么不一样？大数据是一个相对概念，指无法在一定时间范围内用常规软件工具进行捕捉、管理和处理的数据集合，大数据是需要新处理模式才能具有更强的决策力、洞察发现力和流程优化能力的海量、高增长率和多样化的信息资产。IBM 提出大数据具有 5V 特点（见图 5-1）：Volume（大量）、Variety（多样）、Velocity（高速）、Veracity（真实性）、Value（低价值密度）。

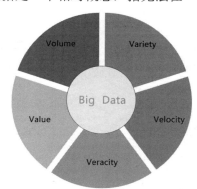

图 5-1　大数据的特点

- ❑ Volume：大数据采集、存储和计算的量都非常大，计量单位甚至是 P（1P=1000T）、E（1E=1000P）字节级别，传统的存储手段很难存储这么大的数据量。
- ❑ Variety：种类和来源多样化，包括结构化、半结构化和非结构化数据，具体表现为网络日志、音频、视频、图片、地理位置信息等，多类型的数据对数据的处理能力提出了更高的要求。
- ❑ Velocity：数据增长速度快，处理速度也快，时效性要求高。例如，搜

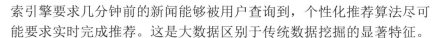

索引擎要求几分钟前的新闻能够被用户查询到,个性化推荐算法尽可能要求实时完成推荐。这是大数据区别于传统数据挖掘的显著特征。

❑ Veracity:数据的准确性和可信赖度即数据的质量。随着数据量的增加,数据中会存在大量无用甚至是错误的数据。

❑ Value:数据价值密度相对较低,却又弥足珍贵。随着互联网以及物联网的广泛应用,信息感知无处不在,信息海量,但价值密度较低,如何结合业务逻辑并通过强大的机器算法来挖掘数据价值是大数据时代最需要解决的问题。

5.1.1 大数据的特征

大数据有几大特点,包括数据类型繁多、数据价值密度相对较低、数据变化快、对时效性要求较高等,大数据的这些特点给数据处理算法带来一系列的问题。

❑ 大数据采样——如何把大数据变小、找到与算法相适应的极小样本集、降低采样对算法误差的影响。

❑ 大数据表示——如何表示决定存储、表示影响算法效率。

❑ 大数据不一致问题——不一致导致算法失效和无解,如何消解不一致。

❑ 大数据中的超高维问题——超高维导致数据稀疏、算法复杂度增加。

❑ 大数据中的不确定维问题——多维度数据并存、按任务定维困难。

❑ 大数据中的不适定性问题——高维导致问题的解太多而难以抉择。

从算法角度来看,大数据有如下特征。

❑ 稠密与稀疏共存:局部稠密与全局稀疏。

❑ 冗余与缺失并在:大量冗余与局部缺失。

❑ 显式与隐式均有:大量显式与丰富隐式。

❑ 静态与动态忽现:动态演进与静态关联。

❑ 多元与异质共处:多元多变与异质异性。

❑ 量大与可用矛盾:量大低值与可用稀少。

5.1.2 大数据带来的挑战

当今,互联网和信息技术对传统产业的渗透及改造越来越深入,社会的信息化程度越来越高,各行各业会产生大量的数据,而且产生数据的速度越来越快,来源也越来越广。从个人出行到工业大数据,从能源到企业服务,大数据正快速与企业结合，呈现出勃勃生机。

人类历史上从来没有产生过像现在这么大量的数据，大数据的应用研究是以前从未有过的，包括大数据的方法论都处于尝试阶段，大数据正在成为一门新的科学领域，继几千年前的实验科学、数百年前的理论科学和数十年前的计算科学之后，当今的数据爆炸孕育了数据密集型科学。

大数据的发展前景广阔，挑战同样巨大，包括对目前科学研究方法、社会、技术、数据质量、数据复杂性和大数据管理的挑战。

1. 对科学研究方法的挑战

随着数据量的持续快速增长，传统的数据中心技术已经很难满足大数据的需求，针对如此快速增长的数据，数据中心对数据的存储、移动、处理都非常困难，光是数据的移动就显得十分吃力，阿里云数据中心一次数据迁移就需要耗时几个月。未来随着数据量的增加，让数据围绕着计算资源运行已经越来越难以为继，让处理能力围绕着数据的全新架构将会出现。

大数据的分析方法与传统科学理论研究的方法完全不同。传统的科学研究是由人类去发现规律，提出假设，最后加以求证。而如今，借助于对海量数据的分析，由计算机统计分析算法能够发现过去传统的科研方法不能发现或者一直被忽视的新模式、新规律、新知识。

但是随着数据量的增大，产生的数据噪声也会越来越明显，甚至会带来规律的丧失和严重失真。维克托·迈尔-舍恩伯格在其著作《大数据时代》中指出："数据量的大幅增加会造成结果的不准确，一些错误的数据会混进数据库。"此外，大数据的多样性，使得来源不同的各种信息混杂在一起，会加大数据的混乱程度。统计学者和计算机科学家指出，巨量数据集和细颗粒度的测量会导致出现"错误发现"的风险增加。大数据意味着更多的信息，但同时也意味着更多的虚假关系信息，海量数据带来显著性检验的问题，将使我们很难找到其中真正的关联。

2. 对社会的挑战

大数据分析的基础是海量的数据，海量数据的来源离不开数据开放。目前，数据基本都集中在大型企业、政府手上，这些数据并没有对外开放，没有开放的数据就是信息孤岛，只有数据开放才能打牢大数据行业的基础。有了数据开放，数据可以共享，共享的数据可以带来更高的价值。开放的数据可以让社会运行更有效率，并激发巨大的商业价值，任何人只要有能力都可以用它来创造商机，推动社会的进步。

数据是企业最重要的资产，而且随着数据产业的发展，将会变得更有价值。但封闭的数据环境会阻碍数据价值的实现，对企业应用和研究发现来讲都是如此，因此我们需要合理的机制，在保护数据安全的情况下开放数据，使数据得到充分利用。有效的解决办法之一是由公正的第三方数据分析公司、研究机构作为中间商收集数据、分析数据，在数据层面打破现实世界的界限，进行多家公司的数据共享，而不是一家公司"盲人摸象"，这才能实现真正意义上的大数据，赋予数据更广阔全面的分析空间，才会令产业结构和数据分析本身产生思维转变和有意义的变革。例如，现在各个医院的病人信息都是独立的，并没有共享，所以医院只能根据有限的数据进行研究，一旦所有数据都能够开放，就可以通过大数据对所有患者的信息进行处理，并对同一患者在不同医院就医的信息进行关联分析，能够发现一些新的线索和很多隐藏的信息。

当然，数据开放也不能是随意的，需要明确数据开放的范围，防止数据被滥用。

在基于社交媒体和数字化记忆的大数据时代，人们在享受互联网带来的便利的同时，也在源源不断地提供着数据，各个购物网站随时分析我们的购物习惯，搜索引擎随时分析我们的浏览内容，社交软件甚至能够分析我们谈话的内容，我们无时无刻不是生活在"监控"中，大数据的各类关联分析甚至能够比我们自己更了解自己。因此，完善个人隐私保护等相关立法，也必须要跟大数据开放同步进行。

3. 对技术的挑战

随着数据量的增加，原有的抽样数据分析方法已经不太适用，涌现出专门针对大数据的一系列分析方法，大数据的相关技术也在不断发展。数据量越大，分析越复杂。这里的数据量大并不只是说数量大，主要是数据种类多、数据构成复杂，样本越多，算法越复杂，算法过于复杂就会出现大量过拟合，并不是数据量越大得到的结论就越准确，很多时候随着数据量的增加，出现的数据失真反而越来越多。学术界曾经出现过一股风潮，认为大数据就是全数据，甚至认为对大数据的抽样分析都不能算作大数据，事实上，完全抛弃过去的分析方法也是不可取的，大数据并不能和全数据划等号。

没有抽样的拟合，直接面对大数据，将使我们失去对事物因果的理解，对得到的结论知其然而不知其所以然。伴随着数据量的增加而不断增加的是噪声，噪声的增加会导致分析的结果偏离真实，甚至完全错误。例如，在论坛上搜索流感相关的文章来判断流感的爆发会明显高估流感的峰值水平，因为其中有很多文章实际上并不是流感病人在讨论，讨论者只是被某些热点事件所吸引。

4. 对数据质量的挑战

在信息化时代，数据已经慢慢成为一种资产，数据质量无疑是决定资产优劣的一个重要因素。随着大数据的发展，数据量越来越多，这给数据质量的提升带来了新的挑战和困难。需要提出数据质量策略，从建立数据质量评价体系、落实质量信息的采集分析与监控、建立持续改进的工作机制和完善元数据管理四个方面，多方位优化改进，最终形成一套完善的数据质量管理体系，为信息系统提供高质量的数据支持。

对于企业而言，进行市场情报调研、客户关系维护、财务报表展现、战略决策支持等都需要信息系统进行数据的搜集、分析、知识发现，为决策者提供充足且准确的情报和资料。对于政府而言，进行社会管理和公共服务，影响面更为宽广和深远，政策和服务能否满足社会需要、是否高效地使用了公共资源都需要数据提供支持和保障，因而对数据的需求显得更为迫切，对数据质量的要求也更为苛刻。

随着移动互联网、云计算、物联网等技术的兴起，数据的产生速度在不断增加，2015 年全球数据量为 8.61ZB（$1ZB=2^{70}B$），而到 2020 年则高达 44ZB，增加了 4 倍多，人类历史上从来没有产生过如此多的数据。此外，随着移动互联网、Web 技术、人工智能技术和电子商务技术的飞速发展，大量的多媒体内容在指数增长的数据量中发挥着重要作用。

由于规模大，大数据获取、存储、传输和计算过程中可能产生更多错误。采用传统数据的人工错误检测与修复方法或简单的程序匹配处理，远远处理不了大数据环境下的数据问题。

由于高速性，数据的大量更新会导致过时数据迅速产生，也更易产生不一致数据。另外，市场庞大，厂商众多，产生的数据标准不完善，使得数据有更大的可能产生不一致和冲突。

在数据收集方面，由于数据生产源头激增，产生的数据来源众多且结构各异，以及系统更新升级加快和应用技术更新换代频繁，使得不同的数据源之间、相同的数据源之间都可能存在着冲突、不一致或相互矛盾的现象，再加上数据收集与集成往往由多个团队协作完成，其间增大了数据处理过程中产生问题数据的概率。

5．对数据复杂性的挑战

大数据在很多方面的应用正逐步深入，图文检索、主题发现、语义分析、情感分析等方面的数据分析工作十分困难，其原因是大数据涉及复杂的类型、复杂的结构和复杂的模式，数据本身具有很高的复杂性。

目前，人们对大数据背后的物理意义缺乏理解，对数据之间的关联规律认识不足，对大数据的复杂性和计算复杂性的内在联系也缺乏深刻理解，领域知识的缺乏制约了人们对大数据模型的发现和高效计算方法的设计。形式化或定量化地描述大数据复杂性的本质特征及度量指标，需要深入研究数据复杂性的内在机理。人脑的复杂性主要体现在千万亿级的树突和轴突的链接，而大数据的复杂性主要体现在数据之间的相互关联。理解数据之间关联的奥秘可能是揭示微观到宏观"涌现"规律的突破口。大数据复杂性规律的研究有助于理解大数据复杂模式的本质特征和生成机理，从而简化大数据的表征，获取更好的知识抽象。为此，需要建立多模态关联关系下的数据分布理论和模型，理清数据复杂度和计算复杂度之间的内在联系，奠定大数据计算的理论基础。

大数据计算不能像处理小样本数据集那样做全局数据的统计分析和迭代计算，在分析大数据时，需要重新审视和研究它的可计算性、计算复杂性和求解算法。大数据样本量巨大，内在关联密切而复杂，价值密度分布极不均衡，这些特征对建立大数据计算范式提出了挑战。对于 PB 级的数据，即使只有线性复杂性的计算也难以实现，而且，由于数据分布的稀疏性，可能做了许多无效计算。

传统的计算复杂度是指某个问题求解时需要的时间空间与问题规模的函数关系，所谓具有多项式复杂性的算法是指当问题的规模增大时，计算时间和空间的增长速度在可容忍的范围内。传统科学计算关注的重点是，针对给定规模的问题，如何"算得快"。而在大数据应用中，尤其是流式计算中，往往对数据处理和分析的时间、空间有明确限制，如网络服务的回应时间超过几秒甚至几毫秒，就会丢失许多用户。大数据应用本质上是在给定的时间、空间限制下如何"算得多"。从"算得快"到"算得多"，考虑计算复杂性的思维逻辑有很大的转变。所谓"算得多"并不是计算的数据量越大越好，需要探索从足够多的数据到刚刚好的数据，再到有价值的数据的按需约简方法。

基于大数据求解困难问题的一条思路是放弃通用解，针对特殊的限制条件求具体问题的解。人类的认知问题一般都是 NP 难（NP-Hard）问题，但只要数据充分多，在限制条件下可以找到十分满意的解，近几年自动驾驶汽车取得重大进展就是很好的案例。为了降低计算量，需要研究基于自举和采样的局部计算和近似方法，提出不依赖于全量数据的新型算法理论，研究适应大数据的非确定性算法等理论。

6. 对大数据管理的挑战

产生大数据的计算环境总是由成千上万个离散并且不断变化的计算机系统组成的，这些系统或自行构建，或购买，或通过其他方式获得。这些系统的数据需要集成到一起，用于做报表或者分析，并且需要共享以进行商务处理。随着业务的变化，这些系统也在不断更新升级，当旧系统被设立的新系统取代时，需要从旧系统格式转换为另外一种格式。对于所有的信息技术组织来说，如何有效地管理系统之间的数据传输是需要面对的主要挑战之一。

绝大多数的数据管理集中在存储于数据结构（如数据库和文件系统）中的数据，只有极少数关注不同的数据结构存储之间流动的数据。然而，组织内部的数据接口管理正快速成为业务和信息技术管理最主要的关注点。随着越来越多的系统加入组织的应用系统组合中，系统之间接口的数量和复杂度也迅速膨胀，接口之间的管理成为难题。

传统的接口开发方式很快导致复杂度变得难以管理。应用和系统之间接口的数量随着系统数量的增加呈指数级增加。实际工作中，并不是每个系统都需要和其他系统交互，但是为了满足不同的需求或者数据交换的需要，在系统之间却会存在多个接口。因此，对于一个拥有 100 个应用的组织来说，可能有大致 5000 个接口。对于一个拥有 1000 个应用的组织来说，可能会有近 50 万个接口需要管理。

大数据的格式和内容多种多样，包括在社交网站上的数据、在线金融交易数据、公司记录、气象监测数据、卫星数据以及其他监控、研究和开发数据。大数据存储与管理要用存储器把采集到的数据存储起来，建立相应的数据库，并进行管理和调用，重点需要解决复杂结构化、半结构化和非结构化大数据管理与处理技术。

大数据管理面临的挑战主要是解决大数据的可存储、可表示、可处理、可靠性及有效传输等几个关键问题。这部分涉及开发可靠的分布式文件系统（DFS）；研究能效优化的存储、计算融入存储、大数据的去冗余及高效低成本的大数据存储技术；突破分布式非关系型大数据管理与处理技术、异构数据的数据融合技术、数据组织技术；研究大数据建模技术；突破大数据索引技术；突破大数据移动、备份、复制等技术；开发大数据可视化技术。

除了存储，大数据管理的另一项更大挑战是数据分析。一般的数据分析应用程序无法很好地处理大数据，毕竟涉及大量的数据。可以采用专门针对大数据的管理和分析工具，将这些应用程序运行在集群存储系统上，以缓解大数据的管理困难。管理大数据还需要重点考虑未来的数据增长。大数据存储管理系统应该是可扩展的，足以满足未来的存储需求。目前，可以通过云计算服务来存储和管理海量数据，在选择云服务来进行大型数据存储管理时，需要确保数据的所有权，有权选择将数据移入或移出云服务，而不被供应商锁定。

5.2 大数据挖掘技术研究

大数据技术能够将隐藏于海量数据中的信息和知识挖掘出来，为人类的社会和经济活动提供依据，从而提高各个领域的运行效率，大大提高整个社会经济的集约化程度。大数据技术的快速发展，使得云计算下的海量数据处理分析能力得到飞跃式提高，使其能获得的大数据容量越来越大，能挖掘到的数据价值越来越多。根据《国际电子商情》杂志针对数据应用现状和趋势的调查显示：

被调查者最关注的大数据技术中，排在前五位的分别是大数据分析（12.91%）、云数据库（11.82%）、Hadoop（11.73%）、内存数据库（11.64%）以及数据安全（9.21%），本节重点介绍大数据分析中的数据挖掘。

5.2.1　数据挖掘的目的

在大数据时代，人类的生产生活过程中无时无刻不在产生大量的数据。大多数时候，这些数据是零散的、无规律的，这就是我们常说的原始数据。原始数据本身并不具备价值，需要对其进行整合和进一步处理才能得到我们想要的数据。无数案例的经验告诉我们，具有决策指导意义的数据就隐藏在这些看起来杂乱无章的数据之中。大数据对于未来的预见性和科学性使得这些数据具有价值，我们分析大数据其实就是想要得到"预见未来"的能力。

在大数据分析工具出现之前，决策者所有的决策都是根据有限的数据结合自身的经验和行业的敏感来进行，参与决策指导所依据的数据也是通过人工分析得出的。大数据和大数据分析工具的出现，让人们找到了一条新的科学决策之路。不少大数据决策支持者都认为，所有决策都应当逐渐摒弃经验与直觉，并且加大对数据分析的倚重。相对于人工决策，科学的决策能给人们提供可预见的事物发展规律，不仅让结果变得更加科学、客观，在一定程度上也减轻了决策者所承受的巨大精神压力。科学的决策需要科学的数据，人工分析数据并不能保证数据的绝对真实和客观，这同时也要求在大数据分析工具的使用中，必须确保数据真实与可靠。

数据挖掘（Data Mining）是指从大量的、不完全的、有噪声的、模糊的、随机的数据中提取隐含在其中的、人们事先不知道的但又是潜在有用的信息和知识的过程。随着信息技术的高速发展，积累的数据量急剧增长，动辄以 PB 计，如何从海量的数据中提取有用的知识成为当务之急。数据挖掘就是顺应这种需要而发展起来的数据处理技术，是数据库知识发现（Knowledge Discovery in Database）的重要手段。

数据挖掘通常有两大目的：描述和预测。描述是找出数据中潜在的模式/关联，如网上经常提到的啤酒和尿布的例子（虽然真实性值得怀疑），而预测是根据其他的属性值来对某一特定属性值进行预测，如根据一个顾客的购买历史预测他是否会购买一种新产品等。

5.2.2　数据挖掘的手段

数据挖掘、机器学习和人工智能是近年来持续受到关注的信息技术，它们有重叠的部分，也有区别，重叠的部分主要是使用的技术有很多相似的地方，区别主要是各自的目的不同（见图 5-2）。数据挖掘和人工智能都会使用机器学习作为手段，数据挖掘的目的是发现数据之间隐藏的关系，人工智能是一个比较宽泛的概念，本质是使用数据和模型为现有问题提供解决方法，实践中希望计算机能够像有智力的人一样处理一些事情。机器学习是人工智能研究的核心技术，在大数据的支撑下，通过各种算法让机器对数据进行深层次的统计分析以进行"自学"；利用大数据机器学习，人工智能系统获得了归纳推理和决策能力。

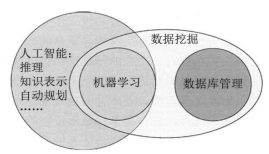

图 5-2　人工智能、机器学习和数据挖掘之间的关系

要让大数据机器学习正常工作，需要几个步骤，包括数据收集、数据预处理与特征工程、模型选择与训练、模型评估与优化等。

1．数据收集

业界有一句非常著名的话："数据决定了大数据机器学习的上界，而模型和算法只是逼近这个上界。"由此可见，数据对于整个大数据机器学习项目至关重要。通常，我们拿到一个具体的领域问题后，可以使用网上一些具有代表性的、大众经常使用的公开数据集。相较于自己整理的数据集，显然大众的数据集更具有代表性，数据处理的结果也更容易得到大众的认可。此外，大众的数据集在数据过拟合、数据偏差、数值缺失等问题上也会处理得更好。但如果在网上找不到现成的数据，就只能收集原始数据，再一步步进行加工、整理，这将是一个漫长的过程，需要我们足够细心。

2．数据预处理与特征工程

即使我们能够拿到大众认可度比较高的代表性数据集，该数据集也会或多或少存在数据缺失、分布不均衡、有异常数据、混有无关紧要的数据等诸多数据不规范的问题，这就需要我们对收集到的数据进行进一步的处理，包括数据的清洗、数据的转换、数据标准化、缺失值的处理、特征的提取、数据的降维等。我们把对数据的这一系列的工程化活动叫作特征工程。

一般而言，大数据处理流程可分为四步：数据采集、数据导入和清洗处理、数据统计和分析、数据挖掘应用。这四个步骤看起来与一般数据处理分析没有太大区别，但实际上大数据数据集更多更大，相互之间的关联也就更多。

在机器学习领域有句话："Garbage in, Garbage out."即数据不合格，模型输出必然就会很差。现实世界中的原始数据大体上是不完整、不一致的"脏"数据，无法直接进行数据挖掘，或挖掘结果不理想。为了提高数据挖掘的质量，在进行挖掘前需要对原始数据做处理，于是产生了数据预处理技术。数据的预处理是指对所收集数据进行分类或分组前所做的审核、筛选、排序等必要的处理。

在一个完整的数据挖掘过程中，数据预处理要花费 60%左右的时间，而后的挖掘工作仅占工作量的 10%左右。数据预处理的内容包括数据审核、数据筛选、数据排序等。

从不同渠道获取的数据，审核方法也不尽相同，但审核的主要内容都是数据完整性和数据准确性。完整性是指数据所需的项目或指标是否齐全，是否能够完整反映一条数据；准确性是指数据是否真实、可信、合理，是否客观反映了实际情况，内容是否符合实际，计算是否准确，各项目之间是否存在矛盾等情况。有些数据可能还需要审核适应性和时效性，如房地产销售的数据可能并不适用于零售，5 年前的居民收入分布可能并不能反映当前社会收入情况。

数据预处理有多种方法，如数据清理、数据集成、数据变换和数据归约等。这些数据处理技术在数据挖掘之前使用，大大提高了数据挖掘模式的质量，减少了实际挖掘所需要的时间。

1）数据清理

数据清理是填充缺失的值、光滑噪声并识别离群点、纠正数据中的不一致。填充缺失的属性值的方法有：

（1）忽略此数据。

（2）人工填充缺失值。

（3）使用一个全局常量填充缺失值。

（4）使用属性的中心度量（如均值或中位数）填充缺失值。

（5）使用与给定元组同一类的所有样本的属性均值或中位数。

（6）使用最可能的值填充缺失值，可用回归、贝叶斯、决策树等模型来推理、归纳确定。

噪声是被测量的变量的随机误差或方差，数据光滑技术包括：

（1）分箱（Binning）：通过考察数据的近邻（即周围的值）来光滑有序数据值。分箱方法实现局部光滑，将有序的值分布到桶或箱中，可用箱均值光滑、箱中位数光滑、箱边界光滑。

（2）回归（Regression）：用一个函数拟合来光滑数据，包括线性回归和多元线性回归。

（3）离群点分析（Outlier Analysis）：用聚类检测离群点。聚类将类似的值组织成群或簇，落在簇集合之外的值被视为离群点。

数据光滑方法用于数据离散化（一种数据变换形式）和数据归约。在处理缺失值和光滑噪声技术上，数据清理需要反复进行偏差检测和数据变换，这是一个持续迭代的过程。

2）数据集成

数据集成是把多个数据来源的数据进行合并，良好的数据集成能够减少数据的冗余和不一致，提高数据挖掘的准确性和挖掘速度。数据集成需要考虑的问题包括属性匹配、冗余和相关性分析、消除数据重复、数据值冲突等。

属性匹配是指两个数据来源的对应属性是否匹配，如数据库 A 和数据库 B 中代表用户姓名的字段可能分别是 customer_name 和 user_name，需要查看这些属性是否匹配。

冗余是数据集成的另一个重要问题。一个属性（如年收入）如果能由另一个或另一组属性（如月薪、绩效）推导出来，则这个属性可能是冗余的。属性命名的不一致可能导致结果数据集中的冗余。

冗余是针对数据属性的重复，而数据重复是指同样一份数据出现在不同的数据来源中，这些数据只需要保留一份，可以理解为冗余是指多余的列，而重复是指多余的行。

数据值冲突表现为对同一现实实体，不同的数据源的属性值可能不一样，例如同一双鞋的长度，有的用厘米表示，有的用码表示，有的用英寸表示；又如公司考评，有的用百分制，有的用 A、B、C 等，在数据集成时需要对这些数值进行整合。

3）数据变换

数据变换是将数据由一种表现形式变为另一种表现形式，变换后的形式更适于数据挖掘。常见的数据变换方式是数据标准化、数据离散化、语义转换等。

（1）数据标准化：数据所用的度量单位可能影响数据分析。为避免对度量单位的依赖性，数据应该规范化或标准化。变换数据，使之在一个较小的共同区间，如[-1,1]或[0,1]。

（2）数据离散化：指将连续性数据切分为多个"段"，有些数据挖掘算法要求数据是分类属性的形式。

（3）语义转换：将【优，良，中，差】这种格式转化为{A，B，C，D}来替代。

4）数据归约

大数据时代，数据量往往都非常大，在海量数据上进行挖掘分析需要很长的时间，数据归约技术可以用来得到数据集的归约表示，它小得多，但仍然接近于保持原数据的完整性，其结果与归约前结果相同或几乎相同。

数据归约常用的方法包括：

（1）维归约（Dimensionality Reduction）：减少所考虑的随机变量或属性的个数，方法包括小波变换、主成分分析，把原数据变换或投影到较小的空间。属性子集选择也是一种维归约方法，其中不相关、弱相关或冗余的属性或未被检测或删除。

（2）数量归约（Numerosity Reduction）：用替代的、较小的数据表示形式替换原始数据，包括参数方法和非参数方法。参数方法使用模型估计数据，一般只需要存放模型参数，而不是实际数据（可能也要存放离群点），如回归和对数-线性模型；非参数方法包括直方图、聚类、抽样和数据立方体聚集。

（3）数据压缩（Data Compression）：使用变换，以便得到原数据的归约或压缩表示。如果原数据能够从压缩后的数据重构，而不损失信息，则该数据归约称为无损的；如果只能近似重构原数据，则该数据归约称为有损的。

3. 模型选择与训练

当我们处理好数据之后，就可以选择合适的大数据机器学习模型进行数据的训练了。可供选择的大数据机器学习模型有很多，每个模型都有自己的适用场景，那么如何选择合适的模型呢？

首先，我们要对处理好的数据进行分析，判断训练数据有没有类标，若有类标，则应该考虑监督学习的模型，否则可以划分为非监督学习问题。其次，分析问题的类型是属于分类问题还是回归问题，确定好问题的类型之后再选择具体的模型。在选择模型时，通常会考虑尝试不同的模型对数据进行训练，然后比较输出的结果，选择最佳的模型。此外，我们还需考虑数据集的大小。若数据集样本较少，训练的时间较短，通常考虑朴素贝叶斯等一些轻量级的算法，否则考虑 SVM 等一些重量级算法。

4. 模型评估与优化

大数据机器学习有很多的模型评估的指标和方法。例如，我们可以选择查准率、查全率、曲线下的面积（Area Under Curve，AUC）指标表现更好的模型；还可以通过交叉验证法，用验证集来评估模型性能的好坏；当然，也可以针对一种模型采用多种不同的方法，每种方法给予不同的权重值，来对该模型进行综合评分。在模型评估的过程中，我们可以判断模型的"过拟合"和"欠拟合"。

若存在数据过度拟合的现象，说明我们可能在训练过程中把噪声当作了数据的一般特征，可以通过增大训练集的比例或正则化的方法来解决过拟合的问题；若存在数据拟合不到位的情况，说明我们数据训练不到位，未能提取出数据的一般特征，要通过增加多项式维度、减少正则化参数等方法来解决欠拟合问题。最后，为了使模型的训练效果更优，我们还要对所选的模型进行调参，这就需要我们对模型的实现原理有更深的理解。

5.2.3 数据挖掘的方法

1. 常用挖掘算法

数据挖掘常用的方法包括分类、回归分析、聚类、关联分析、特征、变化和偏差分析、复杂数据类型挖掘（如 Text、Web、图形图像、视频、音频等）等。根据 5.2.2 节所说，数据挖掘通常有两个目的，所以这些方法分别对应不同的用途（见图 5-3），如分类和回归分析主要用于预测，而聚类和关联分析主要用于描述。

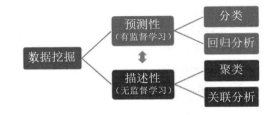

图 5-3 数据挖掘方法

分类是找出一组数据对象的共同特点并按照分类模式将其划分为不同的类，其目的是通过分类模型，将数据集中的数据项映射到某个给定的类别，用于预测数据对象的离散类别。分类技术在很多领域都有应用，如根据人脸照片对性别、年龄进行分类，根据网络数据流对协议进行分类，根据农产品的颜色和外观对质量等级进行分类，安全领域有基于分类技术的入侵检测等。主要分类方法有决策树、KNN（K-Nearest Neighbor，K-最近邻算）法、SVM（Support Vector Machine，支持向量机）法、VSM（Vector Space Model，向量空间模型）法、Bayes（Bayesian Analysis，贝叶斯分析）法、神经网络等。

客观现象之间的数量联系存在两种不同类型：一种是函数关系，另一种是相关关系。当一个或几个变量取一定的值时，另一个变量有确定值与之对应，这种关系称为确定性的函数关系，一般把作为影响因素的变量称为自变量，把发生对应变化的变量称为因变量。当一个或几个相互联系的变量取一定数值时，与之相对应的另一变量的值虽然不确定，但它仍按某种规律在一定的范围内变化，变量间的这种相互关系称为具有不确定性的相关关系。

变量之间的函数关系和相关关系在一定条件下可以互相转化。客观现象的函数关系可以用数学分析的方法去研究，而研究客观现象的相关关系必须借助于统计学中的相关和回归分析方法。

回归分析，一个统计预测模型，用以描述和评估因变量与一个或多个自变量之间的关系；反映的是事务数据库中属性值在时间上的特征，产生一个将数据项映射到一个实值预测变量的函数，发现变量或属性间的依赖关系。其主要研究问题包括数据序列的趋势特征、数据序列的预测以及数据间的相关关系等。回归分析方法被广泛地用于解释市场占有率、销售额、品牌偏好及市场营销效果。它可以应用到市场营销的各个方面，如客户寻求、保持和预防客户流失活动、产品生命周期分析、销售趋势预测及有针对性的促销活动等。

聚类，顾名思义就是按照相似性和差异性，把一组对象划分成若干类，并且每个类里面对象之间的相似度较高，不同类里面对象之间相似度较低或差异明显。与分类不同的是，聚类不依靠给定的类别对对象进行划分。

关联规则是隐藏在数据项之间的关联或相互关系，即可以根据一个数据项的出现推导出其他数据项的出现。关联规则的挖掘过程主要包括两个阶段：第一阶段为从海量原始数据中找出所有的高频项目组；第二阶段为从这些高频项目组产生关联规则。关联规则挖掘技术已经被广泛应用于金融行业企业中，用以预测客户的需求，银行在自己的 ATM 机上通过捆绑客户可能感兴趣的信息供用户了解并获取相应信息来改善自身的营销。

上述几种方法中，分类和回归分析属于有监督学习，聚类和关联分析属于无监督学习。有监督学习是根据已有的数据集，知道输入和输出结果之间的关系，通过这种已知的关系训练得到一个最优的模型。相对于有监督学习，无监督学习并不知道数据集中的数据、特征之间的关系，而是要根据聚类或一定的模型得到数据之间的关系。

大数据机器学习算法很多，想要找到一个合适的算法并不容易，没有一种算法能够解决所有问题，所以在实际应用中，一般采用启发式学习方式来实验。通常最开始我们都会选择大家普遍认同的算法，诸如 SVM、GBDT（Gradient Boosting Decision Tree，梯度提升决策树）、Adaboost，现在深度学习很火热，神经网络也是一个不错的选择。假如在乎精度（Accuracy），最好的方法就是通过交叉验证（Cross-Validation）对各个算法逐个进行测试和比较，然后调整参数，确保每个算法达到最优解，最后选择最好的一个。

1）分类

机器学习中常用的分类算法有贝叶斯、决策树、SVM、KNN、逻辑回归等，神经网络和深度学习也可应用于分类。分类算法的内容是要求给定特征，让我们得出类别，这也是所有分类问题的关键。下面将介绍如何由指定特征得到最终的类别。每一个不同的分类算法，对应着不同的核心思想。

（1）朴素贝叶斯。

贝叶斯分类是一类分类算法的总称，这类算法均以贝叶斯定理为基础，故统称为贝叶斯分类。而朴素贝叶斯是贝叶斯分类中最简单，也是常见的一种分类方法。

对于分类问题，其实我们并不陌生，日常生活中我们每天都进行着分类过程。例如，当你看到一个人，你可能会下意识地判断他是学生还是已经工作的人；你也可能经常会根据一个人的衣着和举止猜测他的生活境况，其实这就是一种分类操作。

既然是贝叶斯分类算法，那么分类的数学描述又是什么呢？从数学角度来说，分类问题可做如下定义：已知集合 $C = y_1, y_2, \cdots, y_n$ 和 $I = x_1, x_2, \cdots, x_n$，确定映射规则 $y = f(x)$，使得任意 $x_i \in I$ 有且仅有一个 $y_i \in C$，使得 $y_i \in f(x_i)$ 成立。其中，C 叫作类别集合，其中的每一个元素是一个类别，而 I 叫作项集合（或称特征集合），其中每一个元素是一个待分类项，f 叫作分类器。分类算法的任务就是构造分类器 f。

朴素贝叶斯模型的优点：

❑ 朴素贝叶斯模型发源于古典数学理论，有着坚实的数学基础，以及稳定的分类效率。

❑ 朴素贝叶斯模型所需估计的参数很少，对缺失数据不太敏感，算法也比较简单。

朴素贝叶斯模型的缺点：

❑ 理论上，朴素贝叶斯模型与其他分类方法相比具有最小的误差率。但朴素贝叶斯模型假设属性之间相互独立，这个假设在实际应用中往往是不成立的。

❑ 需要知道先验概率。

❑ 分类决策存在错误率。

（2）决策树。

决策树是机器学习分类方法中的一个重要算法。决策树是一个类似于流程图的树结构，其中每一个树节点表示一个属性上的测试，每一个分支代表一个属性的输出，每一个树叶节点代表一个类或者类的分布，树的最顶层是树的根节点。举一个例子，如图 5-4 所示，小明同学想根据天气情况判断是否享受游泳运动。

样例	天气	温度	湿度	风力	水温	预报	享受运动
1	晴	暖	普通	强	暖	一样	是
2	晴	暖	大	强	暖	一样	是
3	雨	冷	大	强	暖	变化	否
4	晴	暖	大	强	冷	变化	是

图 5-4 决策树分类示例

这里包含了 6 个属性，一条样例即为一个实例，待学习的概念为"是否享受运动"，学习目标函数为 $f : X \to Y$。

根据图 5-4，我们可以试着用一个树结构的流程图来表示小明根据 6 个属性决定是否享受运动，如图 5-5 所示。

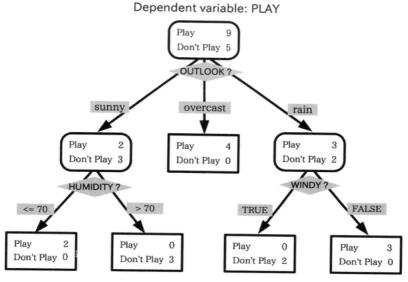

图 5-5　决策树流程图

从图 5-5 中可以看到，实例总共有 14 个（出去运动的实例有 9 个，不运动的实例有 5 个），从树顶往下看，首先看到菱形的选项，意思是天气如何？然后分出 3 个分支——晴天、阴天和雨天。实例中，天气属性为晴天，并决定要去运动的有 2 个，不去运动的有 3 个；天气属性为阴天，并决定去运动的有 4 个，不去运动的有 0 个；天气属性为雨天，并决定去运动的有 3 个，不去运动的有 2 个。当标记中的正例或者反例为 0 个时，树就不继续往下扩展（如天气属性为阴天时，不去运动的实例为 0 个）。正例或者反例都不为 0 时，要根据属性继续往下扩展树。

那么如何构造一个决策树算法？

① 信息熵。

首先提到一个概念——信息熵。信息是一种抽象的概念，那么如何对信息进行一个量化的操作呢？1948 年，香农提出了"信息熵"的概念。一条信息的信息量大小和它的不确定性有直接的关系，要搞清楚一件非常不确定的事情，或者说我们对一件事情一无所知，就需要了解大量的信息，信息量的度量就等于不确定性的多少。

例如，要预测 NBA 总决赛的夺冠球队，假设你对 NBA 球队一无所知，需要猜多少次（假设每个球队的夺冠概率都是一样的）？这里我们可以给进入季后赛的 NBA 球队编号（NBA 季后赛会选出 16 支球队），然后使用二分法进行猜测（猜测冠军队伍在 1～8 号球队之间，如果是，再进行二分；如果不是，就在 9～16 号球队之间），这样我们要猜测的次数最多是 4 次。

信息熵使用比特（bit）来衡量信息的多少，计算公式为

$$P_1 \times \log_2 P_1 + P_2 \times \log_2 P_2 + \cdots + P_{16} \log_2 P_{16} \tag{5-1}$$

计算 NBA 季后赛夺冠球队的信息熵值，含义是每一个球队的夺冠概率乘以以 2 为底的这个队夺冠的对数。P_1、P_2、$\cdots$、P_N 表示各球队的夺冠概率，假设每一个球队夺冠的概率都相等，那么这里算出的信息熵值就是 4，当然这种情况是不太可能存在的，因为每一个球队的实力不一样。变量的不确定性越大，熵的值也就越大。

② 决策树归纳算法（ID3）。

ID3 算法是 1970—1980 年由 J. Ross Quinlan 发明的。在决策树算法中，比较重要的一点是确定哪个属性应该先选择出来，哪个属性应该后选择出来当作树的节点。这里涉及一个新的概念，叫作信息获取量，计算公式为

$$Gain(A) = Info(D) - Info\_A(D) \tag{5-2}$$

A 属性的信息获取量的值等于不按任何属性进行分类时的信息量加上按 A 这个属性进行分类时的信息量（注意这里信息量的符号是负号，所以说"加上"）。

下面以是否购买计算机的案例为例，给出了 14 个实例，如图 5-6 所示。

RID	age	income	student	credit_rating	Class: buys_computer
1	youth	high	no	fair	no
2	youth	high	no	excellent	no
3	middle_aged	high	no	fair	yes
4	senior	medium	no	fair	yes
5	senior	low	yes	fair	yes
6	senior	low	yes	excellent	no
7	middle_aged	low	yes	excellent	yes
8	youth	medium	no	fair	no
9	youth	low	yes	fair	yes
10	senior	medium	yes	fair	yes
11	youth	medium	yes	excellent	yes
12	middle_aged	medium	no	excellent	yes
13	middle_aged	high	yes	fair	yes
14	senior	medium	no	excellent	no

图 5-6　购买计算机案例

不按任何属性进行分类的情况下，计算信息获取量 $Info(D)$：

$$Info(D) = -\frac{9}{14}\log_2\left(\frac{9}{14}\right) - \frac{5}{14}\log_2\left(\frac{5}{14}\right) = 0.940\text{bits} \tag{5-3}$$

以年龄属性进行分类的情况下，计算信息获取量：

$$Info_{age}(D) = \frac{5}{14} \times \left(-\frac{2}{5}\log_2\frac{2}{5} - \frac{3}{5}\log_2\frac{3}{5} \right) + \frac{4}{14} \times \left(-\frac{4}{4}\log_2\frac{4}{4} - \frac{0}{4}\log_2\frac{0}{4} \right)$$

$$+ \frac{5}{14} \times \left(-\frac{3}{5}\log_2\frac{3}{5} - \frac{2}{5}\log_2\frac{2}{5} \right) = 0.694 \text{bits}$$

所以，$Gain(age) = 0.940 - 0.694 = 0.246$bits。

同理，可以算出 $Gain(income) = 0.029$bits，$Gain(student) = 0.151$bits，$Gain(credit\_rating) = 0.048$bits。其中，年龄的信息获取量最大，所以选择年龄作为第一个根节点。同理，后面的节点也是按照这样的计算方法来决定。

③ 结束条件。

当使用递归的方法来创建决策树时，什么时候停止节点的创建很关键。综上，停止节点创建的条件有以下几点。

- ❏ 给定节点的所有样本属性都属于同一种标记时。如购买计算机的例子中，以年龄为属性创建的节点下有 3 个分支：senior、youth、middle_age。其中 middle_age 的所有实例的标记都是 yes，也就是说中年人都会购买，这种情况下，该节点可以设置成树叶节点。
- ❏ 当没有剩余属性用来进一步划分样本时。此时停止节点的创建，采用多数表决。
- ❏ 分枝时。

④ 裁剪枝叶（避免 Overfitting）。

当树的深度太大时，设计的算法在训练集上的表现会比较好，但是在测试集上的表现却会很一般，这时我们要对树进行一定的裁剪。

- ❏ 先剪枝：当分到一定程度，就不再向下增长树。
- ❏ 后剪枝：把树完全建好后，根据类的纯度来进行树的裁剪。

决策树的优点：直观；便于理解；小规模数据集有效。决策树的缺点：处理连续变量不好；类别较多时，错误增加得比较快；可规模性一般。

（3）SVM。

SVM 的主要思想是：建立一个最优决策超平面，使得该平面两侧距离该平面最近的两类样本之间的距离最大化，从而对分类问题提供良好的泛化能力。对于一个多维的样本集，系统随机产生一个超平面并不断移动，对样本进行分类，直到训练样本中属于不同类别的样本点正好位于该超平面的两侧。满足该条件的超平面可能有很多，SVM 正是在保证分类精度的同时，寻找到这样一个超平面，使得超平面两侧的空白区域最大化，从而实现对线性可分样本的最优分类。

SVM 中的支持向量（Support Vector）是指训练样本集中的某些训练点，这些点最靠近分类决策面，是最难分类的数据点。SVM 中最优分类标准就是这些点距离分类超平面的距离达到最大值。机（Machine）是机器学习领域对一些算法的统称，常把算法看作一个机器或者学习函数。SVM 是一种有监督的学习方法，主要针对小样本数据进行学习、分类和预测。

① 线性分类。

对于最简单的情况，在一个二维空间中，要求把图 5-7 所示的白色的点集和黑色的点集分类。显然，图 5-7 中的这条直线可以满足我们的要求，并且这样的直线并不是唯一的，其他可行的直线如图 5-8 所示。

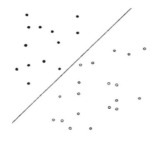 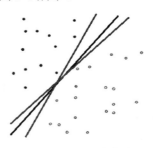

图 5-7　线性分类粗分类　　　　　图 5-8　线性分类优化

SVM 的作用就是查找到最合适的决策直线所在的位置。

那么哪条直线才是最优的呢？就是分类两侧距离决策直线最近的点离该直线最远的那条直线，即分割的间隙越大越好，这样分出来的特征的精确性更高，容错空间也越大。这个过程在 SVM 中被称为最大间隔（Maximum Marginal）。如图 5-9 所示，显然在这种情况下，分类直线位于中间位置时可以使得最大间隔达到最大值。

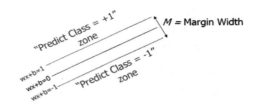

图 5-9　线性分类公式

② 线性不可分。

在现实情况中，基于上文中线性分类的情况并不具有代表性，更多时候样本数据的分布是杂乱无章的，所以基于线性分类的直线分割面就无法准确完成分割。如图 5-10 所示，在黑色点集中掺杂有白色点，在白色点集中掺杂有黑色点。

对于这种非线性的情况，一种方法是使用一条曲线去完美分割样品集，如图 5-11 所示。

从二维空间扩展到多维，可以使用某种非线性的方法，让空间从原本的线性空间转换到另一个维度更高的空间，在这个高维的线性空间中，再用一个超平面对样本进行划分，这种情况下，相当于增加了不同样本间的区分度和区分条件。在这个过程中，核函数发挥了至关重要的作用。核函数的作用就是在保证不增加算法复杂度的情况下，将完全不可分问题转化为可分或达到近似可分的状态。

图 5-10　线性不可分点图　　　图 5-11　线性不可分曲线

如图 5-12 所示，左侧方形和圆形在二维空间中，方形被圆形包围，线性不可分，但是扩展到三维（多维）空间后可以看到，二者在 Z 方向的距离有明显差别，同种类别的点集有一个共同特征——基本都在一个面上，所以借用这个特征区分，可以使用一个超平面对这两类样本进行分类。

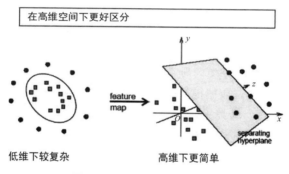

图 5-12　线性不可分平面图

线性不可分映射到高维空间，可能导致很高的维度，特殊情况下可能达到无穷多维，这种情况会导致计算复杂，伴随产生惊人的计算量。但是在 SVM 中，核函数的存在，使得运算仍然是在低维空间进行的，避免了在高维空间中复杂运算的时间消耗。

SVM 的另一个巧妙之处是加入了一个松弛变量来处理样本数据可能存在的噪声问题，如图 5-13 所示。

SVM 允许数据点在一定程度上对超平面有所偏离，这个偏移量就是 SVM 算法中可以设置的 Outlier 值（离群值），对应于图 5-13 中黑色实线的长度。松弛变量的加入使得 SVM 并

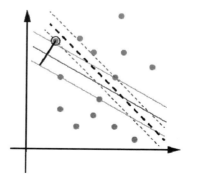

图 5-13　SVM 低维示例

非仅仅追求局部效果最优,而是从样本数据分布的全局出发,统筹考量。

SVM 的优点:

- ❏ 不需要很多样本。不需要很多样本并不意味着训练样本的绝对量很少,而是相对于其他训练分类算法,同样的问题复杂度下,SVM 需求的样本相对较少。并且由于 SVM 引入了核函数,所以对于高维的样本,SVM 也能轻松应对。

- ❏ 结构风险最小。这种风险是指分类器对问题真实模型的逼近与问题真实解之间的累积误差。

- ❏ 非线性,是指 SVM 擅长应付样本数据线性不可分的情况,主要通过松弛变量和核函数技术来实现,这一部分也正是 SVM 的精髓所在。

SVM 的缺点:

- ❏ SVM 算法对大规模训练样本难以实施。由于 SVM 是借助二次规划来求解支持向量,而求解二次规划将涉及 m 阶矩阵的计算(m 为样本的个数),当 m 数目很大时,该矩阵的存储和计算将耗费大量的机器内存和运算时间。针对以上问题的主要改进有 J. Platt 的 SMO、T. Joachims 的 SVM、C. J. C. Burges 等的 PCGC、张学工的 CSVM 以及 O. L. Mangasarian 等的 SOR 等算法。

- ❏ 用 SVM 解决多分类问题存在困难。经典的 SVM 算法只给出了二类分类的算法,而在数据挖掘的实际应用中,一般要解决多类的分类问题。可以通过多个二类 SVM 的组合来解决,主要有一对多组合模式、一对一组合模式和 SVM 决策树;再就是通过构造多个分类器的组合来解决,主要原理是克服 SVM 固有的缺点,结合其他算法的优势,解决多类问题的分类精度,如与粗集理论结合,形成一种优势互补的多类问题的组合分类器。

(4)KNN。

KNN 分类算法可以说是最简单的机器学习算法。它采用测量不同特征值之间的距离方法进行分类,其思想很简单:如果一个样本在特征空间中的 K 个最相似(即特征空间中最邻近)的样本中的大多数属于某一个类别,则该样本也属于这个类别。

KNN 是一种基于实例的学习算法,不同于贝叶斯、决策树等算法,KNN 不需要训练,当有新的实例出现时,直接在训练数据集中找 K 个最近的实例,把这个新的实例分配给这 K 个训练实例中实例数最多类。因此,KNN 也称为懒惰学习,在类标边界比较整齐的情况下分类的准确率很高。KNN 算法需要人为决定 K 的取值,即找几个最近的实例,K 值不同,分类结果也会不同。

如图 5-14 所示的训练数据集的分布,该数据集分为 3 类(在图中以 3 种不同的颜色表示），现在出现一个待分类的新实例（图中绿色圆点），假设 $K=3$，即找 3 个最近的实例，这里定义的距离为欧氏距离，这样找距该待分类实例最近的 3 个实例就是以绿色圆点为中心画圆，确定一个最小的半径，使这个圆包含 K 个点。

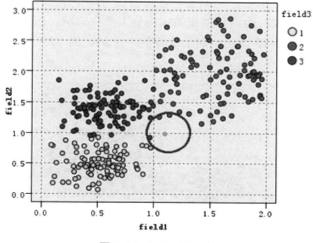

图 5-14　KNN 训练集

如图 5-14 所示，可以看到圆圈包含的 3 个点中，2 类有 2 个，3 类有 1 个，而 1 类一个也没有，根据少数服从多数的原理投票，这个绿色的新实例应属于 2 类。

之前说过，K 值的选取会影响分类的结果，那么 K 值该取多少合理？继续上面提到的分类过程，我们把 K 设置为 7，如图 5-15 所示。

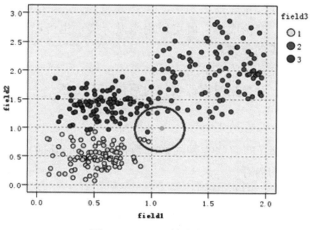

图 5-15　KNN 扩大范围

可以看到，当 K=7 时，最近的 7 个点中，1 类有 3 个，2 类和 3 类都有 2 个，这时绿色的新实例应该分给 1 类，这与 K=3 时的分类结果不同。

K 值的选取没有绝对的标准，但可以想象，K 取太大并不能提高正确率，而且求 K 个最近的邻居是一个 $O(K*N)$ 复杂度的算法，K 太大，算法效率会更低。

虽然说 K 值的选取会影响结果，有人会认为这个算法不稳定，其实不然，这种影响并不是很大，因为只是在类别边界上产生影响，而在类中心附近的实例影响很小。如图 5-16 所示，对于这样的一个新实例，K=3、K=5 和 K=11 的结果是一样的。

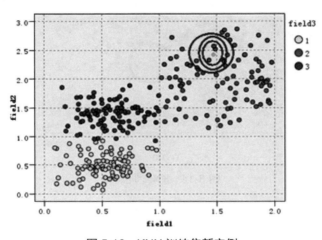

图 5-16　KNN 训练集新实例

最后还要注意，在数据集不均衡的情况下，可能需要按各类的比例决定投票，这样小类的正确率才不会过低。

KNN 算法的优点：

❑　思想简单，理论成熟，既可以用来做分类，也可以用来做回归。

❑　可用于非线性分类。

❑　训练时间复杂度为 $O(n)$。

❑　准确度高，对数据没有假设，对离群值不敏感。

KNN 算法的缺点：

❑　计算量大。

❑　样本不平衡（即有些类别的样本数量很多，而其他样本的数量很少）。

❑　需要大量的内存。

（5）逻辑回归。

逻辑回归主要用于解决分类问题，如二分类。对于二分类问题，通过给出的样本 (x,y)（若为二分类，$y=\{0,1\}$），确定一个可以对数据一分为二的边界，有了这个边界，对于一个新的样本，根据其特征，便能预测其类属。边界可以是一条直线、一个圆或一个多边形等。

对于多分类问题，可以通过执行多次二分类解决：保留要区分的一类，剩下的归为另一类。例如，区分 A、B、C 类，需执行如下 3 次二分类：

首先，保留 A 类，将 B 和 C 归为其他，执行二分类，区分出 A 类。

接着，保留 B 类，将 A 和 C 归为其他，执行二分类，区分出 B 类。

然后，保留 C 类，将 A 和 B 归为其他，执行二分类，区分出 C 类。

分类问题，其 y 值一般设置为有限的离散值，如 0、1。所以系统所要做的工作是当一个新的样本输入时，判断其为可能值的概率分别有多大，以此确定其 y 值，即其类属。

逻辑回归分类算法的主要工作就是对数据集建立回归公式，以此进行分类。而至于如何寻找最佳回归系数，或者说是分类器的训练，需要使用最优化算法。

通过回归系数直接得到的很多结果都是连续的，不利于分类，所以需要将结果带入一个 Sigmoid 函数以得到一些比较离散的分类结果。

Sigmoid 函数的轮廓如图 5-17 所示。

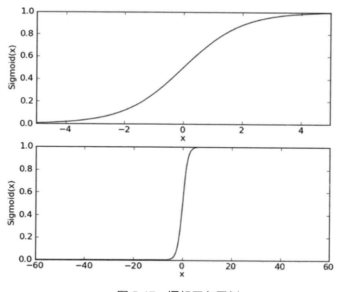

图 5-17　逻辑回归图例

这样，计算的结果会是一个 0～1 的值，进而将 0.5 以上归为一类，以下归为一类即可（一般的逻辑回归只能解决两个分类的问题）。

接下来的工作重点就转移到最佳回归系数的确定了。

确定最佳回归系数的过程也就是对数据集进行训练的过程。求最佳回归系数的步骤如下。

① 列出分类函数：

$$h(x) = h_\theta(x) = \theta_0 + \theta_1 x_1 + \theta_2 x_2 \qquad (5\text{-}4)$$

其中，θ 指回归系数，在实践中往往会再对结果进行一个 Sigmoid 转换。

② 给出分类函数对应的错误估计函数：

$$J(\theta) = \frac{1}{2} \sum_{i=1}^{m} \left(h_\theta(x^{(i)}) - y^{(i)} \right)^2 \qquad (5\text{-}5)$$

其中，m 为样本个数。

只有当某个 θ 向量使上面的错误估计函数 $J(\theta)$ 取得最小值时，这个 θ 向量才是最佳回归系数向量。

采用梯度下降法或最小二乘法求错误函数取得最小值时，θ 的取值为：

$$\theta_j := \theta_j + \propto \left(y^{(i)} - h_\theta(x^{(i)}) \right) x_j^{(i)} \qquad (5\text{-}6)$$

为表述方便，式（5-6）仅为一个样本的情况，实际中要综合多个样本的情况进行求和。

将步骤②中的错误估计函数加上负号，就可以把问题转换为求极大值，梯度下降法转换为梯度上升法。

逻辑回归的优点：计算代价不高，是很常用的分类算法；集中基于随机梯度上升的逻辑回归分类器能够支持在线学习。

逻辑回归的缺点：一般只能解决两个类的分类问题；容易欠拟合，导致分类的精度不高。

2）回归分析

回归分析通常用于预测分析时间序列模型以及发现变量之间的因果关系。在使用时间序列模型分析时，从时间的角度可以把一个序列基本分为三类。

（1）纯随机序列（白噪声序列）。这时候可以停止分析，因为就像预测下一次硬币哪一面朝上一样毫无规律。

（2）平稳非白噪声序列。它们的均值和方差是常数，对于这类序列，有成熟的模型来拟合其在未来的发展状况，如 AR、MA、ARMA 等（具体介绍见下文）。

（3）非平稳序列。一般做法是把它们转化为平稳的序列，再按照平稳序列的算法进行拟合。如果经过差分后平稳，则应使用 ARIMA 模型进行拟合、深度学习。目前最常用的拟合平稳序列的模型为 ARMA（Autoregressive Moving Average，自回归移动平均）模型，它又可以分为 AR 模型、MA 模型和 ARMA 模型三大类。

① 自回归 $AR(p)$ 模型：

$$X_t = c + \sum_{i=1}^{p} \varphi_i X_{t-i} + \varepsilon_t \qquad (5\text{-}7)$$

自回归模型描述的是当前值与历史值之间的关系。

② 移动平均 $MA(q)$ 模型：

$$X_t = \mu + \varepsilon_t + \sum_{i=1}^{q} \theta_i \varepsilon_{t-i} \tag{5-8}$$

移动平均模型描述的是自回归部分的误差累计。

③ $ARMA(p,q)$ 模型：

$$X_t = c + \varepsilon_t + \sum_{i=1}^{p} \varphi_i X_{t-i} + \sum_{j=1}^{q} \theta_j \varepsilon_{t-j} \tag{5-9}$$

$ARMA(p,q)$ 模型中包含 p 个自回归项和 q 个移动平均项，当 $q=0$ 时，是 $AR(p)$ 模型；当 $p=0$ 时，是 $MA(q)$ 模型。

3）聚类

前面讲的分类和回归分析都属于有监督学习，而无监督学习则不是尝试预测任何东西，而是寻找数据中的特征。在无监督学习中，有一个重要的方法称为聚类。聚类就是对大量未标注的数据集，按数据的内在相似性划分为多个类别，使类别内的数据相似度较大而类别间的数据相似度较小。

聚类试图将数据集中的样本划分为若干个通常是不相交的子集，每个子集称为一个簇（Cluster）。给定一个有 N 个对象的数据集，构造数据的 k（$k \leq n$）个簇，满足下列条件：

❑ 每一个簇至少包含一个对象。

❑ 每一个对象属于且仅属于一个簇。

将满足上述条件的 k 个簇称作一个合理划分。

聚类的基本思想是：对于给定的类别数目 k，首先给出初始划分，通过迭代改变样本和簇的隶属关系，使得每一次改进之后的划分方案都较前一次好。

聚类性能度量亦称聚类有效性指标（Validity Index）。对聚类结果，我们需要通过某种性能度量来评估其好坏；另一方面，若明确了性能度量，则可直接将其作为聚类过程的优化目标，从而更好地得到符合要求的聚类结果。聚类的结果应该是簇内相似度（Intra-Cluster Similarity）高且簇间相似度（Inter-Clustersimilarity）低。

聚类性能度量大致有两类：一类是将聚类结果与某个参考模型进行比较，称为外部指标；另一类是直接考察聚类结果而不利用任何参考模型，称为内部指标。

常见的聚类算法分三类：原型聚类、密度聚类和层次聚类，下面分别做简单介绍。

（1）K 均值（K-means）聚类。

K-means 算法是原型聚类算法，主要基于数据点之间的均值和与聚类中心的聚类迭代而成。它的主要优点是十分高效，由于只需要计算数据点与聚类中心的距离，其计算复杂度只有 $O(n)$。

K-means 算法是一种简单的迭代型聚类算法，采用距离作为相似性指标，从而发现给定数据集中的 K 个类，且每个类的中心根据类中所有值的均值得到，每个类用聚类中心来描述。对于给定的一个包含 n 个 d 维数据点的数据集 x 以及要分得的类别 K，选取欧氏距离作为相似度指标，聚类目标是使得各类的聚类平方和最小，即最小化：

$$J = \sum_{k=1}^{k} \sum_{i=1}^{n} \left\| x_i - u_k \right\|^2 \tag{5-10}$$

结合最小二乘法和拉格朗日原理，聚类中心为对应类别中各数据点的平均值，同时为了使得算法收敛，在迭代过程中，应使最终的聚类中心尽可能不变。

K-means 是一个反复迭代的过程，算法分为以下四个步骤。

① 选取数据空间中的 K 个对象作为初始中心，每个对象代表一个聚类中心。

② 对于样本中的数据对象，根据它们与这些聚类中心的欧氏距离，按距离最近的准则将它们分到距离它们最近的聚类中心（最相似）所对应的类。

③ 更新聚类中心：将每个类别中所有对象所对应的均值作为该类别的聚类中心，计算目标函数的值。

④ 判断聚类中心和目标函数的值是否发生改变，若不变，则输出结果，若改变，则返回步骤②。

下面用如图 5-18 所示的例子加以说明。

图 5-18（a）：给定一个数据集。

图 5-18（b）：根据 K=5 初始化聚类中心，保证聚类中心处于数据空间内。

图 5-18（c）：通过计算类内对象和聚类中心之间的相似度指标，将数据进行划分。

图 5-18（d）：将类内之间数据的均值作为聚类中心，更新聚类中心。

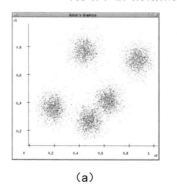
(a)

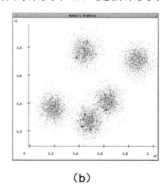
(b)

图 5-18　K-means 算法说明图例

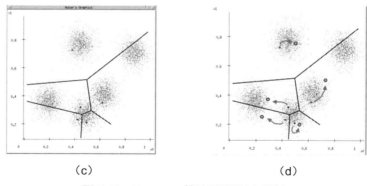

（c）　　　　　　　　　　　（d）

图 5-18　K-means 算法说明图例（续）

最后判断算法结束与否即可，目的是保证算法的收敛。K-means 算法在理解和实现上都十分简单，但缺点也十分明显：十分依赖于初始给定的聚类数目；同时，随机初始化可能会生成不同的聚类效果，所以它缺乏重复性和连续性。

和 K-means 类似的 K 中值算法，在计算过程中利用中值来计算聚类中心，使得局外点对它的影响大大减弱；但每一次循环计算中值矢量使计算速度大大下降。

（2）DBSCAN 算法。

DBSCAN 算法是一个比较有代表性的基于密度的聚类算法，相比于基于划分的聚类方法和层次聚类方法，DBSCAN 算法将簇定义为密度相连的点的最大集合，能够将足够高密度的区域划分为簇，并且能够在具有噪声的空间数据库中发现任意形状的簇。DBSCAN 算法的核心思想是：用一个点的邻域内的邻居点数衡量该点所在空间的密度，该算法可以找出形状不规则的簇，而且聚类前不需要给定簇的数量。

在 DBSCAN 算法中，将数据点分为三类（见图 5-19）。

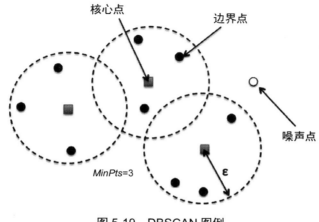

图 5-19　DBSCAN 图例

① 核心点（Core Point）。若样本 x_i 的 ε 邻域内至少包含 $MinPts$ 个样本，即 $N_\varepsilon(x_i) \geqslant MinPts$ ，则称样本点 x_i 为核心点。

② 边界点（Border Point）。若样本 x_i 的 ε 邻域内包含的样本数目小于 $MinPts$，但是它在其他核心点的邻域内，则称样本点 x_i 为边界点。

③ 噪声点（Noise）。既不是核心点也不是边界点的点。

在这里有两个量，一个是半径 $Eps(\varepsilon)$，一个是指定的数目 $MinPts$。

在 DBSCAN 算法中，还定义了如下一些概念（见图 5-20）。

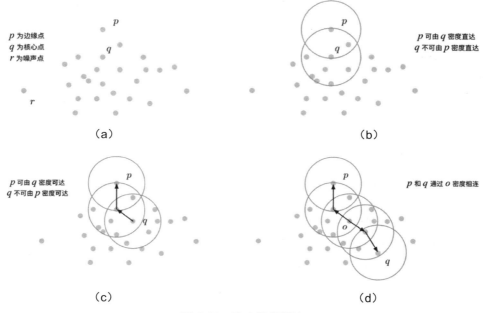

图 5-20　密度聚类算法

① 密度直达（Directly Density-reachable）：我们称样本点 p 是由样本点 q 对于参数 $\{Eps, MinPts\}$ 密度直达的，如果它们满足 $p \in NEps(q)$ 且 $|NEps(q)| \geqslant MinPts$ （即样本点 q 是核心点）。

② 密度可达（Density-reachable）：我们称样本点 p 是由样本点 q 对于参数 $\{Eps, MinPts\}$ 密度可达的，如果存在一系列的样本点 $p_1, \cdots, p_n$ （其中 $p_1 = q$ ，$p_n = p$ ），使得对于 $i = 1, \cdots, n-1$ ，样本点 $p_i + 1$ 可由样本点 p_i 密度可达。

③ 密度相连（Density-connected）：我们称样本点 p 与样本点 q 对于参数 $\{Eps, MinPts\}$ 是密度相连的，如果存在一个样本点 o，使得 p 和 q 均由样本点 o 密度可达。

基于密度的聚类算法寻找被低密度区域分离的高密度区域，并将高密度区域作为一个聚类的簇。在 DBSCAN 算法中，聚类簇定义为：由密度可达关系导出的最大的密度连接样本的集合。

在 DBSCAN 算法中，由核心对象出发，找到与该核心对象密度可达的所有样本形成簇。DBSCAN 算法的流程为：

① 根据给定的邻域参数 *Eps* 和 *MinPts* 确定所有的核心对象。

② 对每一个核心对象，选择一个未处理过的核心对象，找到由其密度可达的样本生成聚类簇。

③ 重复以上过程。

DBSCAN 的主要优点：

❑ 可以对任意形状的稠密数据集进行聚类，相对地，K-Means 等聚类算法一般只适用于凸数据集。

❑ 可以在聚类的同时发现异常点，对数据集中的异常点不敏感。

❑ 聚类结果没有偏倚，相对地，K-Means 等聚类算法的初始值对聚类结果有很大影响。

DBSCAN 的主要缺点：

❑ 如果样本集的密度不均匀、聚类间距差相差很大，则聚类质量较差，这时用 DBSCAN 聚类一般不适合。

❑ 如果样本集较大，则聚类收敛时间较长，此时可以通过对搜索最近邻时建立的 KD 树或者球树进行规模限制来改进。

❑ 调参相对于传统的 K-Means 等聚类算法稍显复杂，主要需要对距离阈值 ε 和邻域样本数阈值 *MinPts* 联合调参，不同的参数组合对最后的聚类效果有较大影响。

（3）层次聚类算法。

层次聚类可以分为分裂（Divsive）层次聚类和凝聚（Agglomerative）层次聚类。分裂层次聚类采用的是"自顶而下"的思想，先将所有的样本看作同一个簇，然后通过迭代将簇划分为更小的簇，直到每个簇中只有一个样本为止。凝聚层次聚类采用的是"自底向上"的思想，先将每一个样本看成是一个不同的簇，通过重复，将最近的一对簇进行合并，直到最后所有的样本都属于同一个簇为止。

在凝聚层次聚类中，判定簇间距离的两个标准方法是单连接（Single Linkage）和全连接（Complete Linkage）。单连接是计算每一对簇中最相似的两个样本的距离，并合并距离最近的两个样本所属簇；全连接通过比较找到分布于两个簇中最不相似的样本（距离最远），从而来完成簇的合并，如图 5-21 所示。

凝聚层次聚类除了通过单连接和全连接来判断两个簇之间的距离，还可以通过平均连接（Average Linkage）和 ward 连接。使用平均连接时，合并所有簇成员间平均距离最小的两个簇。使用 ward 连接时，合并的是使得 SSE 增量最小的两个簇。

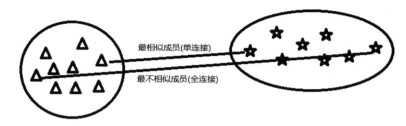

图 5-21　凝聚层次聚类示意图

基于全连接的凝聚层次聚类主要包括下面几个步骤。

① 获取所有样本的距离矩阵。

② 将每个数据点作为一个单独的簇。

③ 基于最不相似（距离最远）样本的距离，合并两个最接近的簇。

④ 更新样本的距离矩阵。

⑤ 重复步聚②～④，直到所有样本都属于同一个簇为止。

4）关联分析

（1）关联分析的基本概念。

以购物篮事务库为例介绍关联分析中会涉及的概念，该事务库记录的是顾客购买商品的行为，其中，TID 表示一次购买行为的编号，Items 表示顾客购买了哪些商品，如图 5-22 所示。

TID	Items
1	Bread，Milk
2	Bread，Diaper，Beer，Eggs
3	Milk，Diaper，Beer，Coke
4	Bread，Milk，Diaper，Beer
5	Bread，Milk，Diaper，Coke

图 5-22　关联分析示例

① 事务。

事务库中的每一条记录称为一笔事务。在购物篮事务中，每一笔事务都表示一次购物行为。

② 项集。

包含 0 个或者多个项的集合称为项集（T）。在购物篮事务中，每一样商品就是一个项，一次购买行为包含多个项，把其中的项组合起来就构成了项集。

③ 支持度计数。

项集在事务中出现的次数称为支持度计数。例如，项集{Bread，Milk}在事务库中一共出现了 3 次，那么它的支持度计数就是 3。

④ 支持度。

包含项集的事务在所有事务中所占的比例称为支持度（S）。上面的例子中，我们得到项集{Bread，Milk}的支持度计数是 3，事务库中一共有 5 条事务，那么项集{Bread，Milk}的支持度就是 3/5。

⑤ 频繁项集。

如果为项集的支持度设定一个最小阈值，那么所有支持度大于这个阈值的项集就是频繁项集（Frequent Itemset）。

（2）关联规则。

在了解了上述基本概念之后，我们就可以引入关联分析中的关联规则了。关联规则其实是两个项集之间的蕴涵表达式。如果有两个不相交的项集 X 和 Y，就可以有规则 $X \to Y$，如{Bread，Milk} $\to$ {Diaper}。项集和项集之间组合可以产生很多规则，但不是每个规则都是有用的，我们需要一些限定条件来帮助找到强度高的规则。

① 关联规则的支持度。

关联规则的支持度（s）定义为：同时包含 X 和 Y 这两个项集的事务占所有事务的比例。例如，{Bread，Milk} $\to$ {Diaper}同时包含项集{Bread，Milk，Diaper}的事务一共有两项，因此这个规则的支持度是 2/5。

$$s(X \to Y) = \frac{\sigma(X \cup Y)}{N} \tag{5-11}$$

支持度很低的规则只能偶然出现，支持度通常用来删除无意义的规则，还具有一种期望的性质，可以用于关联规则的发现。

② 关联规则的置信度。

关联规则的置信度（c）定义为：Y 在包含 X 的事务中出现的频繁程度。仍以{Bread，Milk} $\to$ {Diaper}为例，包含{Bread，Milk}项的事务出现了两次，包含{Bread，Milk，Diaper}的事务也出现了两次，那么这个规则的置信度就是 1。

$$c(X \to Y) = \frac{\sigma(X \cup Y)}{\sigma(X)} \tag{5-12}$$

置信度度量通过规则进行推理具有可靠性。对于给定的规则，置信度越高，Y 在包含 X 的事务中出现的可能性越大。置信度也可以估计 Y 在给定 X 的条件下的概率。

定义这两个度量对于关联规则很有意义。首先，通过对规则支持度的限定滤去没有意义的规则。我们从商家的角度出发，数据挖掘的意义是通过挖掘做出相应的战略决策，产生价值。如果一个规则的支持度很低，说明顾客同时购买这些商品的次数很少，商家针对这个规则做决策几乎没有意义。其次，置信度越大说明这个规则越可靠。

③ 关联规则发现。

有了上述两个度量，就可以对所有规则做限定，找出有意义的规则。首先对支持度和置信度分别设置最小阈值 minsup 和 minconf，然后在所有规则中找出支持度大于等于 minsup 和置信度大于等于 minconf 的所有关联规则。给定事务集合 T，关联规则发现是指找到支持度大于等于阈值 minsup 并且置信度大于等于 minconf 的所有规则。

需要注意的是，由简单关联规则得出的推论并不包含因果关系。例如，只能由 $A \rightarrow B$ 得到 A 与 B 有明显同时发生的情况，但不能得出 A 是因，B 是果。也就是说，我们只能从案例中获得关联关系。

挖掘关联规则的一种原始方法是计算每个可能规则的支持度和置信度，但是代价很高。提高性能的方法是拆分支持度和置信度。因为规则的支持度主要依赖于 $X \cup Y$ 的支持度，因此大多数关联规则挖掘算法通常采用的策略是分解为以下两步。

第一步，频繁项集产生。其目标是发现满足具有最小支持度阈值的所有项集，称为频繁项集。

第二步，规则产生。其目标是从上一步得到的频繁项集中提取高置信度的规则，称为强规则（Strong Rule）。通常频繁项集的产生所需的计算远大于规则产生所需的计算开销。

发现频繁项集的一个原始方法是确定各结构中每个候选项集的支持度，但是工作量比较大，另外有几种方法可以降低产生频繁项集的计算复杂度。

❑ 减少候选项集的数目。如先验（Apriori）算法，是一种不用计算支持度而删除某些候选项集的方法。

❑ 减少比较次数。利用更高级得到的数据结构、存储候选项集或者压缩数据集来减少比较次数。

（3）关联规则的挖掘算法。

① Apriori 算法。

Apriori 算法是关联规则的第一个挖掘算法，它开创性地使用了基于支持度的剪枝技术来控制候选项集的指数级增长。Apriori 算法产生频繁项集的过程有以下两步。

第一步，逐层找出当前候选项集中的所有频繁项集。

第二步，用当前长度的频繁项集产生长度加 1 的新的候选项集。

Apriori 算法用到的核心原理有以下两个重要性质。

❑ 如果一个项集是频繁的，那么它的所有子集都是频繁的。

❑ 如果一个项集是非频繁的，那么它的所有超集都是非频繁的。

这种基于支持度度量修剪指数搜索空间的策略称为基于支持度的剪枝，这种剪枝策略依赖于一个性质，即一个项集的支持度决不会超过它的子集的支持度，这个性质称为支持度度量的反单调性（Anti-monotone）。

如果一个项集是非频繁项集，那么这个项集的超集就不需要再考虑了。因为如果这个项集是非频繁的，那么它的所有超集也一定都是非频繁的。项集的超集是指包含这个项集的元素且元素个数更多的项集。在购物篮事务库中，{Milk，Beer}就是{Milk}的一个超集。这个原理很好理解，如果{Milk}出现了 3 次，{Milk，Beer}一起出现的次数一定小于 3 次。所以如果一个项集的支持度小于最小支持度这个阈值，那么它的超集的支持度一定也小于这个阈值，就不用再考虑了。

下面简单描述购物篮事务库例子中，所有频繁项集是如何通过 Apriori 算法找出的。首先，我们限定最小支持度计数为 3。遍历长度为 1 的项集，发现{Coke}和{Eggs}不满足最小支持度计数，将它们除去。用剩余 4 个长度为 1 的频繁项集产生 6 个长度为 2 的候选集。在此基础上重新计算支持度计数，发现{Bread，Milk}和{Milk，Beer}这两个项集是非频繁的，将它们除去之后再产生长度为 3 的候选集。这里需要注意的是，不需要再产生{Milk，Beer，Diaper}这个候选集了，因为它的一个子集{Milk，Beer}是非频繁的，根据先验原理，这个项集本身一定是非频繁的。

Apriori 算法的优点是可以产生相对较小的候选集，而缺点是要重复扫描数据库，且扫描的次数由最大频繁项目集中项目数决定，因此 Apriori 算法适用于最大频繁项目集相对较小的数据集。

Apriori 算法需要不断地进行从频繁项集中产生候选集的过程、这个过程效率很低，为了提高找出所有候选集的效率，可以使用哈希树。

② FP-tree 算法。

下面介绍一种使用了与 Apriori 完全不同的方法来发现频繁项集的算法 FP-tree。FP-tree 算法在过程中没有像 Apriori 一样产生候选集，而是采用了更为紧凑的数据结构组织 tree，再直接从这个结构中提取频繁项集。

FP-tree 算法的过程为：首先对事务中的每个项计算支持度，丢弃其中非频繁的项，然后按每个项的支持度进行倒序排列。同时，对每一条事务中的项也按照倒序排列。根据每条事务中事务项的新顺序，将其依次插入一棵以 null 为根节点的树中，同时记录每个事务项的支持度。这个过程完成之后，我们就得到了 FP-tree 树结构。对构建完成的 FP-tree，从树结构的上方到下方对每个项将先前的路径转化为条件 FP-tree。根据每棵条件 FP-tree，找出所有频繁项集。

以上对 FP-tree 算法过程的描述比较抽象,我们通过下面的例子具体地了解一下 FP-tree 算法是如何找到频繁项集的。

首先对事务项中的所有项集计算支持度,然后按照倒序排列,如图 5-23 所示,ITEM 列为项 ID,FREQUENCY 列为支持度,按照支持度倒序排列后的次序为从 I2 到 I5。然后对每条事务中的项也按照倒序重新排列。例如,对 T100 这个事务,原来是无序的 I1,I2,I5,但因为 I2 的支持度按照倒序排列在 I1 之前,因此重新排序之后的顺序为 I2,I1,I5。经过重新排序后的事务的项集如图 5-23 中的第三列所示。

TID	ITEMSET	ORDERED	ITEM	FREQUENCY
T100	I1, I2, I5	I2, I1, I5	I2	7
T200	I2, I4	I2, I4	I1	6
T300	I2, I3	I2, I3	I3	6
T400	I1, I2, I4	I2, I1, I4	I4	2
T500	I1, I3	I1, I3	I5	2
T600	I2, I3	I2, I3		
T700	I1, I3	I1, I3		
T800	I1, I2, I3, I5	I2, I1, I3, I5		
T900	I1, I2, I3	I2, I1, I3		

图 5-23　关联分析事务排序

重新扫描事务库,按照重新排序的项集的顺序依次插入以 null 为根节点的树中。例如,对事务 T100,依次创建 I2、I1、I5 三个节点,然后可以形成一条 null→I2→I1→I5 的路径,该路径上所有节点的频度计数记为 1。对事务 T200,FP-tree 中已经存在了节点 I2,于是形成一条 null→I2→I4 的路径,同时创建一个 I4 的节点。此时,I2 节点上的频度计数增加 1,记为 2,同时节点 I4 的频度计数记为 1。按照相同的过程,扫描完库中的所有事务之后可以得到如图 5-24 所示的树结构。

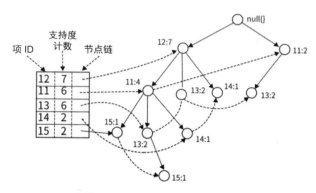

图 5-24　关联分析树结构图

对于构建完成的 FP-tree,从树的底部开始依次构建每个项的条件 FP-tree。首先在图中找到节点 I5,发现能够达到 I5 的路径有两条:{I2,I1,I5 :1}和{I2,

I1，I3，I5: 1}。

基于这两条路径来构造 I5 的条件 FP-tree 如图 5-25 所示，其中 I3 要被舍去，因为 I3 的计数为 1，不满足频繁项集的条件。然后用 I5 的前缀{I2，I1: 2}列举所有与后缀 I5 的组合，最终得到{I2，I5}、{I2，I1}和{I2，I1，I5}三个频繁项集。

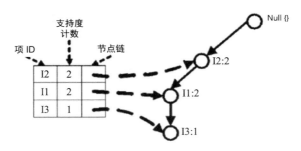

图 5-25　关联分析频繁项集

对所有项执行上述步骤，便可以得到所有项产生的频繁项集。

- ❑　优缺点评价。FP-tree 算法相对于 Apriori 算法，时间复杂度和空间复杂度都有了显著的提高。但是对海量数据集，时空复杂度仍然很高，此时需要用到数据库划分等技术。
- ❑　关联模式评价。在之前的分析中，我们已经知道了在由频繁项集产生的规则上，通过限定置信度来获得有意义的规则。然而通过置信度来筛选规则存在误导的缺点。下面通过一个二元相依表的例子来说明置信度的显著缺点。
  - ➢　相依表。

如图 5-26 所示为一个二元相依表，表中列出了两个项集所产生的四种情况。其中 X 表示项集 X 在事务中出现，$\overline{X}$ 表示项集 X 不在事务中出现。

	Y	$\overline{Y}$	
X	f_{11}	f_{10}	f_{1+}
$\overline{X}$	f_{01}	f_{00}	f_{0+}
	f_{+1}	f_{+0}	$|T|$

f_{11}——同时包含项集 X 和项集 Y 的事务个数；f_{10}——包含项集 X 但不包含项集 Y 的事务个数；f_{01}——包含项集 Y 但不包含项集 X 的事务个数；f_{00}——不包含项集 X 和项集 Y 的事务个数；f_{1+}——项集 X 支持度计数；f_{+1}——项集 Y 支持度计数；f_{0+}——项集 X 不支持度计数；f_{+0}——项集 Y 不支持度计数；$|T|$——所有事务个数之和。

图 5-26　关联分析二元相依表

> ➤ 置信度的局限。

如图 5-27 所示是一项对爱喝咖啡的人和爱喝茶的人之间关系的分析。

通过所给的信息可以用支持度和置信度评估关联规则{tea} → {coffee}。

	Coffee	Coffee	
Tea	15	5	20
Tea	75	5	80
	90	10	100

图 5-27　关联分析置信度

从这个规则 75%的高置信度我们似乎可以推断出喜欢喝茶的人也喜欢喝咖啡这条规则。但是所有人中，喜欢喝咖啡的人的比例高达 90%，通过对比发现，如果一个人喜欢喝茶，那么他喜欢喝咖啡的可能性将从 90%下降到 75%。因此，如果仅凭置信度就推断出规则是有缺陷的，之所以有这样的误导现象是因为置信度这个度量没有考虑规则中项集的支持度。

2．深度学习模型

深度学习算法是对人工神经网络的发展，很多深度学习算法是半监督式学习算法，用来处理存在少量未标识数据的大数据集。常见的深度学习算法包括受限波尔兹曼机（Restricted Boltzmann Machine，RBM）、深度信念网络（Deep Belief Network，DBN）、卷积神经网络（Convolutional Neural Network，CNN）、堆栈式自动编码器（Stacked Auto-Encoders，SAE）等。

深度学习之所以强大，主要是因为深度模型拥有更高的统计效率，相对需要更少的训练数据，深层网络比浅层网络拥有更加紧凑的表示。

深度学习有能力处理更加复杂的问题（如机器视觉等）。深度学习基本模型大致分为三类：多层感知机模型、深度神经网络模型和递归神经网络模型。其代表分别是 DBN、CNN 和 RNN。

1）DBN

2006 年，Geoffrey Hinton 提出 DBN 及其高效的学习算法，即 Pre-training + Fine tuning，并发表于 *Science* 上，成为其后深度学习算法的主要框架。DBN 是一种生成模型，通过训练其神经元间的权重，我们可以让整个神经网络按照最大概率来生成训练数据。所以，我们不仅可以使用 DBN 识别特征、分类数据，还可以用它来生成数据。

（1）网络结构。

DBN 由若干层 RBM 堆叠而成，上一层 RBM 的隐层作为下一层 RBM 的可见层。

一个普通的 RBM 网络结构如图 5-28 所示。它是一个双层模型，由 m 个可见层单元及 n 个隐层单元组成，其中，层内神经元无连接，层间神经元全连接。也就是说，在给定可见层状态时，隐层的激活状态条件独立；反之，当给定隐层状态时，可见层的激活状态条件独立。这保证了层内神经元之间的条件独立性，降低概率分布计算及训练的复杂度。RBM 可以被视为一个无向图模型，可见层神经元与隐层神经元之间的连接权重是双向的，即可见层到隐层的连接权重为 W，则隐层到可见层的连接权重为 W'。除以上提及的参数外，RBM 的参数还包括可见层偏置 b 及隐层偏置 c。RBM 可见层和隐层单元所定义的分布可根据实际需要更换，包括 Binary 单元、Gaussian 单元、Rectified Linear 单元等，这些不同单元的主要区别在于其激活函数不同。

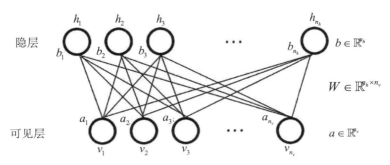

图 5-28　RBM 网络结构

DBN 模型由若干层 RBM 堆叠而成，如图 5-29 所示。如果在训练集中有标签数据，那么最后一层 RBM 的可见层中既包含前一层 RBM 的隐层单元，也包含标签层单元。假设顶层 RBM 的可见层有 500 个神经元，训练数据的分类一共分成了 10 类，那么顶层 RBM 的可见层有 510 个显性神经元，对每一训练数据，相应的标签神经元被打开设为 1，而其他的则被关闭设为 0。

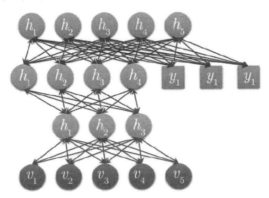

图 5-29　DBN 网络结构

（2）训练过程和优缺点。

DBN 的训练包括 Pre-training 和 Fine tuning 两步，其中 Pre-training 过程相当于逐层训练每一个 RBM，经过 Pre-training 的 DBN 已经可用于模拟训练数据，而为了进一步提高网络的判别性能，Fine tuning 过程利用标签数据，通过

BP 算法对网络参数进行微调。

对 DBN 优缺点的总结主要集中在生成模型与判别模型的优缺点总结上。

优点：

❑ 生成模型学习联合概率密度分布，可以从统计的角度表示数据的分布情况，能够反映同类数据本身的相似度。

❑ 生成模型可以还原出条件概率分布，此时相当于判别模型，而判别模型无法得到联合分布，所以不能当成生成模型使用。

缺点：

❑ 生成模型不关心不同类别之间的最优分类面到底在哪里，所以用于分类问题时，分类精度可能没有判别模型高。

❑ 由于生成模型学习的是数据的联合分布，因此在某种程度上学习问题的复杂性更高。

❑ 要求输入数据具有平移不变性。

（3）改进模型。

DBN 的变体比较多，包括卷积 DBN（CDBN）和条件 RBM（Conditional RBM）等。其改进主要集中于其组成"零件" RBM 的改进。

DBN 并没有考虑到图像的二维结构信息，因为输入是简单地将一个图像矩阵转换为一维向量。而 CDBN 利用邻域像素的空域关系，通过一个称为卷积 RBM（CRBM）的模型达到生成模型的变换不变性，而且可以容易地变换到高维图像。

DBN 并没有明确地处理对观察变量的时间联系的学习上，Conditional RBM 通过考虑前一时刻的可见层单元变量作为附加的条件输入，以模拟序列数据，这种变体在语音信号处理领域应用较多。

2）CNN

CNN 是人工神经网络的一种，已成为当前语音分析和图像识别领域的研究热点。它的权值共享网络结构使之更类似于生物神经网络，降低了网络模型的复杂度，减少了权值的数量。该优点在网络的输入是多维图像时表现得更为明显，可以使图像直接作为网络的输入，避免了传统识别算法中复杂的特征提取和数据重建过程。

全连接 DNN 的结构里下层神经元和所有上层神经元都能够形成连接，带来了参数数量的膨胀问题。例如，1000×1000 像素的图像，光这一层就有 10^{12} 个权重需要训练。此时我们可以用 CNN，对于 CNN 来说，并不是所有上下层神经元都能直接相连，而是以"卷积核"作为中介。同一个卷积核在所有图像内是共享的，图像通过卷积操作后仍然保留原先的位置关系。图像输入层到隐含层的参数瞬间降低到了 $100×100×100=10^6$ 个。

卷积网络是为识别二维形状而特殊设计的一个多层感知器，这种网络结构对平移、比例缩放、倾斜或者其他形式的变形具有高度不变性。

（1）网络结构。

CNN 是一个多层的神经网络，如图 5-30 所示。其基本运算单元包括卷积运算、池化运算、全连接运算和识别运算。

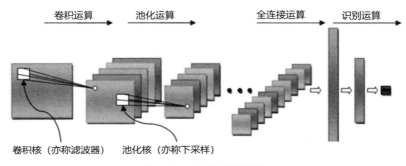

图 5-30　CNN 网络结构

① 卷积运算：前一层的特征图与一个可学习的卷积核进行卷积运算，卷积的结果经过激活函数后的输出形成这一层的神经元，从而构成该层特征图，也称特征提取层。每个神经元的输入与前一层的局部感受也相连接，并提取该局部的特征，一旦该局部特征被提取，它与其他特征之间的位置关系就被确定。

② 池化运算：能很好地聚合特征、降维来减少运算量。它把输入信号分割成不重叠的区域，对于每个区域通过池化（下采样）运算来降低网络的空间分辨率，比如最大值池化是选择区域内的最大值，均值池化是计算区域内的平均值。通过该运算来消除信号的偏移和扭曲。

③ 全连接运算：输入信号经过多次卷积核池化运算后，输出为多组信号，经过全连接运算，将多组信号依次组合为一组信号。

④ 识别运算：上述运算过程为特征学习运算，需在其基础上根据业务需求（分类或回归问题）增加一层网络，用于分类或回归计算。

（2）训练过程和优缺点。

卷积网络在本质上是一种输入到输出的映射，它能够学习大量的输入与输出之间的映射关系，而不需要任何输入和输出之间的精确的数学表达式，只要用已知的模式对卷积网络加以训练，网络就具有输入-输出对之间的映射能力。卷积网络执行的是有监督训练，所以其样本集是由形如（输入信号，标签值）的向量对构成的。

优点：

❑　权重共享策略减少了需要训练的参数，相同的权重可以让滤波器不受信号位置的影响来检测信号的特性，使得训练出来的模型的泛化能力更强。

❑ 池化运算可以降低网络的空间分辨率，从而消除信号的微小偏移和扭曲，所以对输入数据的平移不变性要求不高。

缺点：

深度模型容易出现梯度消散问题。

（3）改进模型。

CNN 因为在各个领域中取得了好的效果，成为近几年来研究和应用最为广泛的深度神经网络，比较有名的 CNN 模型主要包括 Lenet、Alexnet、GoogleNet、VGG 和 Deep Residual Learning。这些 CNN 的改进版本的模型深度或模型的组织结构有一定的差异，但是组成模型的机构构建是相同的，基本都包含了卷积运算、池化运算、全连接运算和识别运算。

3）RNN

全连接的 DNN 除了参数数量的膨胀问题还存在另一个问题——无法对时间序列上的变化进行建模。然而，样本出现的时间顺序对于自然语言处理、语音识别、手写体识别等应用非常重要。为了适应这种需求，就出现了另一种神经网络结构——循环神经网络（也称为递归神经网络，RNN）。

在普通的全连接网络或 CNN 中，每层神经元的信号只能向上一层传播，样本的处理在各个时刻独立，因此又被称为前向神经网络（Feed-forward Neural Network）。而在 RNN 中，神经元的输出可以在下一个时间戳直接作用到自身，即(t+1)时刻网络的最终结果 $O(t+1)$ 是该时刻输入和所有历史共同作用的结果。RNN 可以看成一个在时间上传递的神经网络，它的深度是时间的长度。

为了解决时间上的梯度消失，机器学习领域发展出了长短时记忆单元（LSTM），通过门的开关实现时间上的记忆功能，并防止梯度消失。

（1）网络结构。

图 5-31 左侧是 RNN 的原始结构，如果先抛弃中间那个令人生畏的闭环，其实就是简单的"输入层=>隐藏层=>输出层"三层结构，但是图中多了一个闭环，也就是说输入到隐藏层之后，隐藏层还会输入给自己，使得该网络可以拥有记忆能力。我们说 RNN 拥有记忆能力，而这种能力就是通过 W 将以往的输入状态进行总结，而作为下次输入的辅助。可以这样理解隐藏状态：$h=f$（现有的输入+过去记忆总结）。

（2）训练过程和优缺点。

由于 RNN 中输入时叠加了之前的信号，所以反向传导时不同于传统的神经网络，因为对于时刻 t 的输入层，其残差不仅来自于输出，还来自于之后的隐层。通过反向传递算法，利用输出层的误差，求解各个权重的梯度，然后利用梯度下降法更新各个权重。

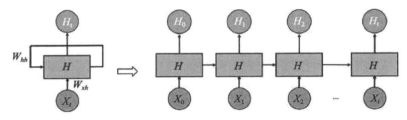

图 5-31　RNN 网络结构

优点：

模型是时间维度上的深度模型，可以对序列内容建模。

缺点：

❏　需要训练的参数较多，容易出现梯度消散或梯度爆炸问题。

❏　不具有特征学习能力。

（3）改进模型。

RNN 模型可以用来处理序列数据，RNN 包含了大量参数，且难于训练（时间维度的梯度消散或梯度爆炸），所以出现了一系列对 RNN 的优化，如网络结构、求解算法与并行化。

近年来 Bi-directional RNN（BRNN）与 LSTM 在自动图像描述、自动语言翻译及手写识别这几个方向上有了突破性进展。

4）混合结构

除了以上 3 种网络和之前提到的深度残差学习、LSTM，深度学习还有许多其他的结构。例如，RNN 既然能继承历史信息，是不是也能吸收未来的信息呢？因为在序列信号分析中，如果能预知未来，对识别一定也是有所帮助的。因此就有了双向 RNN、双向 LSTM，同时利用历史和未来的信息。

事实上，不论是哪种网络，它们在实际应用中常常都混合着使用，如 CNN 和 RNN 在上层输出之前往往会接上全连接层，很难说某个网络到底属于哪个类别。

不难想象随着深度学习热度的延续，更灵活的组合方式、更多的网络结构将被发展出来。尽管看起来千变万化，但出发点肯定都是为了解决特定的问题。在进行这方面的研究时，需要仔细分析一下这些结构各自的特点以及它们达成目标的手段。

5）CNN 和 RNN 的比较

RNN 的重要特性是可以处理不定长的输入，得到一定的输出。当输入可长可短，如训练翻译模型时，句子长度都不固定，此时无法像训练固定像素的图像那样用 CNN 处理，而利用 RNN 的循环特性可以轻松解决。

在序列信号的应用上，CNN 只响应预先设定的信号长度（输入向量的长度），RNN 的响应长度是学习出来的。CNN 对特征的响应是线性的，RNN 在这个递进方向上是非线性响应的。这也带来了很大的差别。

CNN 是专门解决图像问题的，可把它看作特征提取层，放在输入层上，最后用 MLP（多层神经网络）做分类。RNN 是专门解决时间序列问题的，用来提取时间序列信息，放在特征提取层之后。

CNN 侧重空间映射，图像数据尤为贴合此场景。RNN 为递归型网络，用于序列数据，并且有了一定的记忆效应，辅之以 LSTM。

CNN 擅长从局部特征逼近整体特征，RNN 擅长对付时间序列。

3．特征比对方法

机器学习不能唯算法论，它是一个过程，这样的过程还包括数据处理和模型训练，而数据处理中又包括特征提取和特征表示，模型训练中有训练的策略、训练的模型、算法相关等一套流程。一个好的预测模型与特征提取、特征表示的方法息息相关，而算法只是作用于特征数据集上的一种策略。

1）特征选择的意义

有限的样本数目下，用大量的特征来设计分类器的计算开销太大，而且分类性能差，所以需要进行特征选择。

2）特征选择的确切含义

将高维空间的样本通过映射或者变换的方式转换到低维空间，达到降维的目的，然后通过特征选择删除冗余和不相关的特征来进一步降维。

3）特征选择的原则

特征选择应获取尽可能小的特征子集，不显著降低分类精度，不影响类分布，特征子集应具有稳定、适应性强等特点。

4）特征选择的方法

特征选择主要有以下 3 种方法。

（1）Filter 方法。其主要思想是：对每一维的特征打分，即给每一维的特征赋予权重，权重代表该维特征的重要性，然后依据权重排序。主要的方法有 Chi-Squared Test（卡方检验）、Information Gain（信息增益）、Correlation Coefficient Scores（相关系数得分）。

（2）Wrapper 方法。其主要思想是：将子集的选择看作一个搜索寻优问题，生成不同的组合，对组合进行评价，再与其他的组合进行比较。这样就将子集的选择看作一个优化问题，这里有很多的优化算法可以解决，尤其是一些启发式的优化算法，如 GA、PSO、DE、ABC 等。主要方法有递归特征消除算法。

（3）Embedded 方法。其主要思想是：在模型既定的情况下学习出对提高模型准确性最好的属性，即挑选出对模型的训练有重要意义的属性。简单易学的机器学习算法——岭回归（Ridge Regression），就是在基本线性回归的过程中加入了正则项。

5.3 应用实践：大数据安全处理系统理论模型

5.3.1 需求分析

随着科技的发展，人们慢慢进入互联网时代，大数据这个词汇开始出现在我们的生活中，海量的数据来源于万物互联网络，每个人对于这庞大的数据都十分好奇并且对其价值十分渴求，从而给信息安全带来了新的机遇和挑战。如何引导大数据向利好的方向发展，如何有效地利用大数据进行时代科技变革，已经成为 IT 浪潮的主旋律。

大数据的产生使数据的分析与应用更加复杂，因为数据庞大烦琐，难以管理。根据相关数据统计，过去 3 年的数据增长量比以往 400 年的数据加起来还要多，这些数据包括文档、图片、视频、Web 页面、电子邮件等不同类型，其中只有 20% 是结构化数据，80% 则是非结构化数据。数据的增多使数据安全和隐私保护问题日渐突出，各类安全事件给企业和用户敲醒了警钟。在整个数据生命周期里，企业需要遵守更严格的安全标准和保密规定，对数据存储与使用的安全性和隐私性要求越来越高，传统的数据保护方法常常无法应对新变化，网络和数字化生活也使黑客更容易获得他人信息，有了更多不易被追踪和防范的犯罪手段，而现有的法律法规和技术手段却难于解决此类问题。因此，在大数据环境下，数据安全和隐私保护是一个重大挑战。

但是也应该看到，在大数据时代，业务数据和安全需求相结合能够有效提高企业的安全防护水平。通过对业务数据的大量搜集、过滤与整合，经过细致的业务分析和关联规则挖掘，企业能够感知自身的网络安全态势，预测业务数据走向，了解业务运营安全情况，这对企业来说具有革命性的意义。目前，在一些运营商的业务部门已经开始使用安全基线和大数据分析技术，及时检测与发现网络中的各种异常行为和安全威胁，从而采取相应的安全措施。

随着对大数据的广泛关注，有关大数据安全的研究和实践也已逐步展开，包括科研机构、政府组织、企事业单位、安全厂商等在内的各方力量，正在积极推动与大数据安全相关的标准制定和产品研发，为大数据的大规模应用奠定更加安全和坚实的基础。

大数据安全又是什么呢？顾名思义，大数据安全是指用大数据技术解决安全问题，核心是解决安全问题，手段是用大数据技术。保障大数据安全，即大数据自身的安全问题。大数据安全不同于关系型数据安全，大数据无论是在数据体量、结构类型、处理速度、价值密度方面，还是在数据存储、查询模式、分析应用上都与关系型数据有着显著差异。

为保障大数据安全，解决大数据自身的安全问题，需要重新设计和构建大数据安全架构和开放数据服务，从网络安全、数据安全、灾难备份、安全风险管理、安全运营管理、安全事件管理、安全治理等各个角度考虑，部署整体的安全框架，保障大数据计算过程、数据形态、应用价值的安全。

从核心出发，安全问题抽象来说就是攻击和防御。谁攻击了我们？我们受到攻击时是如何防御的？攻击者的目的是什么？通过什么手段攻击的我们？我们明确了这些问题后，就需要进行分析：传统的方法是如何处理的？缺陷是什么？运用大数据又是如何处理的？大数据的优势是什么？例如，WAF 系统中，传统的方法是基于黑名单（签名库），缺陷是感知不到未知的漏洞（0Day）和威胁。运用大数据技术则基于白名单（异常检测），运用机械学习（学习正常的行为模式，建立基线），对大量的数据鉴定异常。

1. 应用场景需求

在理解大数据安全、制定相应策略之前，有必要对大数据的应用场景需求进行全面了解和掌握，以分析大数据环境下的安全特征与问题。

1）互联网行业

互联网企业在应用大数据时，常会涉及数据安全和用户隐私问题。随着电子商务、手机上网行为的发展，互联网企业受到攻击的情况比以前更为隐蔽。攻击的目的并不仅是让服务器宕机，更多的是以渗透 APT 的攻击方式进行。因此，防止数据被损坏、篡改、泄露或窃取的任务十分艰巨。同时，由于用户隐私和商业机密涉及的技术领域繁多、机理复杂，很难有专家可以贯通法理与专业技术，界定出由于个人隐私和商业机密的传播而产生的损失，也很难界定侵权主体是出于个人目的还是企业行为。因此，互联网企业的大数据安全需求是可靠的数据存储，安全的挖掘分析，严格的运营监管，呼唤针对用户隐私的安全保护标准、法律法规、行业规范，期待从海量数据中合理发现和发掘商业机会和商业价值。

2）电信行业

大量数据的产生、存储和分析，使得运营商在数据对外应用和开放过程中面临着数据保密、用户隐私、商业合作等一系列问题。运营商需要利用企业平台、系统和工具实现数据的科学建模，确定或归类这些数据的价值。由于数据通常散乱在众多系统中，信息来源十分庞杂，因此运营商需要进行有效的数据收集与分析，保障数据的完整性和安全性。在对外合作时，运营商需要准确地将外部业务需求转换成实际的数据需求，建立完善的数据对外开放访问机制。

在此过程中，如何有效保护用户隐私，防止企业核心数据泄露，成为运营商对外开展大数据应用需要考虑的重要问题。因此，电信运营商的大数据安全需求是确保核心数据与资源的保密性、完整性和可用性，在保障用户利益、体验和隐私的基础上充分发挥数据价值。

3）金融行业

金融行业的系统具有相互牵连、使用对象多样化、安全风险多方位、信息可靠性和保密性要求高等特征，而且金融行业对网络的安全性、稳定性要求更高。系统要能够高速处理数据，提供冗余备份和容错功能，具备较好的管理能力和灵活性，以应对复杂的应用。虽然金融行业一直在数据安全方面追加投资并进行技术研发，但是金融领域业务链条的拉长、云计算模式的普及、自身系统复杂度的提升以及对数据的不当利用等都增加了金融行业大数据的安全风险。因此，金融行业对数据访问控制、处理算法、网络安全、数据管理和应用等方面提出安全要求，期望利用大数据安全技术加强金融机构的内部控制，提高金融监管和服务水平，防范和化解金融风险。

4）医疗行业

随着医疗数据的几何倍数增长，数据存储压力越来越大。数据存储是否安全可靠，已经关乎医院业务的连续性。因为系统一旦出现故障，首先考验的就是数据的存储、灾备和恢复能力。如果数据不能迅速恢复，而且恢复不到断点，则对医院的业务、患者满意度构成直接损害。同时，医疗数据具有极强的隐私性，大多数医疗数据拥有者不愿意将数据直接提供给其他单位或个人进行研究利用，而数据处理技术和手段的有限性也造成了宝贵数据资源的浪费。因此，医疗行业对大数据安全的需求是数据隐私性高于安全性和机密性，同时需要安全和可靠的数据存储、完善的数据备份和管理，以帮助医生进行疾病诊断、药物开发、管理决策，完善医院服务，提高病人满意度，降低病人流失率。

5）政府组织

大数据分析在安全上的潜能已经被各国政府组织发现，它能够帮助国家构建更加安全的网络环境。美国中央情报局通过利用大数据技术，提高从大型复杂的数字数据集中提取知识和观点的能力，加强国家安全。因此，政府组织对大数据安全的需求是隐私保护的安全监管、网络环境的安全感知、大数据安全标准的制定、安全管理机制的规范等内容。

2. 威胁感知需求分析

1）APT 攻击检测

APT（Advanced Persistent Threat，高级可持续威胁）攻击的典型过程如图 5-32 所示。

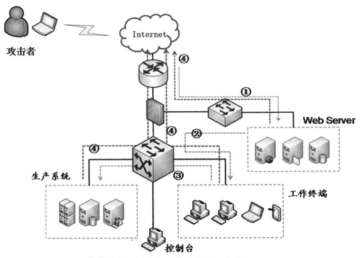

说明：①②③为入侵流程，④为信息泄露途径

图 5-32　APT 攻击

APT 攻击具有以下特点。

❑ 以特定的政府或企业为攻击目标，长时间地进行有计划、有组织的网络攻击，以获取极具价值的情报信息。

❑ APT 攻击具有先进、智能化等特征，当它的一种攻击方法不能奏效时，就会尝试采用另一种攻击方法，直至达到预定攻击效果。

❑ APT 攻击持续且隐蔽，能长期潜伏，具有一定的反侦测能力，因此人们往往会被其低调而缓慢的行动所迷惑，以致遭受巨大损失后才有所发现。

下面介绍 APT 攻击的几个经典案例。

（1）Google 极光攻击。

2010 年的 Google Aurora（极光）攻击是一个十分著名的 APT 攻击案例。Google 的一名雇员点击了即时消息中的一条恶意链接，引发一系列事件，导致这个"搜索引擎巨人"的网络被渗入数月，并且造成各种系统的数据被窃取。这次攻击以 Google 和其他 20 多家公司为目标，它是由一个有组织的网络犯罪团体精心策划的，目的是长时间地渗入这些企业的网络并窃取数据。

该攻击过程大致如下。

① 对 Google 的 APT 行动开始于刺探工作，特定的 Google 员工成为攻击者的目标。攻击者尽可能地收集信息，搜集该员工在 Facebook、Twitter、LinkedIn 和其他社交网站上发布的信息。

② 攻击者利用一个动态 DNS 供应商来建立托管伪造照片网站的 Web 服务

器。该 Google 员工收到来自信任的人发来的网络链接并且点击，就进入了恶意网站。该恶意网站页面载入含有 shellcode 的 JavaScript 程序码，造成 IE 浏览器溢出，进而执行 FTP 下载程序，并从远端进一步抓了更多新的程序来执行（由于其中部分程序的编译环境路径名称带有 Aurora 字样，该攻击故此得名）。

③ 攻击者通过 SSL 安全隧道与受害人机器建立了连接，持续监听并最终获得了该雇员访问 Google 服务器的账号、密码等信息。

④ 攻击者使用该雇员的凭证成功渗透进入 Google 的邮件服务器，进而不断地获取特定 Gmail 账户的邮件内容信息。

（2）超级工厂病毒攻击（震网攻击）。

著名的超级工厂病毒攻击为人所知主要源于 2010 年伊朗布什尔核电站遭到 Stuxnet 蠕虫攻击的事件曝光。

遭遇超级工厂病毒攻击的核电站计算机系统实际上是与外界物理隔离的，理论上不会遭遇外界攻击。坚固的堡垒只有从内部才能被攻破，超级工厂病毒充分地利用了这一点。超级工厂病毒的攻击者并没有广泛地传播病毒，而是针对核电站相关工作人员的家用计算机、个人计算机等能够接触到互联网的计算机发起感染攻击，以此为第一道攻击跳板，进一步感染相关人员的移动设备，病毒以移动设备为桥梁进入"堡垒"内部，随即潜伏下来。病毒很有耐心地逐步扩散，一点一点地进行破坏。这是一次十分成功的 APT 攻击，而其最为恐怖的地方就在于极为巧妙地控制了攻击范围，攻击十分精准。

2011 年，一种基于 Stuxnet 代码的新型蠕虫 Duqu 出现在欧洲，号称"震网二代"。Duqu 主要收集工业控制系统的情报数据和资产信息，为攻击者提供下一步攻击的必要信息。攻击者通过僵尸网络对其内置的安装远端控制工具（RAT）进行远程控制，并且采用私有协议与 CC 端进行通信，传出的数据被包装成 JPG 文件和加密文件。

（3）夜龙攻击。

夜龙攻击是 McAfee 在 2011 年 2 月发现并命名的针对全球主要能源公司的攻击行为。该攻击过程如下。

① 外网主机（如 Web 服务器）遭攻击成功，多半是被 SQL 注入攻击。

② 攻击者以 Web 服务器为跳板，对内网的其他服务器或 PC 进行扫描。

③ 内网机器（如 AD 服务器或开发人员计算机）遭攻击成功，多半是被密码暴力破解。

④ 被黑机器被植入恶意代码，多半被安装远端控制工具，传回大量机敏文件（Word、PPT、PDF 等），包括所有会议记录与组织人事架构图。

⑤ 更多内网机器遭入侵成功，多半为高阶主管点击了看似正常的邮件附件，却不知其中含有恶意代码。

（4）RSA SecurID 窃取攻击。

2011 年 3 月，EMC 公司下属的 RSA 公司遭受入侵，部分 SecurID 技术及客户资料被窃取。其后果导致很多使用 SecurID 作为认证凭据建立 VPN 网络的公司——包括洛克希德·马丁公司、诺斯罗普公司等美国国防外包商——受到攻击，重要资料被窃取。在 RSA SecurID 攻击事件中，攻击方没有使用大规模 SQL 注入，也没有使用网站挂马或钓鱼网站，而是以最原始的网络通信方式，直接寄送电子邮件给特定人士，并附带防毒软件无法识别的恶意文件附件。

其攻击过程大体如下。

① RSA 中两位员工在两天之中分别收到标题为 2011 Recruitment Plan 的恶意邮件，附件是名为 2011 Recruitment plan.xls 的电子表格。

② 一位员工对此邮件感兴趣，并将其从垃圾邮件中取出来阅读，殊不知此电子表格其实含有当时最新的 Adobe Flash 的 0Day 漏洞（CVE-2011-0609）。

③ 该员工的主机被植入臭名昭著的 Poison Ivy 远端控制工具，并开始自 C&C 中继站下载指令进行任务。

④ 首批受害的使用者并非位高权重的人物，紧接着相关联的人士，包括 IT 与非 IT 等服务器管理员的主机相继被黑。

⑤ RSA 发现开发用服务器遭入侵，攻击方随即进行撤离，加密并压缩所有资料（都是 RAR 格式），并以 FTP 传送至远端主机，又迅速再次搬离该主机，清除所有踪迹。

（5）暗鼠攻击。

2011 年 8 月，McAfee/Symantec 发现并报告了该攻击。该攻击在长达数年的持续攻击过程中，渗透并攻击了全球多达 70 个组织和公司的网络，包括美国政府、联合国、红十字会、武器制造商、能源公司、金融公司等。

其攻击过程如下。

① 攻击者通过社会工程学的方法收集攻击目标的信息。

② 攻击者给攻击目标的某个特定人发送一些极具诱惑性的、带有附件的邮件，例如邀请他参加所在行业的会议，以同事或者 HR 部门的名义告知他更新通讯录，请他审阅某个真实存在的项目的预算，等等。

③ 当受害人打开这些邮件并查看附件（大部分形如 Participant_Contacts. xls、2011 project budget.xls、Contact List-Update.xls、The budget justification.xls）时，受害人的 Excel 程序的 FEATHEADER 远程代码执行漏洞（Bloodhound. Exploit.306）被利用，从而被植入木马。实际上，该漏洞不是 0Day 漏洞，但是受害人没有及时打补丁，并且该漏洞只针对某些版本的 Excel 有效，可见被害人所使用的 Excel 版本信息也已经为攻击者所悉知。

④ 木马与远程的服务器进行连接，并下载恶意代码。而这些恶意代码被精

心伪装（如被伪装为图片或者 HTML 文件），不为安全设备所识别。

⑤ 借助恶意代码，远程计算机与受害人机器建立了远程 Shell 连接，从而导致攻击者可以任意控制受害人的机器。

（6）Lurid 攻击。

2011 年 9 月 22 日，TrendMicro 的研究人员公布了一起针对印度、越南和中国等国家的政府部门、外交部门、航天部门及科研机构的 APT 攻击——Lurid 攻击。

攻击者主要是利用了 CVE-2009-4324 和 CVE-2010-2883 这两个已知的 Adobe Reader 漏洞，以及被压缩成 RAR 文件的带有恶意代码的屏幕保护程序。

用户一旦阅读了恶意 PDF 文件或者打开了恶意屏幕保护程序，就会被植入木马。木马程序会变换多种花样驻留在受害人计算机中，并与 C&C 服务器进行通信，收集的信息通常通过 HTTP POST 上传给 C&C 服务器。攻击者借助 C&C 服务器对木马下达各种指令，不断收集受害企业的敏感信息。

（7）Nitro 攻击。

2011 年 10 月底，Symantec 发布的一份报告公开了主要针对全球化工企业进行信息窃取的 Nitro 攻击。

该攻击过程也十分典型。

① 受害企业的部分雇员收到带有欺骗性的邮件。

② 当受害人阅读邮件时，往往会看到一个通过文件名和图标伪装成文本文件的附件，而实际上是一个可执行程序；或者看到一个有密码保护的压缩文件附件，密码在邮件中注明，如果解压便会产生一个可执行程序。

③ 只要受害人执行了附件中的可执行程序，就会被植入 Poison Ivy 后门程序。

④ Poison Ivy 会通过 TCP 80 端口与 C&C 服务器进行加密通信，将受害人计算机中的信息上传，主要是账号相关的文件信息。

⑤ 攻击者在获取了加密的账号信息后，通过解密工具找到账号的密码，然后借助事先植入的木马在受害企业的网络寻找目标，伺机行动，不断收集企业的敏感信息。

⑥ 所有的敏感信息会加密存储在网络中的一台临时服务器上，并最终上传到公司外部的某台服务器上，从而完成攻击。

（8）Luckycat 攻击。

2012 年 3 月，TrendMicro 发布的报告中披露了一个针对印度和日本的航空航天、军队、能源等单位进行长时间的渗透和刺探的攻击行动，并命名为 Luckycat。

根据报告显示，这次攻击行动依然是通过钓鱼邮件开始的，例如针对日本目标的钓鱼邮件的内容大多跟福岛核电站的核辐射问题有关。然后就是利用了很多针对 pdf/rtf 的漏洞，包括 CVE-2010-3333、CVE-2010-2883、CVE-2010-3654、CVE-2011-0611、CVE-2011-2462 等。渗透进去之后利用 C&C 服务器进行远程控制，而 C&C 服务器是通过 VPS 申请到的 DNS 域名。

2）AET 攻击检测

AET 即 Advanced Evasion Technoque，高级逃逸技术。

TCP/IP 是互联网和大多数计算机网络使用的协议集，是根据 1981 年发布的 RFC 791 标准的要求编写的。其中，RFC 提到，"一般而言，设备必须在发送行为上保守一点，在接收行为上宽松一点。"也就是说，设备在发送符合语法的数据报时必须谨慎一些，同时接收一切能够翻译的数据报。这就意味着，编写信息的方式多种多样，而且接收主机还能一字不差地翻译这些信息。这种宽松的方式原本是为了提高系统间互操作性的可靠性，但它同时也为大量攻击提供了隐蔽的渠道来逃逸检测。由于不同操作系统和应用程序接收数据包时的表现形式各异，因此，目标主机的应用程序所看见的内容可能与网络流量中的内容完全不一样。同样，检测系统与主机之间的网络本身可能也会改变流量。在许多情况下，如果能够谨慎利用这些不同之处，要以看似正常和安全的方式创建数据包是完全有可能的，但当终端主机翻译时，则会形成一个可攻击终端系统的漏洞利用程序。这类技术就是所谓的逃逸技术。

（1）比较典型的几种逃逸技术包括分片逃逸攻击、重叠逃逸攻击和多余字节逃逸攻击。

❑ 分片逃逸攻击。攻击者把完整的数据流 GET/bob.printer_HTTP/1.1 分成了 3 段，分别传输给接收目标，第 3 段上的数据故意没有传输完整，只有_HTTP/1.，如图 5-33 所示。

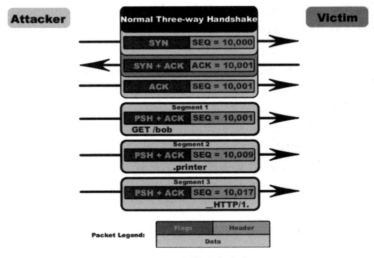

图 5-33　分片逃逸攻击

❑ 重叠逃逸攻击。攻击者利用分段的数据流在第 2 个分段 b.prin 上故意多加了一个 o 字符。如果安全检测设备不能识别这个多加的字符，就会把数据重组完整后传给目标接收者，如图 5-34 所示。

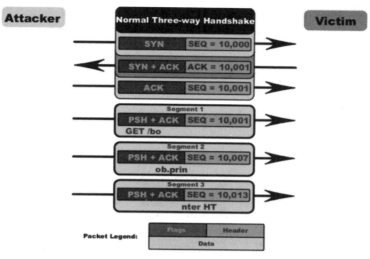

图 5-34　重叠逃逸攻击

❑ 多余字节逃逸攻击。攻击者在完整的数据流 GET/bob.printer HTTP/1.1 前面加入多余无效字符，并且存在恶意攻击代码，如图 5-35 所示。

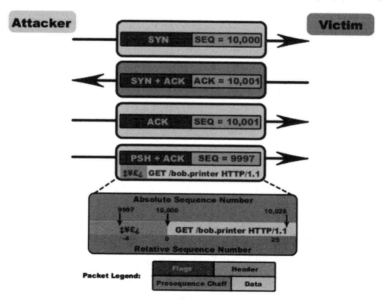

图 5-35　多余字节逃逸攻击

（2）高级逃逸技术。

在 TCP/IP 7 层中有一系列新型逃逸技术，能避开目前所有主流的 IPS 设备的检测，而携带攻击代码进入，并针对目标服务器协议的漏洞进行攻击，这一系列新型逃逸技术统称为高级逃逸技术。CSA 以及 NSS 证明这一系列新型逃逸技术确实不能被主流 IPS 设备所检测出来。这种攻击技术可按任何顺序改变或重新组合，从而避开安全系统的检测。从本质上讲，高级逃逸技术是动态的、不合常规的，没有数量限制，传统检测手段无法检测。高级逃逸技术可在任何级别的 TCP/IP 栈上运行，可穿越多种协议或协议组合，例如运行于 OSI 模型的高级逃逸技术，如图 5-36 所示。

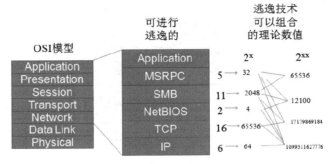

图 5-36　高级逃逸

3）0Day 攻击检测

0Day 漏洞已经被发现（有可能未被公开），而官方还没有相关补丁的漏洞。0Day 中的 0 表示 zero，目前只要是在软件或者其他媒介发布后，在最短时间内出现相关破解的，都可以叫 0Day 漏洞。常见的 0Day 漏洞包括永恒之蓝（EternalBlue）、Linux 版"永恒之蓝"samba 漏洞、织梦内容管理系统 DedeCMS 的 recommend.php 存在 SQL 注入，以及 PHPCMS V9 内容管理系统的 authkey 泄露等漏洞。

4）未知木马或病毒

现有的安全检测机制都是基于已知的攻击行为、攻击技术提炼出规则库的方式，但是对于未知的攻击行为、攻击技术则无能为力，如利用了未知技术的木马或病毒。

3．防护理念分析

未来信息安全防护理念以"小前端+大平台"为核心（见图 5-37）。

安全盒子最终蜕变成信息搜集的探针和安全策略的执行者。

大平台一定是运用云计算和大数据技术搭建的一个平台，这个平台未必规模很大，但一定是承载万物、按需提供、横向扩展、开放合作。

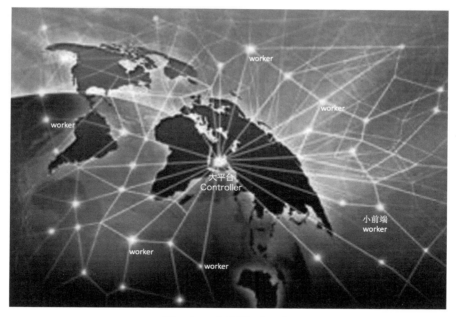

图 5-37　小前端+大平台

前端盒子里面实现的简单的和复杂的安全功能未来一定是运行在云端大平台上面的，经过云平台的分析和处理后，下发安全策略给前端盒子。

未来安全策略也不会如现在这么复杂，可能就是简单的黑白名单，名单中的元素未必一定是 IP，还可能是威胁情报的任何元素，如 MD5、HASH、虚拟账号等。

就部署场景来讲，大致可以分为两类：一类是私有云部署，一类是公有云部署，如图 5-38 所示。

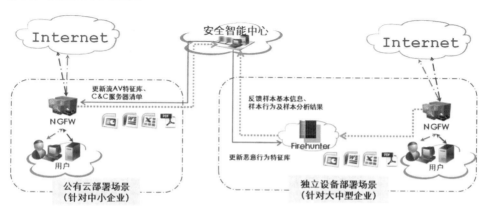

图 5-38　"小前端+大平台"部署场景

图 5-38 中的 NGFW 充当了信息探针和策略执行的 worker，Firehunter 作为私有云部署中的大平台，安全智能中心作为公有云部署中的大平台。当然，Firehunter 和安全智能中心在某些情况下需要做知识的同步和共享，我们暂且将这些知识认为是威胁情报。

小前端未必一定是硬件盒子，软件客户端（如杀毒客户端）和运行在主机上的软件 Agent 等都可以成为信息探针和策略执行的 worker。

对于安全大数据产品或服务来说，下面一些指标是客户比较关注的。

（1）已知安全威胁的及时发现及阻断率。

（2）未知安全威胁的发现率、预警准确率、及时性。

（3）安全威胁处置的时效性、自动化程度。

（4）安全运维管理的复杂度、投入产出比。

1）大平台：承载万物

如图 5-39 所示，这样一个平台至少能够满足：

❑ 大规模数据存储。

❑ 数据重整、归一、校验等。

❑ 信息安全防护所需要的任何计算。

❑ 已知或未知安全威胁的检测、减弱、阻止等。

❑ 统计与可视化。

❑ 安全策略生成、决策、下发。

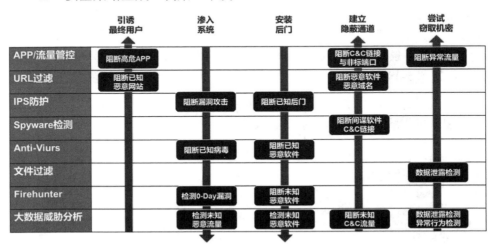

图 5-39　基于大数据分析的网络安全防御体系

2）大平台：按需提供

按需提供有两方面的需求：一方面是面向客户的安全需求能够做到按客户

需求而实时提供；另一方面是根据小前端反馈的信息，能够提供实时响应的安全防护和处置措施，如病毒检测、10G DDoS 清洗等。

3）大平台：横向扩展

由于整个网络都处在不断变化和流动之中，安全需求也随时变化。有些安全需求对资源消耗有强关联，如在某些高峰期需要超过 100G 的流量处理能力，但只是持续 10min，这时则需要此平台能够动态地、实时地进行资源的分配与回收。

系统处理性能的扩充方法一般有两种：Scale up（纵向扩展）和 Scale out（横向扩展）。对于一个能够承载万物的安全大数据服务平台来说，Sacle out 是必然的选择。

4）大平台：开放合作

大平台必须要从以下方面做到开放合作。

（1）北向 API 能够承载各种软件，包括闭源系统、开源软件、第三方定制开发。

（2）南向 API 能够兼容各种硬件厂商服务器、分布式或集中式共享存储系统、虚拟化系统（虚拟机、容器）。

5）小前端：信息探针

小前端有可能是硬件盒子，也可能是运行在裸金属上的系统软件、运行在虚拟化系统上的组件服务、运行在操作系统或容器中的软件程序等。

小前端作为信息探针，至少要能够做到：

（1）根据大平台的信息搜集策略进行各种信息的收集、整理和上送。

（2）有一定的本地缓存和本地存储能力。

（3）可以针对信息做一些预处理，如协议还原、数据编码与压缩等。

6）小前端：策略执行

小前端作为策略执行者，至少要能够做到：

（1）接收来自大平台的策略。

（2）在目标上执行策略并反馈执行结果。

这里的目标可能是自身，如一台 IPS 设备充当小前端，则阻断策略就是在自身上执行；也可能是其他的网络设备、物理主机、虚拟主机、操作系统、虚拟化系统、应用程序等。

5.3.2 大数据处理的基市过程

随着软件系统的日益增多，系统所积累的数据量日益庞大，而传统的数据分析已经满足不了海量数据的分析需求，即便可行，性能也会很低。面对此问题，大数据分析成为互联网企业必须掌握的一种技能。

大数据处理的基本过程分为数据采集、数据存储、数据处理以及大数据在具体项目中的应用。

大数据技术的战略意义不在于掌握庞大的数据信息，而在于对含有意义的数据进行专业化处理。换而言之，如果把大数据比作一种产业，那么这种产业实现盈利的关键在于提高对数据的加工能力，通过加工实现数据的增值。

1. 数据采集

顾名思义，数据采集就是针对各种系统每天产生并存放在各类数据库、文件系统的数据，或者服务器每天产生的各种日志文件，又或者是各种图像、音频、视频文件等，把相应的数据采集、汇总、入库。

1）数据源

大数据项目获取数据的途径可以分为三类：一是通过前端的 js 埋点将数据代理到 Nginx 服务器；二是通过 JavaSDK 从后台获取；三是通过传感器获取。前两类多用于互联网项目，如电商网站等。第三类多用于传统项目，如交通、水利等。

在采集数据的过程中，可以采用以下两种方式避免数据流激增带来的影响。一是使用 Nginx 集群实现反向代理，将数据保存到服务器；二是使用 LVS（Linux Virtual Server，Linux 虚拟服务器，是一个虚拟的服务器集群系统）技术，主要用于多服务器的负载均衡。

2）ETL

ETL（Extract-Transform-Load）用来描述数据从来源端经过抽取（Extract）、转换（Transform）、加载（Load）至目的端的过程。比较常用的 ETL 工具有 Flume、Logstash、Sqoop 等。下面以 Flume 为例进行介绍。

Flume 是 Cloudera 提供的一个高可用、高可靠、分布式的海量日志采集、聚合和传输系统。Flume 支持在日志系统中定制各类数据发送方，用于收集数据；同时，Flume 提供对数据进行简单处理并写到各种数据接收方（可定制）的能力，以及从 Console（控制台）、RPC（Thrift-RPC）、Text（文件）、Tail（UNIX tail）、Syslog（Syslog 日志系统，支持 TCP 和 UDP 两种模式）、exec（命令执行）等数据源上收集数据的能力。

Flume NG 的架构如图 5-40 所示。

Flume 各个组件之间的联系如图 5-41 所示。

（1）Source：完成对日志数据的收集，分成 Transtion 和 Event 打入 Channel 中。Source 类型及其说明如表 5-1 所示。

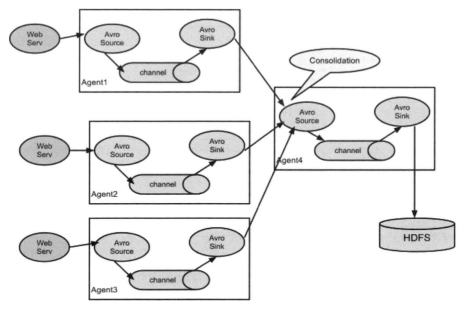

图 5-40　Flume NG 的架构

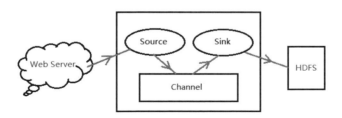

图 5-41　Flume 组件

表 5-1　Source 类型及其说明

Source 类型	说　　明
Avro Source	支持 Avro 协议（实际上是 Avro RPC），提供一个 Avro 的接口，需要往设置的地址和端口发送 Avro 消息，Source 就能接收到，如 Log4j Appender 通过 Avro Source 将消息发送到 Agent
Thrift Source	支持 Thrift 协议，提供一个 Thrift 接口，类似 Avro
Exec Source	Source 启动时会运行一个设置的 UNIX 命令（如 cat file），该命令会不断地往标准输出（stdout）数据，这些数据会被打包成 Event，进行处理
JMS Source	从 JMS 系统（消息、主题）中读取数据，类似 ActiveMQ
Spooling Directory Source	监听某个目录，该目录有新文件出现时，把文件的内容打包成 Event，进行处理

续表

Source 类型	说　　明
Netcat Source	监控某个端口，将流经端口的每一个文本行数据作为 Event 输入
Sequence Generator Source	序列生成器数据源，生产序列数据
Syslog Sources	读取 Syslog 数据，产生 Event，支持 UDP 和 TCP 两种协议
HTTP Source	基于 HTTP POST 或 GET 方式的数据源，支持 JSON、BLOB 表示形式
Legacy Source	兼容旧版本 Flume OG 中的 Source（0.9.x 版本）
Custom Source	自定义 Source 使用者通过实现 Flume 提供的接口来定制满足需求的 Source

（2）Channel：主要提供一个队列的功能，对 Source 提供的数据进行简单的缓存。Channel 类型及其说明如表 5-2 所示。其中，File Channel 是一个持久化的隧道，它持久化所有事件，并将其存储到磁盘中。因此，即使 Java 虚拟机宕机，或者操作系统崩溃、重启，又或者事件没有在管道中成功地传递到下一个代理，都不会造成数据丢失。Memory Channel 是一个不稳定的隧道，其原因是它在内存中存储所有事件。如果 Java 进程停止，任何存储在内存的事件将会丢失。另外，内存的空间受到 RAM 大小的限制，而 File Channel 在这方面具有优势，只要磁盘空间足够，它就可以将所有事件数据存储到磁盘上。

表 5-2　Channel 类型及其说明

Channel 类型	说　　明
Memory Channel	Event 数据存储在内存中
JDBC Channel	Event 数据存储在持久化存储中，当前 Flume Channel 内置支持 Derby
File Channel	Event 数据存储在磁盘文件中
Spillable Memory Channel	Event 数据存储在内存中和磁盘上，当内存队列满后，会持久化到磁盘文件（当前是试验性的，不建议在生产环境中使用）
Pseudo Transaction Channel	测试用途
Custom Channel	自定义 Channel 实现

（3）Sink：取出 Channel 中的数据，进行相应的存储。Sink 在设置存储数据时，可以向文件系统、数据库和 Hadoop 中存储数据，在日志数据较少时，可以将数据存储在文件系统中，并且设定一定的时间间隔保存数据。在日志数据较多时，可以将相应的日志数据存储到 Hadoop 中，便于日后进行相应的数据分析。Sink 类型及其说明如表 5-3 所示。

表 5-3　Sink 的类型及其说明

Sink 类型	说　　明
HDFS Sink	数据写入 HDFS
Logger Sink	数据写入日志文件
Avro Sink	数据被转换成 Avro Event，然后发送到配置的 RPC 端口上
Thrift Sink	数据被转换成 Thrift Event，然后发送到配置的 RPC 端口上
IRC Sink	数据在 IRC 上进行回放
File Roll Sink	存储数据到本地文件系统
Null Sink	丢弃所有数据
HBase Sink	数据写入 HBase 数据库
Morphline Solr Sink	数据发送到 Solr 搜索服务器（集群）
Elastic Search Sink	数据发送到 Elastic Search 搜索服务器（集群）
Kite Dataset Sink	写数据到 Kite Dataset（试验性质的）
Custom Sink	自定义 Sink 实现

（4）Flume 采集数据的案例。

Avro 可以发送一个文件给 Flume，Avro 源使用 Avro RPC 机制。

创建 agent 配置文件，指定名称 a1 为要启动的 Agent 名字。

类似别名：select u.id, u-name from user as u where u.id=1;

```
# > vi /home/bigdata/flume/conf/avro.conf
```

添加以下内容：

```
a1.sources = r1                    // 命名 Agent 的 sources 为 r1
a1.sinks = k1                      // 命名 Agent 的 sinks 为 k1
a1.channels = c1                   // 命名 Agent 的 channels 为 c1
# Describe configure the source
a1.sources.r1.type = avro          // 指定 r1 的类型为 AVRO
a1.sources.r1.bind = 0.0.0.0       // 将 Source 与 IP 地址绑定（这里指本机）
a1.sources.r1.port = 4141          // 指定通信端口为 4141

# Describe the sink

a1.sinks.k1.type = logger          // 指定 k1 的类型为 Logger（不产生实体文件，
只在控制台显示）

# Use a channel which buffers events in memory // 指定 Channel 的类型为 Memory
a1.channels.c1.type = memory       // 设置 Channel 的最大存储 event 数量为 1000
```

```
a1.channels.c1.capacity = 1000              // 每次最大可以 source 中拿到或者送到
sink 中的 event 数量也是 100

a1.channels.c1.transactionCapacity = 100

# Bind the source and sink to the channel // 将 source、sink 分别与 Channel c1 绑定
a1.sources.r1.channels = c1
a1.sinks.k1.channel = c1
```

这里还可以设置 Channel 的其他属性：

```
a1.channels.c1.keep-alive=1000      // event 添加到通道中或者移出的允许时间（秒）
a1.channels.c1.byteCapacity = 800000    // event 的字节量的限制，只包括 eventbody
a1.channels.c1.byteCapacityBufferPercentage = 20        // event 的缓存比例为 20%
（800000 的 20%），即 event 的最大字节量为 800000*120%
```

下面开始执行。

① 执行以下命令，启动 flume agent a1：

```
# > flume-ng agent -c . -f /home/bigdata/flume/conf/avro.conf -n a1
-Dflume.root.logger=INFO,console
```

参数说明：

❏ -c：使用配置文件所在目录（这里指默认路径，即$FLUME_HOME/conf）。

❏ -f：flume 定义组件的配置文件。

❏ -n：启动 Agent 的名称，该名称在组件配置文件中定义。

❏ -Dflume.root.logger：flume 自身运行状态的日志，按需配置，详细信息，控制台打印。

在节点 2 启动 flume 进程，如图 5-42 所示。

```
15/12/30 01:01:35 INFO node.Application: Starting new configuration:{ sourceRunner
s:{r1=EventDrivenSourceRunner: { source:Avro source r1: { bindAddress: 0.0.0.0, po
rt: 4141 } }} sinkRunners:{k1=SinkRunner: { policy:org.apache.flume.sink.DefaultSi
nkProcessor@69818eaf counterGroup:{ name:null counters:{} } }} channels:{c1=org.ap
ache.flume.channel.MemoryChannel{name: c1}} }
15/12/30 01:01:35 INFO node.Application: Starting Channel c1
15/12/30 01:01:36 INFO instrumentation.MonitoredCounterGroup: Monitored counter gr
oup for type: CHANNEL, name: c1: Successfully registered new MBean.
15/12/30 01:01:36 INFO instrumentation.MonitoredCounterGroup: Component type: CHAN
NEL, name: c1 started
15/12/30 01:01:36 INFO node.Application: Starting Sink k1
15/12/30 01:01:36 INFO node.Application: Starting Source r1
15/12/30 01:01:36 INFO source.AvroSource: Starting Avro source r1: { bindAddress:
0.0.0.0, port: 4141 }...
15/12/30 01:01:37 INFO instrumentation.MonitoredCounterGroup: Monitored counter gr
oup for type: SOURCE, name: r1: Successfully registered new MBean.
15/12/30 01:01:37 INFO instrumentation.MonitoredCounterGroup: Component type: SOUR
CE, name: r1 started
15/12/30 01:01:37 INFO source.AvroSource: Avro source r1 started.
```

图 5-42　启动 flume 进程

启动命令如下：

```
flume-ng agent -c . -f /opt/modules/flume/conf/avro.conf -n a1 -Dflume.root.logger=
INFO,console
```

② 创建指定文件：

```
# > echo "hello world" > /home/data/log.00
```

③ 使用 avro-client 发送文件：

```
# > flume-ng avro-client -c . -H hadoop01 -p 4141 -F /home/data/log.00
```

参数说明：
- ❑ -H：指定主机。
- ❑ -p：指定端口。
- ❑ -F：指定要发送的文件。

在 a1 的控制台，可以看到图 5-43 所示的信息，注意最后一行。

```
2015-12-29 07:57:05,663 (New I/O server boss #1 ([id: 0x5567d545, /0:0:0:0:0:0:0:0
:4141])) [INFO - org.apache.avro.ipc.NettyServer$NettyServerAvroHandler.handleUpst
ream(NettyServer.java:171)] [id: 0x735da854, /192.168.1.10:39480 => /192.168.1.10:
4141] OPEN
2015-12-29 07:57:05,663 (New I/O  worker #2) [INFO - org.apache.avro.ipc.NettyServ
er$NettyServerAvroHandler.handleUpstream(NettyServer.java:171)] [id: 0x735da854, /
192.168.1.10:39480 => /192.168.1.10:4141] BOUND: /192.168.1.10:4141
2015-12-29 07:57:05,663 (New I/O  worker #2) [INFO - org.apache.avro.ipc.NettyServ
er$NettyServerAvroHandler.handleUpstream(NettyServer.java:171)] [id: 0x735da854, /
192.168.1.10:39480 => /192.168.1.10:4141] CONNECTED: /192.168.1.10:39480
2015-12-29 07:57:05,972 (SinkRunner-PollingRunner-DefaultSinkProcessor) [INFO - or
g.apache.flume.sink.LoggerSink.process(LoggerSink.java:94)] Event: { headers:{} bo
dy: 68 65 6C 6C 6F 20 77 6F 72 6C 64                    hello world }
```

图 5-43　控制台信息

注：Flume 框架对 Hadoop 和 Zookeeper 的依赖只是在 jar 包上，并不要求 Flume 启动时必须启动 Hadoop 和 Zookeeper 服务。

2．数据存储

1）存储类型

（1）块存储。

块存储类似于硬盘，直接挂载到主机，一般用于主机的直接存储空间和数据库应用的存储。它分为以下两种形式。

① DAS（Direct-Attached Storage，开放系统的直连式存储）：一台服务器一个存储，多机无法直接共享，需要借助操作系统的功能，如共享文件夹。

② SAN（Storage Area Network，存储区域网络）：金融、电信级别，是一种高成本的存储方式，涉及光纤和各类高端设备，可靠性和性能都很高，但运维成本较高。

云存储的块存储具备 SAN 的优势，而且成本低、不用自己运维，并提供弹性扩容，随意搭配不同等级的存储等功能，存储介质可选普通硬盘和 SSD。

（2）文件存储。

文件存储与较低层的块存储不同，它上升到了应用层，一般是指 NAS（Network Attached Storage，网络附属存储），即一套网络存储设备，通过 TCP/IP 进行访问，协议为 NFS（Network File System，网络文件系统）v3/v4 版本。由于通过网络，且采用上层协议，因此开销大，延时比块存储高。文件存储一般用于多个云服务器共享数据，如服务器日志集中管理、办公文件共享。

（3）对象存储。

对象存储具备块存储的高速和文件存储的共享等特性，较为智能，有自己的 CPU、内存、网络和磁盘，比块存储和文件存储更上层，云服务商一般提供用户文件上传和下载读取的 Rest API，方便应用集成此类服务。

（4）总结。

① 块存储：与主机打交道，类似于插一块硬盘。

② 文件存储：网络存储，用于多主机共享数据。

③ 对象存储：与自己开发的应用程序打交道，如网盘。

2）存储方式

（1）分布式系统。

分布式系统包含多个自主的处理单元，通过计算机网络互连来协作完成分配的任务，其分而治之的策略能够更好地处理大规模数据分析问题。主要包含以下两类。

① 分布式文件系统：存储管理需要多种技术的协同工作，其中文件系统为其提供最底层存储能力的支持。分布式文件系统是一个高度容错性系统，被设计成适用于批量处理，能够提供高吞吐量的数据访问。

② 分布式键值系统：用于存储关系简单的半结构化数据。典型的分布式键值系统有 Amazon Dynamo，以及获得广泛应用和关注的对象存储（Object Storage）技术，其存储和管理的是对象而不是数据块。

（2）NoSQL 数据库。

关系型数据库已经无法满足 Web 2.0 的需求，主要表现为：无法满足海量数据的管理需求、无法满足数据高并发的需求、高可扩展性和高可用性的功能太低。

NoSQL 数据库的优势：支持超大规模数据存储，灵活的数据模型可以很好地支持 Web 2.0 应用，具有强大的横向扩展能力等。典型的 NoSQL 数据库包括键值数据库、列族数据库、文档数据库和图形数据库。

（3）云数据库。

云数据库是基于云计算技术发展的一种共享基础架构的方法，是部署和虚拟化在云计算环境中的数据库。云数据库并非一种全新的数据库技术，只是以服务的方式提供数据库功能。云数据库所采用的数据模型可以是关系型数据库所使用的关系模型（微软的 Azure 云数据库采用了关系模型）。同一个公司也可能提供采用不同数据模型的多种云数据库服务。

3）存储技术路线

（1）MPP 架构的新型数据库集群。

采用 MPP（Massive Parallel Processing）架构的新型数据库集群重点面向行业大数据，采用 Shared Nothing 架构，通过列存储、粗粒度索引等多项大数据处理技术，再结合 MPP 架构高效的分布式计算模式，完成对分析类应用的支撑。其运行环境多为低成本 PC Server，具有高性能和高扩展性的特点，在企业分析类应用领域获得极其广泛的应用。

这类 MPP 产品可以有效支撑 PB 级别的结构化数据分析，这是传统数据库技术无法胜任的。对于企业新一代的数据仓库和结构化数据分析，目前的最佳选择是 MPP 数据库。

（2）基于 Hadoop 的技术扩展。

基于 Hadoop 的技术扩展和封装，围绕 Hadoop 衍生出相关的大数据技术，应对传统关系型数据库较难处理的数据和场景，例如针对非结构化数据的存储和计算等，充分利用 Hadoop 开源的优势。伴随相关技术的不断进步，其应用场景也将逐步扩大，目前最为典型的应用场景就是通过扩展和封装 Hadoop 来实现对互联网大数据存储、分析的支撑。对于非结构、半结构化数据处理，复杂的 ETL 流程及复杂的数据挖掘和计算模型，Hadoop 平台更擅长。

（3）大数据一体机。

大数据一体机是一种专为大数据的分析和处理而设计的软、硬件结合的产品，由一组集成的服务器、存储设备、操作系统、数据库管理系统以及为数据查询、处理、分析用途而特别预先安装及优化的软件组成，高性能的大数据一体机具有良好的稳定性和纵向扩展性。

3．数据处理

1）分布式资源管理框架 YARN

通用的统一资源管理系统同时运行长应用程序和短应用程序。长应用程序通常情况下永不停止运行 Service（Spark、Storm）、HTTP Server 等；短应用程序短时间（秒级、分钟级、小时级）内会运行结束的程序 MR job、Spark Job 等。

YARN 的架构如图 5-44 所示，主要包括以下几种角色。

（1）Resource Manager（RM）：主要接收客户端任务请求，接收和监控 Node Manager（NM）的资源情况汇报，负责资源的分配与调度，启动和监控 Application Master（AM）。

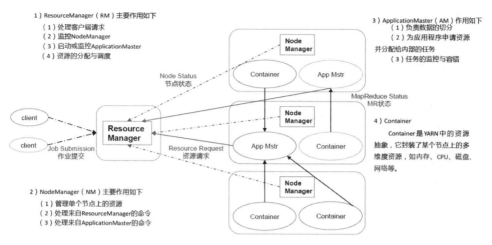

1）ResourceManager（RM）主要作用如下
　（1）处理客户端请求
　（2）监控NodeManager
　（3）启动或监控ApplicationMaster
　（4）资源的分配与调度

3）ApplicationMaster（AM）作用如下
　（1）负责数据的切分
　（2）为应用程序申请资源
　　并分配给内部的任务
　（3）任务的监控与容错

4）Container
　Container是YARN中的资源抽象，它封装了某个节点上的多维度资源，如内存、CPU、磁盘、网络等。

2）NodeManager（NM）主要作用如下
　（1）管理单个节点上的资源
　（2）处理来自ResourceManager的命令
　（3）处理来自ApplicationMaster的命令

图 5-44　YARN 架构图

（2）Node Manager：主要是节点上的资源管理，启动 Container，运行 task 计算，上报资源、Container 情况给 RM 和上报任务处理情况给 AM。

（3）Application Master：主要是单个 Application（job）的 task 管理和调度，向 RM 进行资源的申请，向 NM 发出 Launch Container 指令，接收 NM 的 task 处理状态信息。

下面简单介绍一下提交一个 job 的处理过程。

（1）客户端提交一个 job 到 RM，进入 RM 中的 Scheduler（队列）供调度。

（2）RM 根据 NM 汇报的资源情况（NM 会定时汇报资源和 Container 的使用情况），请求一个合适的 NM Launch Container，以启动和运行 AM。

（3）AM 启动后，注册到 RM 上，以使客户端可以查到 AM 的信息，便于客户端直接和 AM 通信。

（4）AM 启动后，根据 job 相关的 split 的 task 情况，与 RM 协商申请 Container 资源。

（5）RM 分配给 AM Container 资源后，根据 Container 的信息，向对应的 NM 请求 Launch Container。

（6）NM 启动 Container 运行 task，运行过程中向 AM 汇报进度状态信息，类似于 MRv1 中 task 的汇报；同时 NM 也会定时向 RM 汇报 Container 的使用情况。

（7）在 Application（job）执行过程中，客户端可以和 AM 通信，获取 Application 相关的进度和状态信息。

（8）在 Application（job）完成后，AM 通知 RM 清除自己的相关信息，并关闭，释放自己占用的 Container。

2）YARN 的优势

YARN 具有以下优势。

（1）更快的 MapReduce 计算。YARN 利用异步模型对 MapReduce 框架的一些关键逻辑结构（如 JobInProgress、TaskInProgress 等）进行了重写，相比于 MRv1，具有更快的计算速度。

（2）支持多框架。YARN 不再是一个单纯的计算框架，而是一个框架管理器，用户可以将各种各样的计算框架移植到 YARN 之上。

（3）框架升级更容易。在 YARN 中，各种计算框架不再作为服务部署到集群的各个节点上（如 MapReduce 框架，不再需要部署 Job Tracler、Task Tracker 等服务），而是被封装成一个用户程序库（lib）存放在客户端，当需要对计算框架进行升级时，只需升级用户程序库即可。

5.3.3 实现思路

实现思路如下。

❑　基于开源系统，扩展与迭代开发。

❑　参考互联网敏捷研发管理模式。

1. 方法论

数据驱动的威胁感知与威胁预测当前主要有两种方式：黑名单模式和白名单模式。黑名单模式即凡是命中黑名单中的行为即认为是威胁；白名单模式即凡是不符合白名单中的行为即认为异常，但异常中是否是威胁，则还需要进一步进行甄别。

威胁感知和威胁预测的思路是先建立异常模型来发现异常，然后建立威胁模型来进一步确认和甄别威胁类别，甚至发现未知威胁（发现未知威胁是威胁预测之一，威胁预测还可以预测未来某时间会发生某种威胁）。

单纯地建立一个数学模型都会涉及训练和测试两个步骤，如图 5-45 所示。

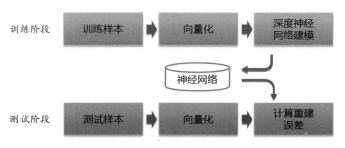

图 5-45　神经网络的两个阶段

这个过程中，会涉及样本向量化、向量降维、压缩等数学方法（见图 5-46）。可以参见前面的机器学习章节。

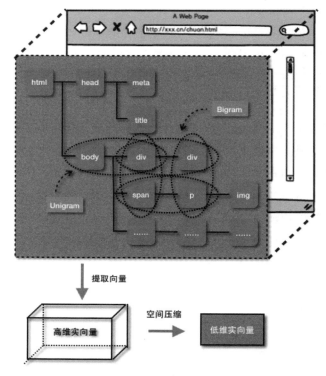

图 5-46　单分类机器学习模型

异常检测是一种主动的安全防护技术，是计算机的一种监控系统，在发现可疑传输时，可发出警报或者采取主动反应措施。入侵检测是从网络系统中的若干关键节点收集并分析信息，监控网络中是否有违反安全策略的行为或者是否存在入侵行为。异常入侵检测技术可以检测从网络层到应用层的用户、服务器的异常行为，提前发现潜在威胁。

1）异常入侵检测方法

在异常入侵检测系统中常常采用以下几种检测方法。

（1）基于贝叶斯推理检测法：通过在任何给定的时刻测量变量值，推理判断系统是否发生入侵事件。

（2）基于特征选择检测法：从一组度量中挑选出能检测入侵的度量，用它来对入侵行为进行预测或分类。

（3）基于贝叶斯网络检测法：用图形方式表示随机变量之间的关系。通过指定的与邻接节点相关的一个小概率集来计算随机变量的连接概率分布。按给定全部节点组合，所有根节点的先验概率和非根节点的概率构成这个集。贝叶斯网络是一个有向图，弧表示父、子节点之间的依赖关系。当随机变量的值变为已知时，就允许将它吸收为证据，为其他的剩余随机变量条件值判断提供计算框架。

（4）基于模式预测的检测法：基于模式预测的检测法的假设条件是"事件序列不是随机发生的，而是遵循某种可辨别的模式"，其特点是考虑到了事件序列及相互联系，该检测法的最大优点是只关心少数相关安全事件。

（5）基于统计的异常检测法：根据用户对象的活动为每个用户建立一个特征轮廓表，通过对当前特征与以前已经建立的特征进行比较，来判断当前行为的异常性。用户特征轮廓表要根据审计记录情况不断更新，其包含许多衡量指标，这些指标值要根据经验值或一段时间内的统计而得到。

（6）基于机器学习检测法：根据离散数据临时序列学习获得网络、系统和个体的行为特征，并提出了一个实例学习法——IBL。IBL 基于相似度，通过新的序列相似度计算将原始数据（如离散事件流和无序的记录）转化成可度量的空间，然后应用 IBL 学习技术和一种新的基于序列的分类方法发现异常类型事件，从而检测入侵行为。其中，成员分类的概率由阈值的选取来决定。

（7）数据挖掘检测法：数据挖掘的目的是从海量的数据中提取出有用的数据信息。网络中有大量的审计记录，审计记录大多以文件形式存放。如果靠手工方法来发现记录中的异常现象是远远不够的，所以将数据挖掘技术应用于入侵检测中，可以从审计数据中提取有用的知识，然后用这些知识去检测异常入侵和已知的入侵。采用的方法有 KDD 算法，其特点是具有处理大量数据的能力与数据关联分析的能力，但是实时性较差。

（8）基于 Application 模式的异常检测法：根据服务请求类型、服务请求长度、服务请求包大小分布计算网络服务的异常值。将实时计算的异常值与所训练的阈值进行比较，从而发现异常行为。

（9）基于 TEXT 分类的异常检测法：将系统产生的进程调用集合转换为"文档"。利用 K 邻聚类文本分类算法，计算文档的相似性。

2）训练样本

机器学习是通过计算的手段来改善系统的性能，然后从大量的数据中产生模型的算法，也就是学习算法，将经验数据提供给算法，从而产生模型，再次遇到新的数据时，模型能够给我们提供相应的判断结果。每一次的学习训练都是在累积经验，但是学习训练的过程需要样本。数据集中的一条记录，描述了一个事件或者对象。对于训练样本，我们期望数据都是均匀的，要有特征性。当应用于实际数据时，大多数情况下都无法取得理想的结果。因为实际数据往往分布得很不均匀，都会存在"长尾现象"，也就是所谓的"二八原理"，如

图 5-47 所示。

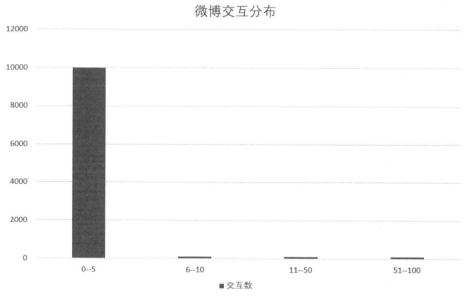

图 5-47　微博交互分布

从图 5-47 中可以看出，数据分布不均匀，大部分微博的总互动数（被转发、评论与点赞数量）在 0 和 5 之间，交互数超过 5 的微博都很少。如果我们去预测一条微博交互数所在档位，预测器只需要把所有微博预测为第一档（0～5）就能获得非常高的准确率，而这样的预测器没有任何价值。

解决不均衡问题的方法主要有以下几种：第一种是对样本进行处理，把多余的样本去掉，保持几类样本接近，再进行学习。第二种是增加数量少的那一类的样本数量，例如可以多收集一些数据，或者对数据增加噪声，如果是图像，还可以旋转、裁剪、缩放、平移等，或者利用 PCA 增加一些样本等。第三种是直接采用不均衡数据进行训练，在代价函数那里增加样本权重来平衡，也就是类别数量少的那一类样本代价高，权重比较大。在评价模型好坏时也需要考虑样本权重问题。

2. 异常感知建模

异常感知建模实质就是通过自动化识别的手段从大数据中分析提取有用信息的过程。从模型的组件和应用的价值进行综合分析，将异常感知模型大致分为五层，即数据提炼层、行为异常层、识别威胁层、事件处理层和人工识别层。

❑　数据提炼层：对原始数据进行提炼（采集、处理、清洗），保证数据的高可用（稳定性高、可用性强）。

❑ 行为异常层：一个真正的异常模型并不是要去检测异常，而是要去过滤正常。在数据提炼的过程中，通过行为分析，清洗掉正常的行为，也就是行为过滤，为数据降噪，在不破坏数据的完整性和保留有价值的信息的前提下，减少后面的分析步骤，节约分析成本。

❑ 识别威胁层：从异常行为中分析出威胁（主动威胁感知、被动威胁感知）。

❑ 事件处理层：将威胁事件聚合分析，构造逻辑关系拓扑图，帮助调查威胁事件。

❑ 人工识别层：人工识别整理，对事件的分析结果将反馈到模型内部，模型能够不断地完善。通过数据不断地提炼，达到"自我进化"。

整个模型包含 4 个主要模块，即抽取器（Extractor）、训练器（Trainer）、检测器（Detector）和重训练器（reTrainer）。

1）Extractor

对每条 HTTP 原始日志，先经过 Extractor 进行参数拆解、各种 ETL 和解码等处理。这一步最容易描述，但最难做好。例如，URL 中虽然都是百分号编码，但字符集却有 GBK、UTF-8、GB2312 等，如何选择正确的字符集来解码？再如，POST 传递参数，可以通过 urlencoded、multipart/form-data、json 或 xml等，如何保证能够正确地提取？Extractor 模型如图 5-48 所示。

data_id	source ip	host	uri	status code	method	post_data	cookie	……
123456	1.1.1.1	www.xxx.com	/index.php?id=123	200	POST	name=abc	c1=1;c2=2	……

Extractor

data_id	source ip	host	key	param_key	param_value	param_type
123456	1.1.1.1	www.xxx.com	/index.php	id	123	get_value
123456	1.1.1.1	www.xxx.com	/index.php	name	abc	post_value
123456	1.1.1.1	www.xxx.com	/index.php	c1	1	cookie_value
123456	1.1.1.1	www.xxx.com	/index.php	c2	2	cookie_value
123456	1.1.1.1	www.xxx.com	path	path_1	index.php	path_value
123456	1.1.1.1	www.xxx.com	/index.php	get_key	id	get_key
……	……	……	……	……	……	……

图 5-48　Extractor 模型

Extractor 出来的数据，根据是否已经有对应的训练好的模型拆分为两部分，没有对应模型的数据进入 Trainer 开始训练流程，如图 5-49 所示。

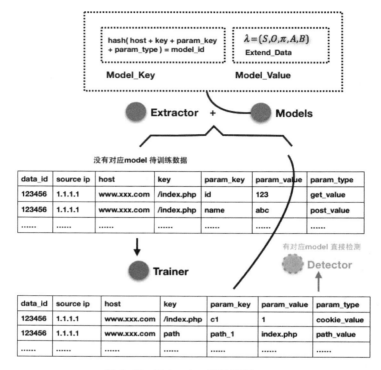

图 5-49　Extractor 训练流程

我们要训练的是正常参数值，从而得到正常模型。这就需要保证进入训练集的数据都必须是正常数据。如果都是异常数据，那么得到的将是关于异常的模型，也就是说模型将会被污染。那么如何在不知道什么是正常的情况下保证正常？可采取以下步聚。

第一步，对某个 IP，只要其当天内所有请求中有一条命中了 WAF，其余所有请求不管是正常的还是异常的，均不进入 Trainer；如果某个 IP 命中扫描器特征或扫描器行为，该 IP 所有请求也不进入 Trainer，如图 5-50 所示。

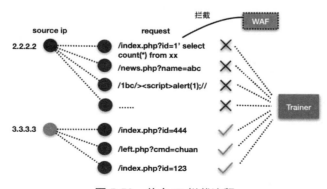

图 5-50　单个 IP 拦截流程

第二步，对每个要训练的参数，每个 IP 每天只能贡献一次参数值。这样能保证上述过滤失效的情况下也只能有一条异常数据混进该参数的 Trainer 中。只要大多数进入训练池的数据是正常的，对模型的影响就不大。同时，每个参数的训练池有最低条数的限制，没达到条数限制的参数不做训练，继续等待更多的数据进入 Trainer。有最低限制，就相应的有最高限制，对于部分数据量很大的参数，过多的训练数据会导致训练时间太长。对这种情况，我们再做一个分层抽样，如图 5-51 所示。

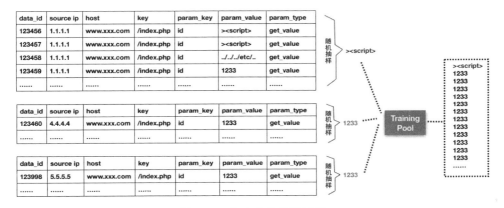

图 5-51　每个参数分层抽样

2）Trainer

（1）模型原理。

这里以参数异常模型为例。

Web 威胁中的几大类攻击（如 SQLi、XSS、RCE 等）虽然攻击方式各不相同，但基本都有一个通用的模式，即通过对参数进行注入 Payload 来进行攻击，参数可能出现在 GET、POST、COOKIE、PATH 等位置。

假设有这样一条 URL：www.xxx.com/index.php?id=123。查看该 URL 的所有访问记录不难发现，正常用户的正常请求虽然不一定完全相同，但总是彼此相似；攻击者的异常请求总是彼此各有不同，同时又明显不同于正常请求，如图 5-52 所示。

图 5-52　正常与异常访问记录

正常总是基本相似，异常却各不相同。基于这样一条观测经验，如果我们能够搜集参数 id 的大量正常的参数值，建立起一个能表达所有正常值的正常模型，那么一切不满足该正常模型的参数值即为异常，如图 5-53 所示。

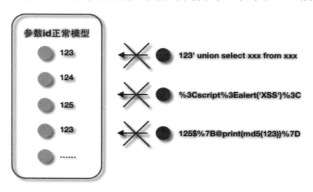

图 5-53 参数 id 的正常模型

如果把参数 id 的每个参数值看作一个序列（Sequence），那么参数值中的每个字符就是这个序列中的一个状态（State）。同时，对于一个序列，无论是123、124，还是345，其背后所表达的安全上的解释都是（数字 数字 数字），我们用 N 来表示数字，这样就得到了对应的隐含序列，如图 5-54 所示。

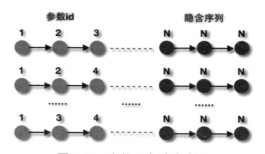

图 5-54 参数 id 与隐含序列

到这里已经隐约看到了隐马尔可夫模型（HMM）的影子。对于数字，我们用 N 来表示，相应的，对于其他 unicode 字符，也做类似的泛化对应关系。如英文字符对应状态 A；中文字符、中文标点字符对应状态 C；控制字符和英文标点字符对应的隐含状态为自身，如图 5-55 所示。

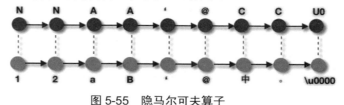

图 5-55 隐马尔可夫算子

这样做的原因是通常一个参数注入式的 Web 攻击 Payload 是由一些攻击关键词加上一些特殊符号构成。特殊符号起到闭合前后正常语句、分隔攻击关键词的作用。通常这些特殊字符为英文标点符号、控制字符等，所以对这些字符不做泛化的对应。

∀熼橒script熼alert(1)橒/script熼
¼script¾alert(¢XSS¢)¼/script¾
シ script セ alert(123)シ/script セ

图 5-56　特殊字符处理

但是，也有一些特殊情况，如图 5-56 所示的几个 XSS Payload 是利用了字符集编码转换，故也可以考虑对熼、橒、シ、セ、¼、¾等几个特殊字符单做处理。

根据上面的分析，我们可以采用 HMM 作为数学模型。

不同的参数，正常的值不同。同时，有参数传递的地方，就有可能发生参数注入型攻击。所以，需要对站点下所有路径，所有 GET、POST、PATH、COOKIE 中的所有参数训练各自的正常模型。另外，对参数名本身，也训练其正常的模型，如图 5-57 所示。

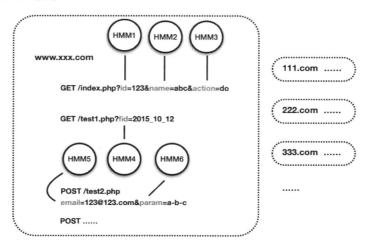

图 5-57　不同参数传参模型

（2）模型训练。

在"模型原理"部分我们提到观测序列与隐含序列的对应关系，但在工程实现中这样做存在很大的问题。例如，训练集中 id 参数的观测序列全为 123abc，相应的隐含序列为 NNNAAA，训练好模型后，待检测序列为 124abc。由于"4"这个观测状态不在训练集的状态空间中，所以会被直接判定为异常。但事实上我们并不需要这么敏感的异常，所以我们直接使用泛化后的序列 NNNAAA 作为观测序列，而隐含状态数取训练集中所有观测序列的观测状态数均值并做四舍五入处理，如图 5-58 所示。

HMM 是将输入数据（观测序列）变换为隐含序列，而观测序列转换为隐含序列以及隐含序列之间转换都存在一定概率，所以某个观测序列输入 HMM 后被判定为异常也是以概率的形式出现，而非确定性的。那么概率为多少适合判定为异常呢？也就是所谓的模型阈值，每个模型的阈值形式可能不同，如概率、百分比、数字等。

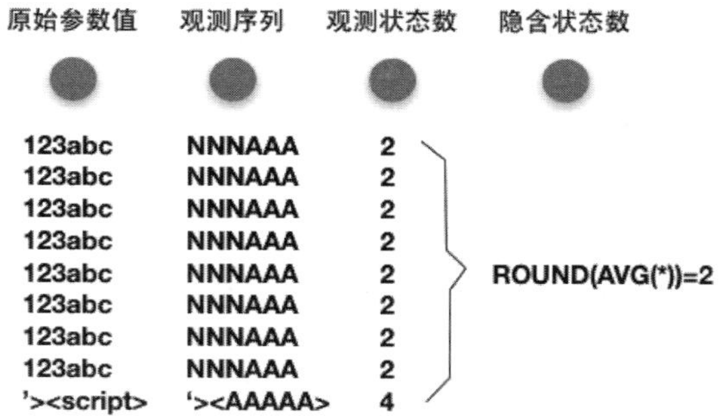

图 5-58　原始参数对比

　　HMM 的阈值是概率。如果训练集中的所有参数值均为正常，那么只需取训练集中的最小概率值为阈值即可。但即便之前我们做了这么多步，也是有可能混入一两条异常数据进入训练集的。这里我们可以简单地使用 3sigma 来抵消，如果最小概率值位于 3sigma 区间外，取次小概率值，再求 3sigma，如此反复。

　　3）Detector

　　Trainer 部分结束后，开始 Detector 部分。从 Extractor 出来的有对应模型的数据直接开始检测，如果概率 $p<$(异常概率阈值 h-epsilon 小量)，则认为是异常，$epsilon = \left(\dfrac{1}{100}\right)H$。异常的数据最终再由 data_id 还原出对应的原始 HTTP 数据。

　　4）reTrainer

　　任何模型都有衰减期，尤其是攻防模型。昨天的异常今天不一定是异常，这就需要有一个重训练模块 reTrainer 来持续迭代训练模型，用以抵消衰减的影响。例如/index.php?id=123 在训练时 id 为 123 是正常的，但之后该 Web 应用修改了代码，正常的参数值变成了/index.php?id=abc+||+123，如果模型一成不变，之后的所有 abc+||+123 都会被认为是异常，如图 5-59 所示。

　　那么什么时候需要开始重训练呢？当过去的“大多数”已经不能代表现在的“大多数”的时候。

　　（1）大量不同 IP 对某个参数出现大量相同序列的异常，且这些异常都不会命中威胁模型（即无法确认威胁类型）。

　　（2）数量上远大于对应的模型的训练集中的数据量，训练集中的参数值序列也持续一段时间没有再出现过。

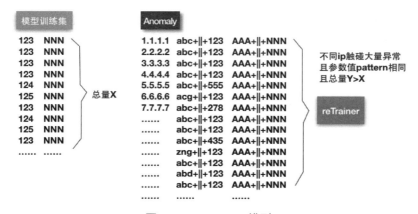

图 5-59　reTrainer 模型

满足上述条件，则将这部分异常开始重训练。

3．威胁感知建模

感知数据驱动的异常后，还需要进一步确认这些异常是否是威胁，以及是什么样的威胁，这些威胁是已知威胁还是未知威胁等。所使用的技术主要包括：

（1）沙箱。当前用沙箱（如华为的 FireHunter 等）技术来防范 APT 攻击比较主流。

沙箱技术的基本原理：将待分析的文件放入沙箱中，文件会模拟运行，监控运行的所有行为，以达到动态分析的目的。

沙箱实现的技术原理：沙箱会动态地将 hook 函数注入运行程序所创建的所有进程，以拦截和收集程序运行过程中的信息。

一般沙箱的工作原理如图 5-60 所示。

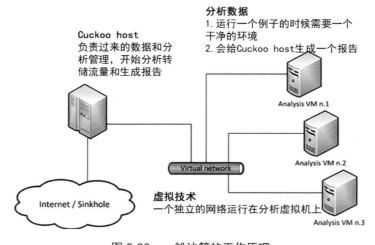

图 5-60　一般沙箱的工作原理

（2）蜜罐（Honeypot）。蜜罐好比是情报收集系统，故意引诱黑客前来攻击。当攻击者入侵后，就可以知道他是如何得逞的，随时了解针对目标发动的最新的攻击和漏洞。还可以通过窃听黑客之间的联系，收集黑客所用的种种工具，并且掌握他们的社交网络。

蜜网（Honeynet）可以理解为由一个网络来完成类似蜜罐的功能：引诱黑客前来攻击，记录并分析攻击行为。

蜜罐需要提供让入侵者乐意停留的漏洞，又要确保后台记录能正常而且隐蔽地运行，否则很容易被高级黑客所利用，成为他们攻击其他目标的傀儡机。

（3）协议与应用还原。在安全审计、跨包攻击、文件重组和事件回放等场景中需要协仪与应用还原。

一个典型的协议与应用还原系统如图 5-61 所示。

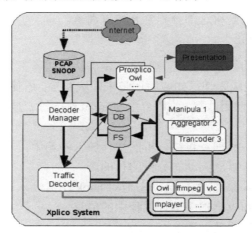

图 5-61　典型的协议与应用还原系统

1）确认异常是否是威胁

判断异常是否是威胁一般有两种方法：一种是人工判断，一种是通过大数据挖掘和训练获得分类器。

确认异常是否是威胁的核心是建立威胁判断的分类器。

从人工智能的角度去建立威胁判断分类器的方法与异常感知模型的建立方法相同，大多数需要四部分：Extractor（抽取器）、Trainer（训练器）、Detector（检测器）、reTrainer（重训练器）。

Extractor：威胁判断分类器的训练数据怎么来？比如可以用 WAF 产品在过去一段时间发现的所有 Web 威胁事件及原始报文。

Trainer：威胁判断分类器的工作原理是什么？比如前面的 Web 参数异常模型主要从 Web 攻击输入的特殊字符来开展，威胁判断分类器则可以从 Web 攻击隐藏在 Payload 中的关键词来开展。

首先从 WAF 中提取近几年的数据，对各个类别的攻击 Payload 做一个简单的分词。然后从参数异常模型的历史数据中提取大量的"绝对正常"样本，也做一个简单的分词。显而易见，如果某一个词（Term）在一类攻击 Payload 样本中出现的次数越多，那么我们认为该词与该类攻击的相关程度越大。同时，不同的词的重要程度是不同的，如果该词只在这类攻击中出现，而在正常样本中几乎没有出现，那么该词对该类攻击的重要性更高。

自然就联想到了 TF-IDF。数学意义上，TF 用来表达相关程度，IDF 用来表达重要程度。在 TF 中，分子部分表示 i 这个 term 在攻击类别 j 中出现的次数。为了避免对"短 Payload 攻击"的不利，需要将词数（Term Count）转换为词频（Term Frequency），所以分母部分表示在攻击类别 j 中所有 term 出现的总次数。在 IDF 中，分子部分表示所有样本库中（包含正常和攻击）的样本总数，分母部分表示包含 term 的样本数，加 1 是为了避免为 0，取对数是为了表达 term 的信息量。最终 TF 与 IDF 相乘，用来刻画一个 term 对该类攻击的描述程度，如式（5-13）所示。

$$\text{TFIDF}_{i,j} = \left(\text{TF}_{i,j} = \frac{n_{i,j}}{\sum_k n_{k,j}} \right) \times \left(\text{IDF}_i = \log \frac{|D|}{\left| \{ j : t_i \in d_j \} + 1 \right|} \right) \quad (5\text{-}13)$$

这里使用 TF-IDF 来描述攻击关键词 term 与攻击的关联程度，犹如人脸识别算法一样，人脸特征描述出来后，就需要用分类器来做人脸的判定（是谁）。类似的，我们用 TF-IDF 来描述攻击关键词后，就需要用一个分类器来做攻击类别的判定。

威胁类别分类器实质上也是一个数学模型，所以涉及模型原理、模型训练、模型评估、模型重训练等。在选择分类器时，有如下思路。

（1）选择简单的基于规则的分类器，基本可以满足大部分场景需求。

（2）对于精度要求高的场景，可以在基于规则的分类器的基础上，通过表达 term 与 term 之间的顺序关系以提高精度，如二元 gram、基于编译原理的语法分析等。

（3）选择直接描述整个 Payload 的结构特征。

如图 5-62 所示的两个 Payload，如果采用类似参数异常模型中对序列泛化的思路（长度上也做压缩泛化），将得到一条相同的泛化序列。

不难发现，其结构上是相同的。事实上我们抽取了 WAF 中 1000 多万真实环境中的 SQLi Payload 分析后发现，其泛化后的序列只有几万。所以从结构这条路上去探索也是一个不错的选择。

```
(SELECT CHAR(110)+CHAR(90)+CHAR(72)+CHAR(65)+(SELECT (CASE
WHEN (364914=364914) THEN CHAR(49) ELSE CHAR(48) END))
+CHAR(79)+CHAR(74)+CHAR(100)+CHAR(122))
```

↓

```
(WSW(W)+W(W)+W(W)+W(W)+(WS(WSWS(W=W)SWSW(W)SWSW(W)SW))+W(W)+W(W)+W(W)
+W(W))
```

↑

```
(SELECT CHAR(82)+CHAR(98)+CHAR(75)+CHAR(97)+(SELECT (CASE WHEN
(1432=1432) THEN CHAR(49) ELSE CHAR(48) END))
+CHAR(75)+CHAR(79)+CHAR(120)+CHAR(122))
```

图 5-62　Payload 结构

2）判定异常是已知还是未知

当我们利用威胁分类器判断出某个异常是攻击威胁时，如何判定这个攻击威胁是已知威胁还是 0Day 或 N Day 呢？

通常 N Day 攻击具有以下特点。

（1）通常不会只是发生在一个目标上，在一段时间内会发生在多个目标上。

（2）带有 Exp 而非 PoC 的性质，即直接是攻击利用，而不是证明某个漏洞是否存在。

对于 Web 站点来说，如果内容管理系统（CMS）的 N Day 被攻击者利用，则会造成巨大的损失。比如 wordpress 就是一个常用的 CMS。针对 CMS 的攻击，常见的有 SQL 注入攻击、获取权限 GetShell 等。

我们希望做到：

❑　如果确定是威胁攻击，那么能否进一步判断是否是 N Day？

❑　如果是 N Day，是哪个 CMS 的 N Day？

大致思路如下：

❑　从 Payload 找到代表某种攻击行为的特征并做成指纹库。

❑　如果在多个站点上发现从威胁分类器出来的 uri+Payload，则代表有 N Day 攻击发生。

❑　将 uri+Payload 与某种攻击指纹库比对，如果匹配，则确认 N Day 发生。

先从 SQLi N day 尝试入手，观察如图 5-63 所示的 Payload。

```
/wp-content/plugins/all-video-gallery/config.php?vid=11&pid=
-1 union select 1, 2, 3, 4, group_concat(user_login,0x3a,user_pass), 6, 7, 8, 9, 10, 11,
12, 13, 14, 15, 16, 17, 18, 19, 20, 21, 22, 23, 24, 25, 26, 27, 28, 29, 30, 31, 32, 33, 34, 35,
36, 37, 38, 39, 40, 41 from wp_users
```

图 5-63　Payload 示例

多数的 SQLi N Day 都会有一个 from xxx 的样式，而 xxx 为某个 CMS 数据库的表名，同时 Payload 中也会出现 CMS 数据库的字段名。所以建立一个 CMS

DB Schema 指纹库，以 CMS 表名和字段名作为指纹，既能判定出是 N Day，
又能找到对应的 CMS。

再看 GetShell 类型的 N Day。

多数的 GetShell N Day 都会有<? eval、<? fputs 之类的 Webshell 代码特征
或者文件包含特征等。同理，我们可以取路径以及参数名作为 uri 指纹用来识
别 CMS，如图 5-64 所示。

图 5-64   GetShell 类型的 N Day

db 指纹很容易建立，相比之下 uri 指纹就不那么容易建立了，我们需要借
力于 Web 指纹识别产品。从指纹识别产品中提取 CMS 为 wordpress 的前 10000
个站点，然后提取这 10000 个站点 7 天内的所有成功状态的请求。取参数值后，
分别对每条 uri 提取路径指纹和参数值指纹。只有多个 wordpress 站点都同时具
有该指纹，并且其他 CMS 没有该指纹，该指纹才最终进入 wordpress 的 uri 指
纹库。同理，其他 CMS 的建立过程也类似，如图 5-65 所示。

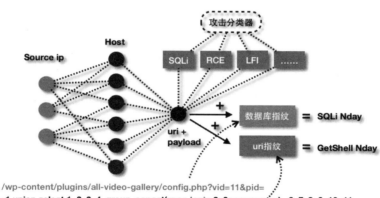

图 5-65   CMS 建立过程

先取出攻击分类器中出来的攻击数据，并且这些 uri+Payload 出现在了多个
站点上。紧接着，满足 SQLi Pattern 的数据同 db 指纹库匹配，得到 SQLi N Day；
满足 GetShell Pattern 的数据同 uri 指纹库匹配，得到 GetShell N Day。

3）判断异常是哪种威胁

威胁分类器已经将某种异常判定为威胁，但是如何进一步判定是哪种威胁，

还需要进行大量的工作,如采用常规的基于规则匹配的检测方法(常用的 ips 检测方法),采用统计检测方法等。例如,通过建立节点异常分类器做异常检测,然后计算 uri 访问返回页面的指纹来进一步判定是否是 Webshell 攻击。

4)判断入侵攻击是否成功

如何判断入侵攻击是否成功?通过流量去感知,如果内部网络突然流量剧增,某单台机器访问频繁、流量增大,大量机器设备频繁访问同一个 URL,系统出现异常,或者通过扫描软件发现了病毒和木马,出现类似这种情况,则说明可能已经受到入侵攻击了。

攻击链(Kill Chain)的思想本身是很好的,如果攻击者的攻击链路上的几个关键节点能串联起来,说明这是一次成功的攻击。当然,设计攻击链最初是为了检测 APT,不过在 Web 威胁中,也可借鉴这种思路:异源数据关联,如果不同来源、不同阶段的数据能够相互印证,则预设结论即成立,如图 5-66 所示。

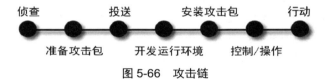

图 5-66 攻击链

对于 Web 威胁检测来说,威胁感知主要采用的是在 Payload 中检测攻击关键字的方法,所以可以采取二步验证法,如 SQL 注入攻击的关键字在 http 层的 Payload 中出现,同时也在后续 SQL 命令执行交互的 Payload 中出现,则确认 SQL 注入攻击成功;远程命令执行 RCE 攻击关键字在 http 层的 Payload 中出现,同时也在日志中出现,则确认 RCE 攻击成功。

我们还可以与一些 WAF、扫描器等安全产品进行关联,如果威胁感知系统发现了 SQL 注入攻击关键字,而且 WAF 日志也出现,则确认 SQL 注入攻击成功。

5.3.4 态势感知系统

1. 大数据挖掘平台

1)OpenStack 平台

OpenStack 是一个开源的云计算管理平台项目,由几个主要的组件组合起来完成具体工作。

OpenStack 主要有 Swift 和 Nova 两个模块,前者是 Rackspace 开发的分布式云存储模块;后者是美国国家航空航天局(NASA)开发的虚拟服务器部署和业务计算模块,两者可以一起用,也可以分开单独用。

OpenStack 覆盖了网络、虚拟化、操作系统、服务器等方面，是一个正在开发的云计算平台项目，根据成熟及重要程度的不同，被分解成核心项目、孵化项目、支持项目和相关项目。核心项目包括计算（Compute）、对象存储（Object Storage）、镜像服务（Image Service）、身份服务（Identity Service）、网络（Network）、块存储（Block Storage）、仪表板（Dashboard）、测量（Metering）、部署编排（Orchestration）、数据库服务（Database Service）。

（1）计算：组件为 Nova。一套控制器，用于为单个用户或使用的群组来管理虚拟机实例的整个生命周期，根据用户需求来提供虚拟服务，负责虚拟机创建、开机、关机、挂起、暂停、调整、迁移、重启、销毁等操作，配置 CPU、内存等信息规格。

（2）对象存储：组件为 Swift。一套用于在大规模可扩展系统中通过内置冗余及高容错机制实现对象存储的系统，允许存储或者检索文件，可为 Glance 提供镜像存储，为 Cinder 提供卷备份服务。

（3）镜像服务：组件为 Glance。一套虚拟机镜像查找及检索系统，支持多种虚拟机镜像格式（如 AKI、AMI、ARI、ISO、QCOW2、Raw、VDI、VHD、VMDK），有创建上传镜像、删除镜像、编辑镜像基本信息的功能。

（4）身份服务：组件为 Keystone。为 OpenStack 的其他服务提供身份验证、服务规则和服务令牌的功能，管理 Domains、Projects、Users、Groups、Roles。

（5）网络：组件为 Neutron。提供云计算的网络虚拟化技术，为 OpenStack 的其他服务提供网络连接服务。为用户提供接口，可以定义 Network、Subnet、Router，配置 DHCP、DNS、负载均衡、L3 服务，网络支持 GRE、VLAN。插件架构支持许多主流的网络厂家和技术，如 OpenvSwitch。

（6）块存储：组件为 Cinder。为运行实例提供稳定的数据块存储服务，它的插件驱动架构有利于块设备的创建和管理，如创建卷、删除卷，在实例上挂载和卸载卷。

（7）仪表板：组件为 Horizon。OpenStack 中各种服务的 Web 管理门户，用于简化用户对服务的操作，如启动实例、分配 IP 地址、配置访问控制等。

（8）测量：组件为 Ceilometer。能把 OpenStack 内部发生的几乎所有的事件都收集起来，然后为计费和监控以及其他服务提供数据支撑。

（9）部署编排：组件为 Heat。提供了一种通过模板定义的协同部署方式，实现云基础设施软件运行环境（计算、存储和网络资源）的自动化部署。

（10）数据库服务：组件为 Trove。为用户在 OpenStack 的环境提供可扩展与可靠的关系和非关系数据库引擎服务。

2）YARN 与 Mesos 平台

（1）YARN。

前面章节已经介绍过 YARN，这里需要特别指出的是，Docker 为 Linux 容器提供了一个易于使用的接口，并为这些容器提供了易于构造的映像文件。简而言之，Docker 启动了非常轻量级的虚拟机。

Docker 容器执行器（DCE）允许 YARN Node Manager 将 YARN 容器启动到 Docker 容器中。用户可以为 YARN 容器指定所需的 Docker 映像。这些容器提供了一个自定义的软件环境，用户的代码在其中运行，与 Node Manager 的软件环境隔离。这些容器可以包含应用程序所需的特殊库，而且与安装在 Node Manager 上的容器相比，它们可以具有不同版本的 Perl、Python 甚至 Java。

（2）Mesos。

如图 5-67 所示，Mesos 框架原型通过两级调度架构管理多种类型的应用程序。第一级调度包括 Mesos Master 主守护进程，管理 Mesos 集群中所有节点上运行的 Mesos Slave 从守护进程。由物理服务器或虚拟服务器组成的 Mesos 集群，用于运行应用程序的任务，如 Hadoop 和 MPI 作业。第二级调度为 Framework 组件，包括调度器（Scheduler）和执行器（Executor）进程，其中每个节点上都会运行执行器。Mesos 能和不同类型的 Framework 通信，每种 Framework 由相应的应用集群管理。图 5-67 中只展示了 Hadoop 和 MPI 两种类型，其他类型的应用程序也有相应的 Framework。

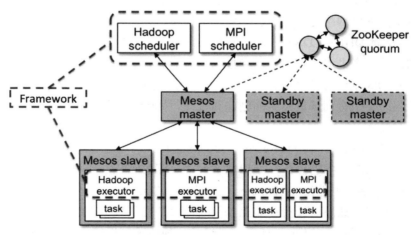

图 5-67　Mesos 框架原型

Mesos Master 协调全部的 Slave，并确定每个节点的可用资源，聚合计算跨节点的所有可用资源的报告，然后向注册到 Master 的 Framework（作为 Master 的客户端）发出资源邀约。Framework 可以根据应用程序的需求，选择接受或拒绝来自master的资源邀约。一旦接受邀约,Master 即协调 Framework 和 Slave,调度参与节点上的任务,并在容器中执行,以使多种类型的任务,如 Hadoop 和 Cassandra,可以在同一个节点上同时运行。

Mesos 处理流程如下。

当 master 决定向每个框架提供多少资源时,框架的调度程序选择要使用哪个资源。当一个框架接受提供的资源时,会将它想在这些资源上运行的任务的描述传递给 Mesos。反过来,Mesos 在相应的从服务器上启动任务。如图 5-68 所示,Slave 1 向 Master 汇报其空闲资源:4 个 CPU、4GB 内存。然后,Master 触发分配策略模块,得到的反馈是 Framework 1 要请求全部可用资源。Master 向 Framework 1 发送资源邀约,描述了 Slave 1 上的可用资源。Framework 的调度器(Scheduler)响应 Master,需要在 Slave 上运行两个任务,第一个任务分配 <2CPU, 1GB RAM>资源,第二个任务分配<1CPU, 2GB RAM>资源。最后,Master 向 Slave 下发任务,分配适当的资源给 Framework 的任务执行器(Executor),接下来由执行器启动这两个任务(如图 5-68 中虚线框所示)。此时,还有 1 个 CPU 和 1GB 的 RAM 尚未分配,因此分配模块可以将这些资源供给 Framework 2。

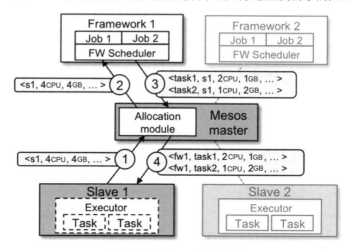

图 5-68　Mesos 处理流程

(3)比较分析。

从两个系统的设计结构来看,思路基本相同,所以结合两者,可以将分布式资源管理系统抽象成下面几个元素。

① 资源管理。

资源管理的思路是 Master(HA)+ Slave。

为了实现高可靠性,Master 必须为奇数个,一般采用 Zookeeper 来实现状态监控与选举；Slave 一般是一个节点上的 Agent，负责本节点的资源汇集、抽象、上报、监控，同时执行来自 Master 的资源分配指令。

资源管理包括资源描述或抽象的方式，Mesos 的资源描述方式是 <[framework_no,] [task_no,] [salve_no,] cpu_quota, mem_quota, …>，其中[]表示可以没有。YARN 的资源描述是以 Container 为单元，其中也涉及 CPU、Memory、网络等。

② 资源调度。

每个 Framework 一般会分解为多个 job（task）（注意：工作任务的分解和调度不是资源管理系统的事情，一般由其他系统来承担，如 MapReduce、Chronos 等），每个 job 所能够使用的资源、资源所在的位置（节点、机柜）则需要一个 scheduler 来承担。

Mesos 的资源调度器为 FW Scheduler，YARN 的资源调度器是 RM 模块的子模块 Scheduler。

③ 作业管理。

虽然资源管理系统不负责作业分解与调度，但是需要负责分配资源给作业，并启动和监控作业。

Mesos 的作业管理是在每个 Slave 上的 Executor，在 Master 上管理多个 Executor；YARN 的作业管理是运行在某个节点上的 Application Manager，在 RM 的 ApplicationsManager 管理多个 Application Manager。

从架构设计角度，Mesos 的设计更加清晰。

3）MapReduce 2.0 与 Spark 平台

（1）MapReduce 概述。

如果将 Hadoop 比作一头大象，那么 MapReduce 就是这头大象的大脑。MapReduce 是 Hadoop 的核心编程模型。Hadoop 的数据处理核心为 MapReduce 程序设计模型。

MapReduce 把数据处理和分析分成两个主要阶段，即 Map 阶段和 Reduce 阶段。Map 阶段主要是对输入进行整合，通过定义的输入格式获取文件信息和类型，并且确定读取方式，最终将读取的内容以键值对的形式保存；而 Reduce 阶段是对结果进行后续处理，通过对 Map 获取内容中的值进行二次处理和归并排序，计算最终结果，如图 5-69 所示。

在 MapReduce 处理过程中，首先对数据进行分块处理，其后将数据信息交给 Map 任务去进行读取，对数据进行分类后写入，根据不同的键产生相应的键值对数据。之后进入 Reduce 阶段，执行定义的 Reduce 方法，使具有相同键的值从多个数据表中被集合在一起进行分类处理，并将最终结果输出到相应的磁盘空间中。

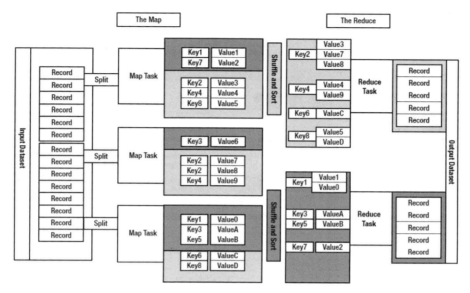

图 5-69　MapReduce 原理

（2）框架分析与执行过程详解。

下面以一个示例来讲解。

学校图书馆里有 5 个书架，每个书架上有 3 类图书（法律、医学、政治），每类图书中的书本数量不同。现在需要统计整个图书馆中这 3 类图书的数量总和。

为了完成这项工作，需要有 3 类角色的工作人员来进行处理，如表 5-4 所示。

表 5-4　3 类角色人员及其任务

角　　色	任　　务
管理员	安排人员工作，并监控工作情况
整理员	分别负责一个书架，并将不同类的图书进行分类
统计员	统计每个整理员整理后的书本数量

管理员先查看书架的数量，发现安排 5 个整理员，每人负责 1 个书架效率最高。再安排 3 个统计员来统计整理员完成的分类结果，第 1 个统计员负责第 1 个和第 2 个整理员的分类结果，第 2 个统计员负责第 3 个和第 4 个整理员的分类结果，第 3 个统计员负责第 5 个整理员的分类结果。

管理员监控每个人员的工作情况，如果有不认真工作的，进行警告，警告多次无效，则将其踢出任务组，然后重新分配任务。

正式框架流程图如图 5-70 所示。

从图 5-70 中可以看到，Hadoop 为每个创建的 Map 任务分配输入文件的一部分，这部分称为 split（分片）。由每个分配的 split 来运行用户自定义的 Map，从而能够根据用户需要来处理每个 split 中的内容。Hadoop 类似于管理员，将任务分配给各整理员，分类统计后输出结果。

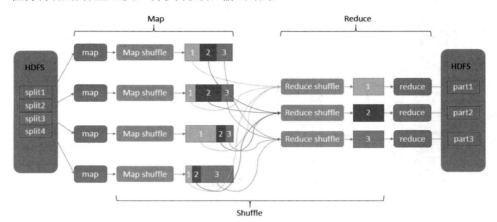

图 5-70   正式框架流程

一般情况下，一次 Map 任务的执行分成以下两个阶段。

① Map 读取 split 内容后，将其解析成键值对的形式进行运算，并将 Map 定义的算法应用至每一条内容，而内容范围可以根据用户自定义来确定。

② 当使用 Map 中定义的算法处理完 split 中的内容后，Map 向 TaskTracker 报告，然后通知 JobTracker 任务执行完毕，可以接受新的任务。

这里有必要介绍一下 split。对于将大数据分成若干个 split 来说，处理每个单独的 split 内容所耗费的时间远远小于处理整个文件的时间。根据"木桶效应"，整个 Map 处理的速度是由集群中所有运行 Map 任务的节点计算机速度最慢的那个节点决定的。如果将 split 分成较为细粒度的数据大小，而同时对不同的节点计算机根据其速度分配 split 个数，可以获得更好的负载均衡。大多数的 split 被设置成 64MB，这样做的好处是使得 Map 可以在存储有当前数据的节点上运行本地任务，而不需要通过网络进行跨节点的数据调度。如果一个 Map 中需要的 split 大小超过 64MB，则部分数据极大可能会存储在其他节点上，需要通过网络传输，Map 将增加等待时间，从而降低效率，而包括就是 split 较小，则会浪费当前节点中 Block 中的容量，并增加了 split 的个数，Map 对 split 进行计算并上报结果，关闭当前计算及打开新的 split 均需要耗费大量资源，这样做也会降低 Map 的处理效率。

通常一个 MapReduce 任务过程中可以有若干个 Map 任务，但只有一个 Reduce 任务。其作用是接受并处理所有 Map 任务发送过来的输出。排过序的 Map 任务输出结果通过网络传输方式将结果报送给 Reduce 节点，所有输出结果在 Reduce 端合并，而对于 Reduce 的结果，则会存储成 3 个副本进行备份性质存储。

一次 Reduce 任务的执行分成以下三个阶段。

① 获取 Map 输入的处理结果。

② 将拥有相同键值对的数据进行分组。

③ 将用户定义的 Reduce 算法应用到每个键值对确定的列表中。

下面分析一下这个过程。在数据的输入阶段，Reduce 通过向 TaskTracker 发送请求来获取 Map 的任务数据，JobTracker 将主机的 Map 输出的每个 TaskTracker 位置传递到执行 Reduce 任务的 TaskTracker。在接收到所有 Map 输出的数据后，Reduce 进入分组和排序阶段，每个 Map 输出的结果此时应该已经按照键的大小排列。Reduce 根据键的同一性将这些结果进行合并，成为一个键对应多个值的一系列数据记录，然后通过自定义的算法对排序结果进行处理。

（3）MapReduce 运行流程详解。

经典 MapReduce 任务的工作流程如图 5-71 所示。

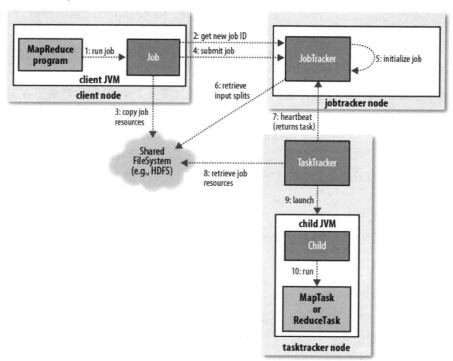

图 5-71　MapReduce 的工作流程

从流程图可以看到，整个 MapReduce 从任务开始到任务结尾，其运行范围可以分为如下四个部分。

① JobClient：用于供客户端向 Hadoop 框架提交 MapReduce 任务。

② JobTracker：主要用于在 Hadoop 框架内调度 MapReduce 任务的运行。

③ TaskTracker：是在 Hadoop 框架任务节点上运行的任务执行器，主要是运行由 JobTracker 分配到本地节点上的任务。

④ HDFS：Hadoop 框架用于存放数据的磁盘空间。

从上面对一个任务的完整分配来看，一个 MapReduce 任务可以分为任务的初始化、任务的分配、任务的执行、任务的完成与状态更新四个主要阶段。

① 任务的初始化。

首先来看图 5-71 中的第 1 个过程：run job。在此过程中，MapReduce 程序通过调用 submit()方法或者 WaitForCompletion()方法向 JobClient 提交一个任务的请求。但与通常的任务运行不同的是，MapReduce 任务提交后，WaitForCompletion()方法仍旧会每秒通过 JobClient 查询一次任务进度，如果发现任务的程度或者状况发生变化，则将其输送到用户控制台中进行报告。当任务完成时，如果程序正常完成，就会生成一系列的报告，包括对信息进行记录的报告。而如果任务失败或者有错误发生，则会产生一个异常，同时 JobClient 会将其进行报告。

在第 2 个过程中，JobClient 申请一个独一无二的新的任务 ID，并反馈给用户。需要说明的是，在这一过程中，若输出目录已经存在，则任务的创建失败。同时检查输入路径，并对输入的文件大小进行测量，根据片区的大小进行分片，如果不能够对输入路径进行分片，则任务创建失败，同样返回创建失败的异常到用户控制台中。

一旦前两个步骤完成，Hadoop 就将运行任务所需要的 Jar 控制文件、属性配置等一些基本信息复制到以第二个过程中任务 ID 命名的文件系统中，并通过第 4 个步骤向 Hadoop 报告任务基本配置完毕，可以执行。

而 JobTracker 作为 Hadoop 框架内的任务调度器，会在调度器内部设置一个内部队列，对依次传过来的任务进行调度。一旦开始任务执行，就会初始化任务，创建一个可运行对象，并跟踪发布的任务状态和步骤。这个过程被标记为步骤 5。

初始化任务对象后，开始任务的运行。这时 JobTracker 会查询任务信息，获取输入路径及已经分片完毕的任务数据，并创建相应的 Map 任务对输入的数据进行预处理。为了提高 Hadoop 框架的应用效率，Reduce 任务数量可以由程序设计人员自行确定。

② 任务的分配。

在步骤 5 中提到，任务一旦开始运行，JobTracker 作为 Hadoop 框架的调度器需要定时查询任务的进度与状况。从图 5-71 中可以看到，作为任务的具体执行节点，TaskTracker 则每隔一段时间发送一个信号给调度器，从而对任务进度和状态进行汇报，该汇报称为"心跳"（heart beat），如步骤 7 所示。在这个过程中，TaskTracker 发送心跳给 JobTracker 这一主任务调度器，并且向其汇报任务执行情况。在任务结束后通知 JobTracker 是否已经准备好运行下一个任务，JobTracker 会根据具体情况给其分配任务。

在为 TaskTracker 选择任务（task）之前，JobTracker 首先要选定任务运行的节点。对于 Map 任务和 Reduce 任务运行地点的选择使用的是 TaskTracker "任务槽"模式，即可运行的任务数。一个 TaskTracker 有固定数量的任务槽，即一个 TaskTracker 可能同时运行两个 Map 任务和 Reduce 任务。默认调度器在处理 Reduce 任务之前会填满空闲的 Map 任务。因此，如果 TaskTracker 至少有一个空闲的 Map 任务槽，JobTracker 会为它选择一个 Map 任务，否则选择一个 Reduce 任务。

在选择 Reduce 任务时，JobTracker 简单地从待运行的 Reduce 任务列表中选取下一个来执行，而不用考虑数据的本地化。对于一个 Map 任务，JobTracker 会考虑 TaskTracker 的网络位置，并选取一个与其输入分片最近的 TaskTracker。最理想的情况是数据本地化（任务运行和输入分片在同一个机器上），次之是选择机架本地化的。

③ 任务的执行。

现在，TaskTracker 已经被分配了一个任务，下一步是运行任务。首先通过共享文件系统将作业的 JAR 复制到 TaskTracker 所在的文件系统，从而实现 JAR 文件本地化。同时，TaskTracker 将程序所需的全部文件从分布式缓存复制到本地磁盘，这从步骤 8 中可以看到。之后，TaskTracker 为任务新建一个本地工作目录，并把 JAR 文件解压到这个文件夹下，TaskTracker 会新建一个 TaskRunner 实例来运行该任务。

在步骤 9 TaskRunner 启动一个新的 JVM 来运行每个任务，以便用户定义的 Map 和 Reduce 函数的任何软件问题都不会影响 TaskTracker（例如导致崩溃或挂起等），但是在不同的任务间共享 JVM 是可能的。子进程通过 umbilical 接口与父进程进行通信。任务的子进程每隔几秒便告诉父进程它的进度，直到步骤 10 任务完成。

④ 任务的完成与状态更新。

当 JobTracker 收到作业最后一个任务完成的通知后，便把作业的状态设为"成功"。然后，JobClient 查看作业状态时，便知道任务已完成，于是打印一条消息告知用户，然后从 submit()方法返回。最后 JobTracker 清空作业的工作状态，指示 TaskTracker 也清空工作状态（如删除中间输出等）。

至此，一个完整的 MapReduce 任务完成。但是有些细节需要我们知道，一个 MapReduce 任务是长时间运行的批量任务，对于用户而言，能够得知作业进展是很重要的。一个作业和它的每个任务都有一个状态（status），包括作业或任务的状态（如运行状态、成功完成、失败状态）、Map 和 Reduce 的进度、作业计数器的值、状态信息或描述（可以由用户代码来设置）。

任务在运行时，对其进度保持追踪。对 Map 任务，任务进度是已处理输入所占的比例。对 Reduce 任务，情况稍微复杂，但系统仍然会估计已处理输入的比例。例如，如果 Reduce 任务已经执行 Reducer 一半的输入，那么任务的进度便是 5/6。因为已经完成复制和排序阶段（各 1/3），并且已经完成 Reduce 阶段的一半（1/6）。

如果任务报告了进度，便会设置一个标志，以表明状态变化将被发送到 TaskTracker。JobTracker 中有一个独立的线程每隔 3s 检查一次此标志是否被设置成打开状态，如果已被设置，则告知 TaskTracker 当前任务状态。同时，TaskTracker 每隔 5s 发送心跳到 JobTracker（5s 这个间隔是最小值，心跳间隔实际上由集群的大小来决定，更大的集群，间隔会更长一些），并且将 TaskTracker 运行的所有任务的状态发送至 JobTracker。JobTracker 将这些更新状态合并起来，生成一个表明所有运行作业及其所含任务状态的全局视图。同时，JobClient 通过查询 JobTracker 来获取最新状态。客户端也可以使用 JobClient 的 getJob()方法来得到一个 RunningJob 的实例，后者包含作业的所有状态信息。

（4）经典 MapReduce 任务异常处理详解。

上面介绍的 MapReduce 任务运行的全部过程都是按照正常程序流程执行。但是，任何一个程序设计人员都不可能认为自己能够一次性写出可以运行的程序，特别是较为大型的程序。下面主要对 MapReduce 任务失败或者异常做出解释。

① MapReduce 任务异常的处理方式。

最常见的情况是 Map 或 Reduce 任务中的某些代码抛出不可运行的异常。如果发生这种异常，Hadoop 用来执行任务的子 JVM 就会强行退出，并向任务调度器 TaskTracker 进行汇报。汇报结果将被写入用户日志中以供可能的查询。同时，在任务的状态栏中，此任务记录中的状态被标记为 failed。

除此之外，对于一些其他异常报告并使得 JVM 退出的情况，用户代码会造成某些特殊原因的 JVM 不可预知的漏洞，因此也会造成 MapReduce 特殊中断，并中止向 TaskTracker 发送心跳报告，TaskTracker 会在一段时间后直接将任务标记为 failed。

对于产生异常的任务，TaskTracker 并不是直接将其标记为代码错误或者不可运行。任务的异常有可能是程序代码问题，也有可能是 JVM 本身的漏洞或者节点硬件的问题。因此，对于这些任务，TaskTracker 并不是直接标记为不可用，而是更换节点重新运行，如果一个任务在不同的节点产生异常的次数超过一定次数，那么 TaskRacker 将会将其标记为失败而不会再运行。一般情况下，失败的最大可允许次数为 4 次，但是程序设计人员可以对其进行更改。

对于 Map 任务，运行任务的最多尝试次数由 mapred.map.max.attempts 属性控制，而对于 Reduce 任务，则由 mapred.reduce.max.attempts 属性控制。

我们知道，MapReduce 是分布在多个节点上进行并发任务的运行，因此对于一个任务整体而言，其又被分为若干个小任务执行，而在某些情况下，某些小任务的失败是可接受的，因此我们可以设定一个接受范围，是针对任务失败的情况来说的运行失败的百分比。当失败的任务占总任务的比例不超过一定值时，任务结果是可接受的。

对于 Map 任务和 Reduce 任务，接受范围可以独立控制，分别通过 mapred.max.map.failures.percent 和 mapred.max.reduce.failures.percent 属性来设置。

对于任务运行异常的分类而言，并不是所有的异常都会导致任务失败，某些任务可能因为网络、硬件或其他原因运行速度过慢，Hadoop 框架会自动在另外一个节点上启动同一个任务，作为任务执行的一个备份。这就是所谓的"任务推测"。

对于 Hadoop 框架来说，判断任务执行状态并进行任务推测的算法有很多，最常用的是对任务的进度进行比较，如果一个任务的进度明显落后于其他任务，则 Hadoop 会自动启动一个相同的任务来进行同样的工作。如果一个类的任务已经完成，则其所有的推测任务都被暂停，所有的同样任务结束。

② MapReduce 任务失败的处理方式。

MapReduce 任务失败主要有两种方式，分别是 JobTracker 失败与 TaskTracker 失败。

首先来看 JobTracker 失败。JobTracker 是 Hadoop 的任务调度器，如果产生了此种失败，那么整个 MapReduce 任务一定失败，一切无法自动修复和处理，因为无法对整个任务进行处理。当然此种失败的可能性很小。

再来看下 TaskTracker 失败。TaskTracker 是 Hadoop 框架中用来运行 MapReduce 任务的分节点，一般运行的是当前节点中存储的数据任务。前面提到过，TaskTracker 通过发送心跳通知 JobTracker 对任务过程进行追踪处理。一旦 TaskTracker 失败，心跳通信也随之停止，那么 JobTracker 会将 TaskTracker 的任务重新选择节点并运行。其中，心跳通知间隔的值由 mapred.tasktracker.expiry.interval 属性来设置（以毫秒为单位）。

需要注意的是，对于一个运行 TaskTracker 的节点来说，如果运行任务的失败次数较多或者运行速度过于缓慢，以至于 Hadoop 框架经常性为之展开推测执行的任务，那么此 TaskTracker 也有很大可能被 Hadoop 框架标记为不合适进行 TaskTracker 任务的节点而在一般的任务执行中避免调用此节点。

（5）作业的调度。

早期版本的 Hadoop 使用一种非常简单的方法来调度用户的作业：按照作

业提交的 JI 固序，使用 FIFO（先进先出）调度算法来运行作业。典型情况下，每个作业都会使用整个集群，因此作业必须等待，直到轮到自己运行。虽然共享集群极有可能为多用户提供大量资源，但问题在于如何公平地在用户之间分配资源，这需要一个更好的调度器。生产作业需要及时完成，以便正在进行即兴查询的用户能够在合理的时间内得到返回结果。

随后，加入设置作业优先级的功能，可以通过 mapred.job.priority 属性或 JobClient setJobPriorty() 方法来设置优先级（在这两种方法中，可以选择 VERY_HIGH、HIGH、NORMAL、LOW、VERY_LOW 中的一个值作为优先级）。作业调度器选择要运行的下一个作业时，选择的是优先级最高的作业。然而，在 FIFO 调度算法中，优先级并不支持抢占（Pre-emption），所以高优先级的作业仍然会被那些在高优先级作业被调度之前已经开始的、长时间运行的低优先级的作业所阻塞。

4）HDFS 与 Ceph

（1）HDFS。

前面介绍 YARN 时提到，HDFS 是一个主/从（Mater/Slave）体系结构，从最终用户的角度来看，它就像传统的文件系统一样，可以通过目录路径对文件执行 CRUD（Create、Read、Update 和 Delete）操作。但由于分布式存储的性质，HDFS 集群拥有一个 NameNode 和一些 DataNode。NameNode 管理文件系统的元数据，DataNode 存储实际的数据。客户端通过与 NameNode 和 DataNodes 的交互访问文件系统。客户端联系 NameNode 以获取文件的元数据，而真正的文件 I/O 操作是直接和 DataNode 进行交互的，如图 5-72 所示。

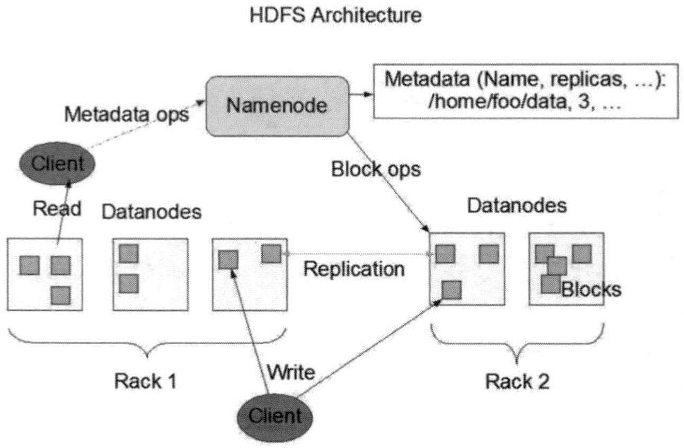

图 5-72　HDFS

（2）Ceph。

Ceph 是一种软件定义存储，可以运行在几乎所有主流的 Linux 发行版（如

CentOS 和 Ubuntu）和其他类 UNIX 操作系统（典型如 FreeBSD）。Ceph 的分布式基因使其可以轻易管理成百上千个节点、PB 级及以上存储容量的大规模集群，同时基于计算的扁平寻址设计使得 Ceph 客户端可以直接和服务端的任意节点通信，从而避免因为存在访问热点而导致性能瓶颈。

Ceph 提供了三种服务：对象存储、块存储和文件存储，如图 5-73 所示。

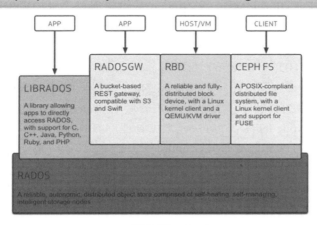

图 5-73　Ceph

Ceph FS（File System，文件系统）是一个兼容 POSIX 的文件系统，利用 Ceph 存储集群来保存用户数据。Linux 内核驱动程序支持 CephFS，这也使得 CephFS 高度适用于各大 Linux 操作系统发行版。CephFS 将数据和元数据分开存储，为上层的应用程序提供较高的性能以及可靠性。Ceph FS 的体系结构如图 5-74 所示。

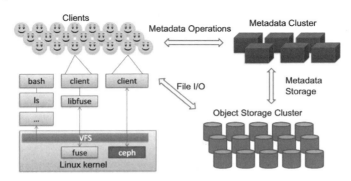

图 5-74　Ceph FS 的体系结构

RADOS（Reliable，Autonomic Distributed Object Store）是 Ceph 的核心之一，作为 Ceph 分布式文件系统的一个子项目，特别为 Ceph 的需求设计，能够

在动态变化和异质结构的存储设备机群之上提供一种稳定、可扩展、高性能的单一逻辑对象（Object）存储接口和能够实现节点的自适应和自管理的存储系统。事实上，RADOS 也可以单独作为一种分布式数据存储系统，给适合相应需求的分布式文件系统提供数据存储服务。

RADOS 系统由 OSD（Object Storage Device）、MDS（Meta Data Server）和 Monitor 组成，这三个角色都可以以 Cluster 方式运行。

MDS 负责管理 Cluster Map，其中 Cluster Map 是整个 RADOS 系统的关键数据结构，管理集群中的所有成员、关系、属性等信息以及数据的分发。

（3）对比分析。

体系结构上，HDFS 和 Ceph 都采用了"Client-元数据服务器-存储节点"的结构。元数据管理方面，HDFS 用 NameNode 来统一管理，而且元数据在内存中管理，所以 HDFS 能够支撑的元数据容量由 NameNode 的内存来决定。HDFS 支持 NameNode 的 HA 以解决元数据管理单点故障；Ceph 的元数据管理用元数据服务器 MDS 和监控服务 Monitor 来共同完成，同时都支持集群以解决单点故障。

数据存储方面，HDFS 用 DataNode 来存储数据，Ceph 用 OSD 来存储数据。HDFS 存储块默认大小为 64MB，Ceph 的 MDS 根据哈希一致性算法 CRUSH 来将数据分配到具体的 OSD（PG-OSD）。

在数据一致性和冗余性方面，HDFS 采用简单一致性模型（Master-Slave），支持多副本；Ceph 采用 Paxos 或 Zookeeper 中的 Zap 算法，支持多副本和纠删码。

在使用场景方面，HDFS 适用于存储超大文件，流模式访问（一次写、多次读），不支持多用户并发写入和随意修改文件（只能追加）；Ceph 适用于存储大量小文件和随机读写等场景。

5）TensorFlow

（1）TensorFlow 的概念

TensorFlow 是一个基于数据流编程（Dataflow Programming）的符号数学系统，被广泛应用于各类机器学习算法的编程实现。

TensorFlow 拥有多层级结构，可部署于各类服务器、PC 终端和网页，并支持 GPU 和 TPU 高性能数值计算，被广泛应用于谷歌内部的产品开发和各领域的科学研究。

（2）TensorFlow 组件与工作原理

TensorFlow 的核心组件有分发中心、执行器、内核应用和最底端的设备层/网络层组件。

分发中心主要是划分操作片段，并启动执行器。具体做法是从输入的数据流图中截取子图，将子图划分成若干个执行片段，由执行器执行。分发中心处理数据会进行公共子表达式消去、常量折叠等预先设定的操作优化。

执行器负责图操作在进程和设备中的运行，收发其他执行器的结果。

内核应用负责单一的图操作，包括数学计算、数组操作、控制流和状态管理操作。

单进程版本的 TensorFlow 没有分发中心和执行器，而是使用特殊的会话应用联系本地设备。

6）Cuckoo

（1）Cuckoo 简介。

Cuckoo Sandbox 是开源安全沙箱，基于 GPLv3，目的是恶意软件分析（Malware Analysis）。使用的时候将待分析文件丢到沙箱内，分析结束后输出报告。很多安全设备提供商所谓的云沙箱是同类技术，一些所谓 Anti-APT 产品也是这个概念。和传统 AV 软件的静态分析相比，Cuckoo 采用动态检测。进入沙箱的可执行文件会被执行，文档会被打开，在运行中检测。

（2）Cuckoo 的体系结构。

Cuckoo Sandbox 的体系结构如图 5-75 所示。

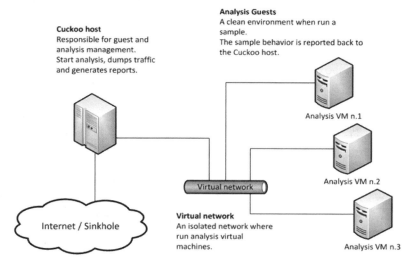

图 5-75　Cuckoo Sandbox 的体系结构

总体上分为 Host 和多个 Guest。

Host 主要负责 Guest 的管理、从 Guest 收集信息（通过安装在 Guest 上的 Agent 以及转储进出 Guest 的网络流量）分析、生成报告等；Host 上需要运行一些开源的工具，如 tcpdump、Volatility（用于内存 dump）。

Guest 是一台通用的虚拟机，支持 Virtualbox、KVM、vMware workstation、Xen Server。在虚拟机里面可以运行 Windows、Linux、macOS；在这些 guest OS

上运行 Cuckoo Agent，这个 Agent 是用 Python 写的，所以支持 Windows、Linux、macOS、Android 等操作系统；在这些 guest OS 上还会运行 Cuckoo Analyzer，用于动态注入恶意程序进程空间，以监控和收集信息，如图 5-76 所示。

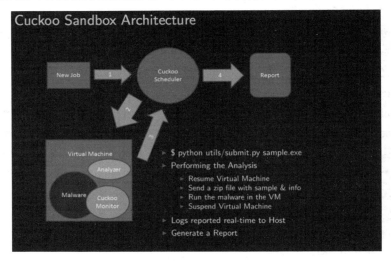

图 5-76　动态注入恶意程序过程

（3）Cuckoo 的工作原理。

Cuckoo Sandbox 的核心在 Guest 端的 Analyzer，工作原理是动态注入 cuckoomon.dll 到恶意程序进程空间，cuckoomon.dll 将监视恶意程序的行为，如 API 调用及其参数。

从当前最新 Cuckoo 版本源码可以看出，Cuckoo 支持 Windows、Linux、macOS、Android 的恶意程序动态检测。

图 5-77 展示了 Windows 系统上 Cuckoo 支持的恶意检测类型。

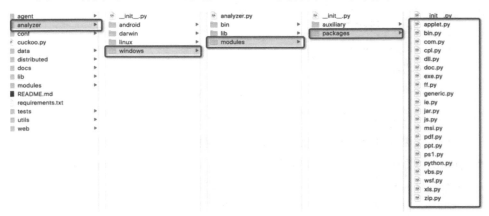

图 5-77　恶意检测类型

7）平台体系结构设计

围绕云，主要涉及云服务门户、提供云服务的基础设施和云服务运维三个方面，如图 5-78 所示。所以核心在"大平台"的设计。

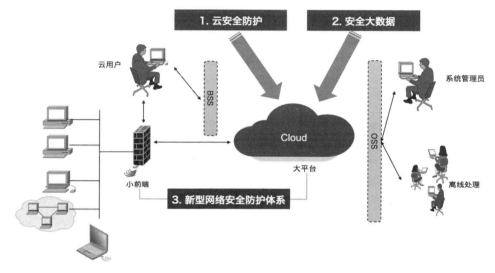

图 5-78　安全大数据框架

大平台=DCOS+应用集群。这里的"应用"可能是信息安全相关的，如防火墙系统、IPS 系统等传统安全系统仍然需要运行在 DCOS 上面，同时一些新的应用，如蜜罐、沙箱也需要运行在 DCOS 之上。

设计 DCOS 时需要兼顾前面提到的承载万物、按需提供、横向扩展、开放合作四个需求。

2．数据挖掘

态势感知系统的数据挖掘方法采用 ELK + SparkStreaming + Kafka + Redis 进行数据的采集分析，首先采用 logstash 监听防火墙端口，获取 syslog 报文，将数据存储到 Kafka 集群，进行缓存，并由 Spark Streaming 进行数据清洗，然后进入 Redis，最后由 logstash 将 Redis 中的数据存储到 ES。

1）威胁感知引擎

DaaS 大数据处理一般会涉及图 5-79 所示的几个方面。其中，数据运营、数据采集、数据安全等不做专题阐述，这里重点对大数据处理展开设计，同时更多地结合安全业务本身，而不做普适的大数据设计。威胁感知框架如图 5-80 所示。

图 5-79　DaaS 大数据处理

图 5-80　威胁感知框架

威胁感知框架的关键是数据处理的三个核心引擎。

（1）静态检测引擎：所谓静态，指检测目标处于未激活状态，如存放在磁盘上的文件。对于已知恶意代码或病毒，一般针对文件、报文流进行已知病毒特征码扫描比对，如 ClamAV 就是一个开源的病毒、恶意程序的检测引擎。对于未知恶意代码或病毒，可以借鉴事件交叉关联分析的思路，此时只有已知特征码，但是可以根据扫描的情况进行关联分析，如某个病毒的特征码为 PXL，虽然未扫描到 PXL，但是多次扫描到 PX 和 LE，从这些扫描结果中可能会发现一些关联关系，甚至可以采用对特征码或子特征码进行信誉评估的方法，来判定或挖掘一些未知的、变种的恶意代码或病毒。

（2）动态检测引擎：所谓动态，即让监测目标处于激活状态，如打开文件、打开某个应用等。当前比较流行的动态检测引擎方式是蜜罐和沙箱。蜜罐是"诱捕"的思路，沙箱是"监视"的思路，前者用于不知道攻击者在哪里、何时出现，以及攻击手法不明确的情况，后者用于攻击手法变化多端，有已知的，也有未知的情况。

（3）大数据分析引擎：一般用于异常行为分析、未知攻击发现、攻击溯源三种情况。分析采用的方法包括非结构化数据挖掘算法、交叉关联分析、统计分析和可视化分析等。

网络入侵攻击是业界难点和重点，采用 DFI 模式开发网络溯源系统，针对 APT 攻击、DDoS 攻击和僵木蠕（僵尸网络、木马、蠕虫病毒的统称）进行有效的追踪溯源，可以保证未知的攻击的危害得到有效的溯源，如 DDoS 攻击可以溯源到链路，物理接口；APT 攻击可以溯源到外泄了多少数据；僵木蠕可以溯源到 CC 主机的影响范围。未来基于信誉情报，可以挖掘更多信息。

网络攻击溯源追踪主要有以下两种方法。

（1）流量分析溯源。

在企业的网络中发生流量型的网络安全事件时，若已确认安全事件相关资产 IP 地址和时间段信息，通过系统该模块可实现对该时间段、IP 地址等相关的流量分析、溯源和取证；另外，在企业发生流量型的安全事件时，也可通过该模块中渐进式数据挖掘、统计报表等子模块实现流量攻击的溯源和取证。

（2）安全溯源。

在企业的业务系统遭受网络攻击时，根据遭受攻击的类型和安全溯源的需求，通过溯源追踪实现 DDoS 溯源和僵木蠕溯源。

① DDoS 溯源：企业发生 DDoS 攻击时，可通过 DDoS 告警日志信息判断是网内 DDoS 攻击、网内向网外发起 DDoS 攻击，还是网外向网内发起 DDoS 攻击，进而通过溯源功能确定 DDoS 的发起 IP 地址及遭受攻击的 IP 和业务系统。

② 僵木蠕溯源：定期对采集的企业各网络区域流量信息进行智能 C&C 主控分析，可溯源到企业网络内部与僵尸网络通信的可疑傀儡机；另外，在其他安全检测防护系统发现僵尸网络通信时，确定控制服务器 IP 和端口后，也可通过该功能溯源企业内僵尸主机情况。

2）业务威胁感知

以上分析是从框架上来设计的，如果从业务的角度来设计，则 DaaS 的设计框架如图 5-81 所示。

（1）网络入侵态势感知。网络入侵态势感知的核心方法是基于海量安全事件日志进行挖掘，形成攻击链和攻击树。

基于攻击树的威胁计分，预警威胁较大的攻击源，促进防外决策，以及预警面临威胁较大的被攻击目标，促进安内决策。

基于攻击树的反向推理方法，发现入侵成功事件，促进事后响应。

（2）DDoS 态势感知。DDoS 威胁一般称为网络氢弹，是目前国与国之间、竞争对手之间的主要攻击方式，其成本低，见效大。DDoS 攻击越来越频繁，尤其针对发达地区和重点业务。DDoS 攻击流量也越来越大，从检测结果来看，

20%以上的攻击流量大于 20GB。

图 5-81　DaaS 设计框架

　　如何进行 DDoS 攻击态势感知呢？目前的主要手段是异常流量检测。异常流量检测一般会采用机器自学习，通过一段时间的机器学习得到其正常状态的流量上限。自学习过程中系统自动记录网络的流量变化特征，进行基础数据建模，按照可信范围的数据设置置信区间，通过对置信区间内的历史数据进行分析计算，得到流量的变化趋势和模型特征。为了保证学习的流量特征符合正态分布，系统支持开启日历模式的数据建模，如设置工作日、双休日等日历时间点，针对不同的时间点进行自学习建模。同时，系统支持对生成的动态基线进行手动调整，与日历自学习模式相结合，共同保证动态基线的准确性。

　　（3）僵木蠕态势感知。在办公网等内网环境中，僵木蠕的威胁是首要威胁，僵木蠕引起的 ARP、DDoS 断网等问题成为主要问题，更不用说由僵木蠕导致的 APT 泄密等事件了。在这个场景下，一般采用防病毒引擎、沙箱等，通过对网络流量监控，发现僵木蠕的传播，并通过僵木蠕态势监控，实现僵尸网络发现、打击及效果评估。

　　（4）APT 攻击态势感知。对于已知的攻击检测，我们可以用入侵检测设备，来防范病毒，但是针对目前越来越严重的 APT 攻击，需要更先进的技术手段和方法。

　　在整个防护体系中，对于未知的 0Day 攻击和 APT 攻击的态势感知，我们依靠未知威胁态势感知传感器，通过对以 Web、邮件、客户端软件等方式进入内网的各种恶意软件进行检测，利用多种应用层及文件层解码、智能 ShellCode

检测、动态沙箱检测、基于漏洞的静态检测等多种检测手段检测并感知未知威胁。

（5）脆弱性态势感知。依托于漏洞扫描系统，对企业信息系统漏洞风险进行评估，形成企业信息系统全生命周期的脆弱性态势感知，协助企业做好系统上线前、后的风险态势呈现，杜绝系统带病入网、运行，对存在风险的系统进行及时修补，并对修补后的再次审核结果进行呈现，确保系统自身的安全运行。

（6）应用服务态势感知。网站作为应用服务对外的窗口，面临的安全威胁最多，因此，有必要部署专门的网站监控设备，形成网站安全态势监控，同时与云端监测服务相结合，监控网站漏洞、平稳度、挂马、篡改、敏感内容，并有效进行运维管理，从而避免因为网站出现问题导致公众问题。

上面的各种业务态势感知可以利用下面的框架来实现。

通过 Spark 进行历史数据分析，用 MLlib 建立数据模型，对 Spark Streaming 实时数据进行评估，检测并发现异常数据，如图 5-82 所示。

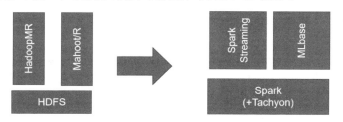

图 5-82　Spark 分析

通过 Spark 和 GraphX 计算社交关系，给出建议，如图 5-83 所示。

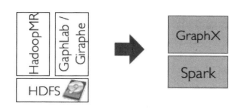

图 5-83　Spark 和 GraphX

3．态势感知流程

态势感知是一种基于环境的，动态、整体地洞悉安全风险的能力，是以安全大数据为基础，从全局视角提升对安全威胁的发现识别、理解分析、响应处置能力的一种方式，最终是为了决策与行动，是安全能力的落地。

“态势感知是认知一定时间和空间中的环境要素，理解其意义，并预测它们即将呈现的状态，以实现决策优势”，如图 5-84 所示。

图 5-84　态势感知流程

1）态势认知

（1）攻击发现：如何从大量的日志、告警、事件、全量数据中发现攻击。

（2）攻击确认：确认攻击的来源、属性、目标等证据的数据是否足够。

（3）质量评估。

① 单体信息素材的质量评估：完整性、真实性、时效性。

② 信息素材集合的质量评估：置信度（查全率、查准率、碎片率、错误关联率等）、纯度（不正确率、证据查全率）、费效比（优先级排序、攻击分值）、时效性（防护时间、检测时间、响应时间）、有效性（MoE）等。

2）态势理解

（1）损害评估：对攻击或者活动在当下的影响评估，是基于事实的评估。这不但需要了解当前已知的攻击和活动，还要清楚这些行为对"我方"的意义，即影响了哪些资产或能力，以及这些资产或能力对我方的重要性。简单理解，损害评估就是对现实风险的理解和评估。

（2）常用方法：特征匹配式假设推理（即所有条件都已知，且所得线索与过往经历的相似性程度较高），将资产、威胁、脆弱性做关联分析。

（3）行为分析：机器学习+人工。

（4）因果分析：溯源分析+取证分析。

3）态势预测

（1）态势演化：机器学习+人工分析。

（2）影响评估：影响评估与损害评估不同，它是一种情境推演，即若攻击或者活动继续开展，会造成怎样的影响，会不会和其他的攻击活动关联，会不会影响到其他的资产，以及如果我们采取了措施，会造成怎样的后果等。这是一种基于观点的评估。简单理解，影响评估就是对潜在风险的理解和评估。

（3）常用方法：除了采用特征匹配，还需要做情境构建，通过分析和推断对方意图、时机、能力等对手信息，以及漏洞能否组合利用，或是否存在未知漏洞等其他己方信息，探索其他潜在的假设，并持续进行态势跟踪，验证和推演构建的多个情境哪个是准确的。

（4）序列分析：态势理解和态势预测实际上都是与时间强相关的，所以分类和序列分析两种方法通常会一起采用。

分类需要用到的训练集:基于时间序列分成 N 份数据,每份数据一般都需要属性 k 和参数 a,用于构造算法函数。属性的选择与态势感知的内容相关,例如,如果要预测未来 1 个小时的风险趋势,那么属性应该选择风险评估值;如果要预测未来 1 个小时内是否会发生 DDoS 攻击,则属性可能选择 DDoS 攻击告警次数或 DDoS 攻击特征综合值;如果要预测未来 1 个小时内是否会发生特定的某种 DDoS 攻击,则属性可能会选择特定 DDoS 攻击告警次数或特定 DDoS 攻击特征综合值。攻击特征如何表达?攻击特征综合值可以是多元特征的线性(甚至非线性)组合,如下列公式所示。

$$\text{Synflood 攻击特征值} = a1 \times \text{攻击速率} + a2 \times \text{告警日志中出现}$$
$$\text{Synflood 关键字的频率} + \cdots \tag{5-14}$$

4)响应决策

根据态势感知、安全监测等模块获取的态势、趋势、攻击、威胁、风险、隐患、问题等情况,利用通告预警模块汇总、分析、研判,并及时将情况上报、通告、下达,进行预警及快速处置。可采用特定对象安全评估通告、定期综合通告、突发事件通告、专项通告等方式进行通告。该模块还应包括通告机制成员单位、专家组、技术支持单位、信息支撑单位管理,信息通告刊物管理,网安部门通告机构、人员管理,通告规范、标准管理等内容。支持对通告机构、单位、人员等进行管理,支持通告预警策略的设置,包括通告预警生成策略、下发策略、考核策略等。通过关联和融合分析,计算网络整体安全值及风险值,依据态势监控指标体系,生成系统可直接展示的态势信息,然后建立数学模型进行预警分析,挖掘潜在安全威胁,根据预警指标生成预警信息。预警信息通用格式为:预警名称、预警等级、发布时间、预警内容、防范措施等。

4. 协同防御

随着网络攻击手段的日益成熟,网络对抗成为网络各方势力研讨的热点问题。针对攻击者利用多种攻击技术进行协同攻击和网络攻击,虽然建立了多种安全技术协同工作机制来实现协同化防御,但是还存在以下问题。

(1)由于协同化防御响应和控制一般建立在准确分析人的行为的基础上,目前的入侵检测技术的漏警率和误报率较高。

(2)随着网络带宽的提高和网络流量的增大,高速网中入侵检测的丢包率增大,而无法采取有效的协同防御措施。

第 6 章 ◀

人工智能与大数据挖掘在云计算安全领域 的综合应用实践案例

6.1 安全主动防御需要应用人工智能 和大数据挖掘技术

6.1.1 传统的被动防御类型

1. 专家知识库

专家知识库主要是运用规则进行分析,不同的系统与设置具有不同的规则, 且规则之间往往无通用性。专家知识库的建立依赖于知识库的完备性,知识库 的完备性又取决于审计记录的完备性与实时性。

入侵特征的抽取与表达是入侵检测专家知识库的关键。在知识库实现中, 将有关入侵的知识转化为 if...then 结构(也可以是复合结构),if 部分为入侵 特征,then 部分是系统防范措施。运用专家知识库防范入侵行为的有效性完全 取决于专家系统知识库的完备性。

2. 特征比对

特征比对需要对已知的攻击或入侵的方式做出确定性的描述,形成相应的 事件模式。当被审计的事件与已知的入侵事件模式相匹配时即报警,其检测方 法同计算机病毒的检测方式类似。目前,基于对包特征描述的模式匹配应用较为广泛。该方法预报检测的准确率较高，但对于无经验知识的入侵与攻击行为无能为力。

6.1.2 被动防御所面临的困境

被动防御存在一些共同的缺点：一是任何一家公司都无法完全掌握所有新的以及未知的漏洞、病毒和威胁种类的信息；二是在传统的防护方式里，信息安全从业人员对于恶意攻击的响应、部署防护措施都需要时间，日趋复杂的网络环境使得运维的难度不断增加，导致网络防御始终落后于网络攻击；三是当新的病毒出现时，用户很难知道内部是否已被感染，通常需要很长的排查时间。对于现在的企业来说，静态化的安全部署方式已经无法抵御现在越来越复杂的网络攻击，只专注于防止入侵的传统安防模式也已不再适用。

是否具备主动防御、动态防御的特性已经成为各单位检测云安全产品有效性的关键。

6.1.3 主动防御常见思路

主动防御技术作为一种新的对抗网络攻击的技术，采用了完全不同于传统防御手段的防御思想和技术，弥补了传统防御手段的不足。主动防御技术的优势主要体现在如下几个方面：一是主动防御可以预测将来的攻击形势，检测未知的攻击，从根本上改变以往防御落后于攻击的不利局面。二是主动防御具有自学习的功能，可以实现对网络安全防御系统动态的加固。

1. 自适应防御

对于一家稳定的业务公司，其不同角色或者设备之间的关系是固定的。例如一家企业的业务是先到负载区，再到 Web 服务器，最后到数据库。然而一旦黑客对负载器发起攻击，通过负载器直接连接到数据库，就会破坏这种关系的稳定性，因为没有正常的操作会产生这样的关系。通过这类异常关系，自适应防御系统就能感知到攻击。尽管当下无法知道黑客是谁，具体的攻击方式是什么，但是经过溯源后发现了相关漏洞。也就是说，该攻击者虽然在漏洞被披露之前已经掌握了利用漏洞的方式——任何传统的防护方案中没有针对这种攻击方式规则的描述——但自适应防御系统通过对指标的监测，察觉了攻击。

2. 移动目标防御

移动目标防御（MTD）技术被美国国土安全部定义为改变游戏规则的新型

网络安全技术。MTD 技术主要包括系统随机化、生物启发 MTD、网络随机化、云 MTD、动态编译等。2016 年，美国第一个 MTD 技术的专利被颁发。之后，国外学者针对 MTD 技术撰写了大量论文，出版了多个有关 MTD 的论文集。截至 2020 年，美国空军已经在大范围应用 MTD 技术解决安全问题。

计算机系统的静态性质使其易于攻击，难以防御。攻击者具有不对称的优势，因为他们有时间研究系统，识别漏洞，并自由选择攻击的时间和地点来获得最大的利益。而 MTD 的思想是使系统动态化，通过不断变化的系统和不断变化的攻击面，使攻击者像防守者一样，不得不面对很大的不确定性，难以预测和探索。

MTD 的最终目标是增加攻击者的工作量，给攻击者和防御者提供一个网络安全的竞争环境，使他们具备竞争的基础，并且希望利用这种竞争让攻防天平倾向于防御者而不是攻击者。

现有的安全模式优先考虑监测、检测、预防和修复，安全团队基于一个静态的基础设施来进行防护，通过大量的工作来跟随不断变化的攻击手段、系统漏洞，建立了大量的漏洞库，培养了大量漏洞研究人员。而攻击者却在享受一个相对不变的攻击面，轻松地实施一些攻击。

MTD 有了根本性地转变。MTD 不会给予攻击者一个不变的基础设施，也不会像现有的防御系统一样，把防火墙、入侵检测、杀毒、蜜罐等一字排开，等着攻击者发起攻击。相反，MTD 动态地改变基础设施，持续地改变攻击面，使得攻击者不得不调用非常大的资源不断地分析和探测这种变化的架构，且随着时间的推移，难度增大。MTD 从根本上改变了攻击者和防御者的不对称性。

MTD 技术目前还面临着巨大的问题。

首先，MTD 技术还处在研究之中，在数据和指令集随机化方面，虽然指令集随机化（ISR）能够明显增强系统的抵抗性，但 ISR 并没有解决由于编程错误或者编码水平低下导致的软件漏洞的核心问题，经过精心设计的蠕虫病毒依然能够突破 ISR 的防线。

其次，在网络层，网络配置变化的速度决定了 MTD 网络抵抗入侵的能力，配置变化速度越快，必然对网络的稳定性产生越大的影响。MTD 技术必须适应现在的网络基础设施、网络服务及网络协议，这也是其面临的较大挑战。

另外，MTD 从多个层面上实现，如何实现多种 MTD 技术的融合也是其发展中必须解决的问题。

3. 诱骗式防御

主动防御的另外一个思路就是"姜子牙钓鱼，愿者上钩。"黑客经常会寻找一些有漏洞的内网服务，进一步横向攻击，因此我们可以设置一些很小的弱点服务来引诱攻击者，这样不但可以拖延攻击者的时间、迷惑攻击者做出错误判断，还可以感知攻击者的整个攻击意图，随时收网，避免真实业务数据损失，这就是诱骗式防御蜜罐的雏形。

早期的蜜罐有 Kippo、Dionaea、专门针对 Web 系统的 Glastopf 等，还有 Honeynet、Honeyfarm 的设计思路，这些程序设计各有优缺点，共同奠定了开源蜜罐的基础。例如，Glastopf、Dionaea 这类蜜罐开源项目，虽然近几年都有 Docker 集成版本，但是还是存在无法批量集中管理和高效运维更新等问题，并且这类单机版蜜罐的指纹信息较为明显，一般不具备深度交互能力；Honeynet、Honeyfarm 的设计中提出来一些相对高效的方案解决部署问题，网络上也有 CERNET 等实际部署蜜罐文章的分享，比如 MHN 这类相对较复杂的 C/S 架构蜜罐，相对单机版蜜罐来说，有简单的集中报警收集平台，方便集中管理并且具备多服务模拟功能，但是同样存在一些缺点：MHN 融合了各种开源单机蜜罐，一方面，在维护更新上存在无法高效自动化运维的问题，另一方面，存在虚拟服务易被识别、仿真度低等问题。

6.2 云数据中心安全防护框架

6.2.1 设计理念

六方云云计算安全框架遵循安全统一管理、智能简化运维、防护全面高效和等保全面合规的核心理念，用最适合的框架为用户的业务安全保驾护航。

6.2.2 设计目标

六方云云计算安全框架可解决以下云计算核心安全问题。
- ❑ 云平台存在的安全风险（如 Hypervisor 层漏洞、各种云计算组件漏洞）。例如，Hypervisor 层存在安全漏洞，那么将会给云平台带来极大的安全风险，并且一般情况下不能采用直接打补丁的方式来修复。
- ❑ 虚拟机漏洞导致的风险。例如，云内虚拟机存在漏洞，导致虚拟机逃逸，在宿主机上执行恶意代码。
- ❑ 安全边界消失，无法灵活划分安全域。
- ❑ 缺乏有效隔离机制，无法阻止威胁横向扩散。

- ❑ 虚拟机迁移后安全策略失效，无法自动跟随。
- ❑ 网络审计存在盲点，无法全面掌握资产状况。
- ❑ 云数据中心内部主机之间的横向攻击与入侵。
- ❑ 云应用的流量审计与管控。
- ❑ 云数据的防窃取、防泄露与防污染。

6.2.3　整体框架

六方云云计算安全框架是完全依照核心理念设计而来，基于核心的 AI 控制器引擎和安全组件构建全面立体的云安全防护体系，实现整个云数据中心的安全集中管理，满足等保 2.0 关于云计算扩展的要求。六方云云安全整体框架如图 6-1 所示。

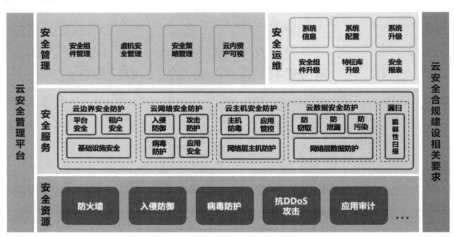

图 6-1　六方云云安全整体框架

6.2.4　核心技术

六方云云安全框架具有以下核心技术。

- ❑ 核心的专利引流技术，实现云内虚拟机的微隔离。
- ❑ 领先的安全防护组件，实现云内东西向流量 L2～L7 层的深度威胁监测与安全防护。
- ❑ 完备的业务高可靠机制，实现用户业务连续无中断。
- ❑ 自动的威胁关联虚拟机机制，实现安全事件自动定位到虚拟主机。

6.2.5　价值亮点

　　六方云依托在人工智能领域的领先优势及产品的特点，实现了对云平台、云网络、云主机、云应用和云数据的全面立体防护。首先，基于自研的核心专利技术实现了云内资产零信任、微隔离及东西向流量 L2～L7 层的深度检测与安全防护；其次，基于自研的人工智能算法实现了云内异常网络流量和风险访问行为的实时监测，有效防范未知威胁；最后，基于特有的关联分析技术实现了安全风险与虚拟资产的实时关联，极大缩短安全事件的应急处置时间，避免风险的快速蔓延。通过云计算安全产品线多款产品的协同联动，能够针对整个云数据中心提供全面的安全防护框架，满足等保 2.0 对云计算安全的扩展要求，助力企事业单位轻松安全上云。

- ❑　资产零信任：通过云边界安全、云网络安全和微隔离打造云内零信任安全防护体系。
- ❑　部署零打扰：插件化部署，不改变原有网络结构，灵活易扩展，对云环境零打扰。
- ❑　业务零中断：控制器多活且支持故障自恢复、安全组件故障 bypass 双机制，保障业务零中断。
- ❑　资产全面可视：基于 AI 的网络拓扑实现云内资产全面可视，网络流量异常和安全风险实时告警。
- ❑　威胁智能管控：基于拓扑的安全配置和管理，安全风险实时关联业务资产，高效处置安全威胁。
- ❑　业务高效运维：基于产品全面而智能的状态可视与威胁管控能力，极大地提高了管理员的运维效率。

6.3　云数据中心安全态势感知系统

　　无论是大数据挖掘技术还是机器学习技术，只有应用才能发挥出其价值。下面介绍一下六方云是如何将大数据挖掘技术和机器学习技术等应用于云安全领域，打造自主知识产权的云数据中心安全态势感知系统的。

6.3.1　系统简介

　　六方云云数据中心安全态势感知系统（CdSec）专注于云数据中心安全检

测与安全可视，是云数据中心的安全巡警，利用大数据技术和人工智能技术，为用户提供资产（包括虚拟机资产、服务器资产、网络设备资产等）管理、画像呈现、资产脆弱性和漏洞挖掘、分析管理、安全态势实时展示、关联分析、威胁和攻击实时识别和防范、黑客画像分析、攻击兴趣点画像分析、安全事件攻击链分析与回溯、攻击预测、安全应急通报、告警、报表等功能，实现云数据中心网络安全威胁的可视、可控、可管。CdSec 的部署如图 6-2 所示。

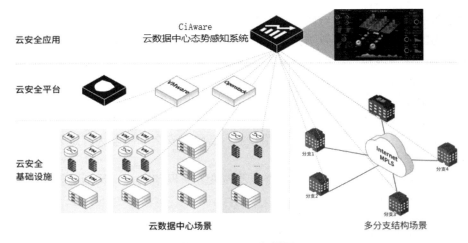

图 6-2　CdSec 部署图

云数据中心安全态势感知系统参考了 JDL 信息融合模型，是将多传感器数据融合 MSDF 理论应用到网络空间安全领域的经典案例。云数据中心安全态势感知系统通过云计算平台（如 VMware 系统、Openstack 平台、华为云平台、阿里云平台等）提供的 API 接口，获取服务器节点信息、集群信息、虚拟机信息、虚拟网络等虚拟基础设施信息；从虚拟交换机、虚拟机防火墙等网络功能虚拟化组件中获取网络流量信息、安全日志信息、用户行为信息；同时通过代理从服务和虚拟主机上获取主机状态及行为日志；且对路由可达的资产进行主动的资产发现和脆弱性扫描，以获取资产脆弱性信息；经过数据归一化处理、分类处理、安全场景模型学习与匹配分析处理、关联分析等处理，实现云数据中心的资产感知、安全事件的多维度分析、内网威胁感知、外部入侵感知、APT等未知威胁的智能感知，以 5W2H 方法论为指导，向用户呈现何时何地何人用何方法为何目的进行了何种攻击，确保发现和阻断单独安全防御无法解决的云安全问题。

云数据中心安全态势感知系统要解决的主要问题如下。

❑　发现并防御 APT 攻击、0Day 漏洞等未知威胁。

❑　从大量告警中发现致命的威胁，甄别真正的攻击事件。

❑ 发现内部威胁。

❑ 发现非法内网外联，防止数据泄露。

❑ 管理云数据中心资产清单。

❑ 资产脆弱性管理，明确系统安全防范薄弱环节，有针对地加强安全措施。

❑ 全量信息采集，对黑客在云数据中心内网的攻击行为进行实时检测、彻底追踪。

❑ 将海量安全信息相互孤立，再统一进行管理利用，满足国家政策法规的合规性要求。

❑ 安全态势可视化，提供有视觉冲击力的可视化呈现，实现攻击可视化、线索可视化，使不可见的威胁现出原形，解决云数据中心安全态势感知问题。

6.3.2　系统框架

态势感知产品依据 Endsley 框架模型、数据处理流程、可扩展性等原则的要求，采用分层架构设计，整体规划为六层，分别为数据采集层、数据汇聚层（预处理/存储）、态势认知层、态势理解层、态势预测层和决策响应层，如图 6-3 所示。

图 6-3　CdSec 安全态势感知系统框架

1．数据采集层

数据采集层负责采集与安全相关的海量异构数据。依据态势感知产品目标和 JDL 信息融合模型，采用主动扫描检测、Agent 代理、被动 SYSLOG 接收、

SNMP 交互、Netflow 数据转发等多种技术，采用实时数据采集、离线文件录入等不同的方式，从各种信息系统、主机、服务器、网络设备、网络安全设备、六方云系列产品、第三方安全产品上，采集全量日志信息和全量流量信息，包括常见的设备资产信息、拓扑信息、配置信息、弱点信息、身份信息和威胁情报等低频数据，以及运行状态和性能数据、日志和事件、原始流量镜像包和 Flow 流数据等高频数据，完成数据采集功能。支持目前市场上主流的设备、系统、应用日志采集，支持的设备日志包括主流的路由器、交换机、防火墙、操作系统日志、Web 服务器日志、数据库日志、应用系统日志等。

2．数据汇聚层

数据汇聚层实现对采集数据的预处理和存储，将需要的数据加工处理、实时计算，对非结构化数据进行索引和存储，将数据分别送至分布式文件系统和内存中，供分析层使用。

基于多传感器数据融合（MSDF）理论，数据汇聚层采用 Redis、Kafka 等消息队列和内存缓存技术，提升系统数据采集性能；采用实时大数据 Spark 技术和架构，进行异构数据的归一化等预处理；采用 ELK 实时大数据分析系统，提供实时的安全可视化呈现和实时告警功能；基于 Hadoop 大数据生态体系，提供长时间历史数据存储和批量计算能力，以满足合规性需求，同时为长时间的追踪溯源提供数据依旧；提供历史知识积累功能，为响应决策做辅助。

同时，数据汇聚层提供大数据分析基础架构，能够基于云计算的特性实现按需使用、高密度计算，统一资源调配管理，节省硬件存储成本，为满足跨中心部署计算提供架构支持。

3．态势认知层

态势认知层对预处理后的数据进行实时分析，实现攻击发现、攻击确认和安全大数据可视化。

态势认知层首先利用聚合算法、关联分析、深度学习等算法从大量的日志、告警、事件、全量数据中发现攻击。然后对攻击的数据来源的可靠性进行评估，对信息素材质量（如信息素材质量的完整性、真实性、时效性、置信度、费效比等）进行评价，以确定是否真正发生了攻击，确定何时（When）何地（Where）何源（Who）对何目标（What）进行了何种（How）攻击，从而感知各资产安全状态和整体网络安全状态。

对态势和流程数据的来源和数据质量进行评价和筛选，整理系统资产清单，发现存在漏洞的资产，基于入侵感知、病毒感知、Web 威胁感知、异常流量感知功能发现云数据中心内部是否存在潜伏威胁，确定外网是否入侵攻击；对流量信息进行初步筛选和数据质量分析，根据资产流量、接口流量、应用流量、IP 流量、用户流量数据，确定是否存在资产流量异常、接口流量异常、应用流量异常、IP 流量异常、用户流量异常等异常现象，为进一步排除网络安全威胁异常提供依据。

态势认知层还负责安全大数据可视化；负责各资产安全状态和整体网络安全状态的可视化呈现，包括资产画像、内网潜伏威胁监测、外网入侵攻击监测、安全态势感知、通告预警、应急处置等；负责对原始数据、分析结果数据和管控数据进行可视化展示，提供人机交互界面，向安全管理人员呈现全方位的安全态势。

4．态势理解层

态势理解层基于态势认知层的结果，对确认发生的攻击进行深入分析，结合实时数据、历史数据及其他维度的数据，采用多种分析方法，包括数据融合、历史分析、关联分析、机器学习等智能分析、运维分析、统计分析、OLAP 分析、数据挖掘和恶意代码分析等多种分析手段对数据进行综合关联，完成数据分析和挖掘的功能，了解攻击的影响、攻击者（对手）的行为和当前态势发生的原因及方式，包括损害评估、行为分析（攻击行为的趋势与意图分析）和因果分析（包括溯源分析和取证分析）等，确定何时（When）何地（Where）何源（Who）为何（Why）对何目标（What）进行了何种（How）攻击，损害影响几何（How much）等。

态势理解层可让用户及时掌握所在网络的安全状态和趋势、受攻击情况、攻击来源以及哪些服务易受到攻击等情况，对发起攻击的网络进行溯源分析和取证分析，并采取有效措施和相应的防范准备，避免和减少网络中病毒和恶意攻击带来的损失；也可以为应急响应组织从网络安全态势中了解所服务网络的安全状况和发展趋势，制定有预见性的应急预案提供基础。

5．态势预测层

态势预测层采用神经网络、灰色理论、时间序列分析和支持向量机等多预测方法，对态势发展情况进行预测评估，跟踪安全态势演化过程，基于情境推演的方法进行影响评估，对未来的安全态势进行预测，方便攻击对抗、攻击防范准备、应急措施决策。

6．决策响应层

决策响应层基于态势认知、态势理解的结果，对安全态势进行研判，提供安全知识库、安全决策、事件通报和应急响应等功能，主要是与人和机器设备两方面的自动交互。一方面是自动态势决策，即通过协同防护技术，对已出现的或预测到的新攻击、新威胁、异常情况自动生成安全策略，并下发给区域内的各个安全设备,同区域内的安全设备形成统一的纵深协同防护圈;另一方面,对人工态势决策、态势理解和预测的结果进行图形或报表可视化,通过长时间的机器学习和积累,形成适合本区域系统的安全知识库,为决策者提供决策依据。

6.3.3 主要应用的大数据技术

1. ELK 实时日志分析平台

态势感知系统使用 ELK 实时日志分析平台中开源的 Elasticsearch 5.5.1 及相关插件,包括 head、bigdesk、kopf/cerebo,致力于提供数据分析、数据搜索等场景服务。在开源 Elasticsearch 基础上提供权限管控、安全监控告警、安全态势、应用监控、网络监控可视化等功能。

Elasticsearch 是一个基于 Lucene 的搜索服务器,提供了一个分布式多用户能力的全文搜索引擎,基于 RESTful Web 接口。Elasticsearch 是用 Java 开发的,并作为 Apache 许可条款下的开放源码发布,是当前流行的云数据中心级搜索引擎。将其设计和应用于云计算中,能够达到实时搜索、稳定、可靠、快速和安装使用方便的效果。

态势感知系统 ELK 实时日志分析平台的特点和优势:

- ❏   分布式的实时文件存储,每个字段都被索引并可被搜索。
- ❏   分布式的实时分析搜索引擎。
- ❏   实时系统监控服务。
- ❏   弹性扩展到上百台服务器,处理 PB 级结构化或非结构化数据。
- ❏   默认主流插件,包括第三方的 IK 分词插件等。

2. Redis 内存缓存技术

态势感知系统使用了开源的 Redis 技术,以提升信息/日志收集和处理能力。Redis 遵守 BSD 协议,是一个高性能的 key-value 数据库,具有以下优点。

- ❏   支持数据持久化,可将内存中的数据保存在磁盘中,重启时可以再次加载进行使用。
- ❏   不仅支持简单的 key-value 类型数据,还提供 list、set、zset、hash 等数据结构的存储。
- ❏   支持数据的备份,即 Master-Slave 模式的数据备份。
- ❏   性能极高:Redis 读的速度是 110000 次/s,写的速度是 81000 次/s 。
- ❏   丰富的数据类型:Redis 支持二进制案例的 Strings、Lists、Hashes、Sets 及 Ordered Sets 数据类型操作。

❑ 原子性：Redis 的所有操作都是原子性的，要么成功执行，要么失败
完全不执行。单个操作是原子性的，多个操作也支持事务，即原子性，
通过 MULTI 和 EXEC 指令包起来。

❑ 丰富的特性：Redis 还支持 publish/subscribe、通知、key 过期等特性。

3．Hadoop 分布式大数据处理平台

态势感知系统使用 Hadoop 技术提供海量数据分布式存储和大数据处理分
析服务。Hadoop 是一个开发和运行处理大规模数据的软件 平台，是 Apache
的一个用 Java 语言实现的开源软件框架，可实现在大量计算机组成的集群中，
对海量数据进行分布式计算。Hadoop 框架中最核心的设计是 MapReduce 和
HDFS。MapReduce 提供了对数据的计算，HDFS 提供了对海量数据的存储。

Hadoop 具有如下特点。

❑ 扩容能力：能可靠地存储和处理千兆字节（PB）数据。

❑ 高扩展性：Hadoop 是在可用的计算机集簇间分配数据并完成计算任务
的，这些集簇可以方便地扩展到数以千计的节点中。

❑ 高效率：通过分发数据，Hadoop 可以在数据所在的节点上并行地处理
它们，同时 Hadoop 能够在节点之间动态地移动数据，并保证各个节
点的动态平衡，处理速度飞快。

❑ 高可靠性：Hadoop 能自动地维护数据的多份副本，并且在任务失败后
能自动地重新部署计算任务。Hadoop 支持按位存储和处理数据的能力。

❑ 高容错性：Hadoop 能够自动保存数据的多个副本，并且能够自动将失
败的任务重新分配。

态势感知系统基于 Hadoop，具有如下功能。

❑ 大数据量存储：分布式存储。

❑ 日志处理：基于 Hadoop。

❑ 海量计算：并行计算。

❑ ETL：数据抽取到 Oracle、MySQL、DB2、MongoDB 及主流数据库。

❑ 使用 HBase 做数据分析：用扩展性应对大量的写操作，构建基于 HBase
的实时数据分析系统。

❑ 机器学习框架。

❑ 搜索引擎：Hadoop + Lucene 实现。

❑ 数据挖掘：如目前比较流行的广告推荐。

❑ 大量地从文件中顺序读：HDFS 对顺序读进行了优化，但随机访问负
载较高。

❑ 数据支持一次写入、多次读取，但不支持已经形成的数据的更新。

❑ 数据不进行本地缓存（文件很大，且顺序读没有局部性）。

❑ 任何一台服务器都有可能失效，需要通过大量的数据复制，避免性能受到大的影响。

4．Spark 实时大数据分析技术

态势感知系统在 Hadoop 的基础上引入 Spark 实时大数据分析技术，提供实时安全态势感知可视化呈现服务和实时响应告警服务。

Spark 是一个用来实现快速而通用的集群计算的平台。

在速度方面，Spark 扩展了广泛使用的 MapReduce 计算模型，而且高效地支持更多计算模式，包括交互式查询和流处理。在处理大规模数据集时，速度是非常重要的。速度快意味着用户可以进行交互式的数据操作，否则每次操作需要等待数分钟甚至数小时。Spark 的一个主要特点就是能够在内存中进行计算，因而更快。不过即使是必须在磁盘上进行的复杂计算，Spark 依然比 MapReduce 更加高效。

Spark 适用于各种各样原先需要多种不同的分布式平台的场景，包括批处理、迭代算法、交互式查询、流处理。通过在一个统一的框架下支持这些不同的计算，Spark 使用户可以简单而低耗地把各种处理流程整合在一起。而这样的组合，在实际的数据分析过程中是很有意义的。不仅如此，Spark 的这种特性还大大减轻了原先需要对各种平台分别管理的负担。

Spark 所提供的接口非常丰富，除了提供基于 Python、Java、Scala 和 SQL 的简单易用的 API 以及内建的丰富的程序库，Spark 还能和其他大数据工具密切配合使用。例如，Spark 可以运行在 Hadoop 集群上，访问包括 Cassandra 在内的任意 Hadoop 数据源。

6.3.4　主要应用的人工智能技术

CdSec 安全态势感知系统主要基于机器学习等人工智能引擎对数据进行深度挖掘，获得对安全态势感知和通告预警有价值的数据。数据挖掘是在现有数据上进行基于各种算法的计算，从而起到预测决策的作用，实现一些高级别数据分析的需求。例如用于聚类的 K-means 算法、用于统计学习的 SVM 算法和用于分类的 NaiveBayes 算法。基于 ELK 和 Spark Streaming 实时大数据进行优化，大幅度提高可用性、稳定性、性能和吞吐量，实现毫秒级大数据实时计算能力。

CdSec 使用先进的机器学习和数据挖掘技术，基于各种安全数据，将采集的数据进行实时和离线分析，采用关联分析、机器学习、统计分析、数据挖掘等多种分析手段实现对异常、事件、资产的检测与追踪溯源。将大数据识别分

析的数据，通过 CdSec 安全态势感知系统大数据模型进行综合分析与评估，进而实现量化安全威胁、发现潜在漏洞、预测未知攻击及报警/预警等功能。CdSec 安全态势感知系统大数据处理框架如图 6-4 所示。

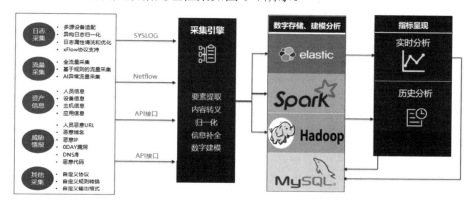

图 6-4　CdSec 安全态势感知系统大数据处理框架

1. 模式识别

模式识别是对网络流量等非直观信息进行分析和处理特征提取，以实现正常流量及网络行为的描述、辨认、分类和解释的过程，是 CdSec 安全态势感知系统人工智能引擎的重要组成部分。CdSec 安全态势感知系统通过模式识别，能够针对云数据中心流量提取关键性特征，建立数学模型，并通过方法（如机器学习）不断优化模型参数，以此发现云数据中心中的异常流量和攻击行为，确定云数据中心的威胁情况。

2. 关联分析

CdSec 安全态势感知系统具备智能关联分析功能，如图 6-5 所示。借助先进的智能关联分析引擎，系统能够实时不间断地对所有日志流进行安全事件关联分析。通过关联分析，可以有效降低基于静态固定代码特征判断的误报率和漏报率，提升威胁的识别能力，增强网络的有效态势感知效果。目前具有多种关联分析方法和能力，简单介绍如下。

（1）规则的逻辑表达式支持等于、不等于、大于、小于、不大于、不小于、位于……之间、属于、包含等关系、"与或非"逻辑运算符以及关键字。

（2）规则支持统计计数功能，并可以指定在统计时的固定和变动的事件属性，可以关联出达到一定统计规则的事件。

（3）规则支持外部引用，可以引用地址资源、端口资源、时间资源、过滤器、资产分类属性；针对网络流量数据，系统能够建立周期性和非周期性模型，通过同比分析和环比分析的方式来判断实际流量特征指标与预测值之间的差异程度，进而判定导致流量异常的攻击或者违规行为。系统采用了具有自学习和自反馈机制的智能算法。

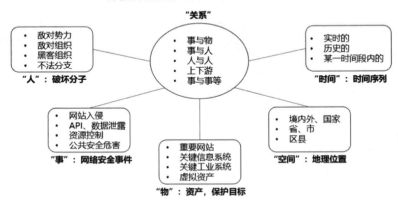

图 6-5　CdSec 关联分析

（4）系统支持单事件关联和多事件关联。通过单事件关联，系统可以对符合单一规则的事件流进行规则匹配；通过多事件关联，系统可以对符合多个规则的事件流进行复杂事件规则匹配。

3. 机器学习

机器学习（见图 6-6）是人工智能的一个突出特色，是 CdSec 安全态势感知系统智能化的重要途径，主要是利用概率论、统计学等方法在经验学习中改善人工智能引擎大数据算法模型的性能。算法性能的衡量标准有准确率、召回率等指标，由此不断提升模型算法对于网络流量和日志事件分析的精准度，为通告预警、快速处置、追踪溯源、侦查调查提供持续性的支撑服务。时间周期越长、数据量越大，效果越突出和明显。

4. 深度学习

深度学习的概念源于人工神经网络的研究。深度学习通过组合低层特征形成更加抽象的高层表示属性类别或特征，以发现数据的分布式特征。基于六方云在大数据分析以及人工智能领域取得的成功经验，深度学习技术在 CdSec 安全态势感知系统上得到了充分的应用和体现，依托于实时监测体系采集数据和定期的安全合规检查评估数据，可以 24 小时不间断地对数据模型进行自我演进和迭代，实现精益求精的风险预测和响应，及时将风险信息有效传递给决策人员，如图 6-7 所示。

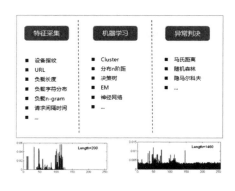

- 考虑一般情况下网页都是相对固定的,如果对其HTTP的响应报文的负载进行统计,256个ASCII字符,是一个相对固定的分布。而且其与页面内容相关,拥有良好的Gini系数。
- TCP报文的负载长度,通常从0到1460,也拥有良好的Gini系数。
- 训练过程,可以根据负载长度并辅助以请求URL,建立起每个页面的字符分布概率基线,包括每个字符的归一化概率均值,方差,n阶距。该过程适合分布式训练。
- 聚合过程,对分布较为相似的模型,进行合并。
- 检测过程,提取其用户流量报文,计算其字符分布与基线的马氏距离,与基线偏差较大的报文,是值得怀疑的流量。判断在正常范围的报文,加入训练样本。
- 该系统有良好的鲁棒性,因为即使银行网页做了微小的改动,整体来看,其字符分布的变化也不会很大,可以随在线训练更新模型。
- 优点:该方法以负载长度判断为主,URL仅作为辅助,即使异常流量使用十分接近的URL,也不会被漏过。字符分布概率,也可以替换为一阶n-gram,提高准确率。

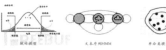

图 6-6　CdSec 机器学习

利用DPI、DFI等技术对采集到的流量进行识别、解析和检测,结合关联分析、机器学习、威胁情报分析对企业潜在的安全威胁进行检测;通过流量还原、会话还原、文件还原帮助企业对安全事件进行快速溯源取证。

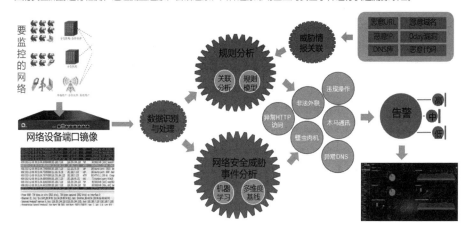

图 6-7　CdSec 深度学习

5. 数据建模

云数据中心的数据种类繁多,数据格式和来源各异,CdSec 安全态势感知系统基于以业务为核心的多元异构安全数据归一化处理,实现对海量数据的建模、分析和处理,以挖掘大数据内在的价值,识别异常数据和事件,辅助决策。现有的模型主要有以下五种。

- ❑ 实时异常流量检测模型。
- ❑ 安全事件识别模型。
- ❑ 分类机器学习模型。
- ❑ 聚类机器学习模型。

❏　时间序列分析模型。

CdSec 感知引擎模型如图 6-8 所示。

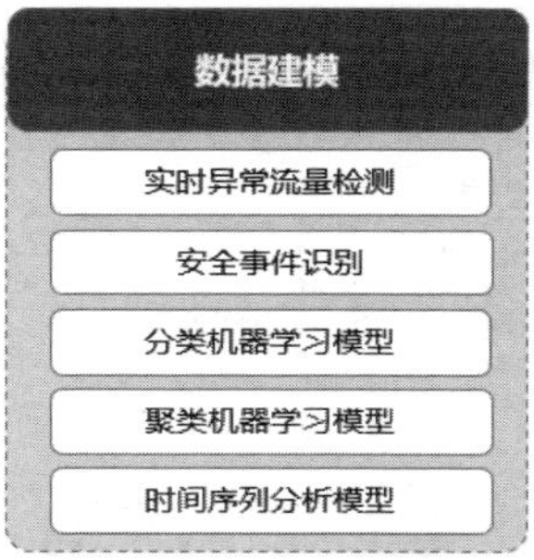

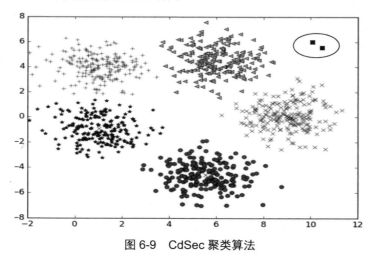

6. 多类型数据融合

云数据中心业务场景中经常会将多种业务数据进行融合来使用和分析。针对此类问题，CdSec 安全态势感知系统定义了标准的数据访问接口和流程，包含权限控制、数据加密、安全传输等安全特性。

图 6-8　CdSec 感知引擎模型

下面介绍 CdSec 安全态势感知系统的 AI 技术应用。

（1）流量自动建模。

CdSec 安全态势感知系统可以基于机器学习对流经某类业务报文进行自动建模，而无须特征库的更新，因为其建模根本不依赖已知的恶意攻击。CdSec 安全态势感知系统建模的对象为正常报文的 Payload 及行为特征。建模过程充分考虑不同业务报文的差异性和同类业务报文的相似性。对经过特征提取的报文，根据相似性进行迭代聚类，并分别学习不同聚类的统计特征。学习过程收敛后，最终学习结果为训练阶段学习到的各分类的特征及参数，作为异常检测的依据。CdSec 聚类算法如图 6-9 所示。

图 6-9　CdSec 聚类算法

（2）机器学习在发现新型网络攻击中的应用。

检测阶段依据前一阶段学习到的特征及参数进行检测，并预测其异常可能。将超出预先配置的阈值的报文标识为异常，并把数据变成有意义的模式，呈现给人类分析师，以确认哪些是实际的攻击，并把反馈集成到模型中，为后续数据服务。

整个系统好比是一名"虚拟分析师"。具体而言,在其训练的第一天,AI可能采集 100 件最异常的事件,并把它们交给专家。随着时间的推移,AI 不断提高,能越来越清楚地识别真实的攻击。在不久的将来,分析员每天只需要审核 20 或 30 件事件。

我们希望能关注危害程度更高的攻击,这就迫使我们需要从攻击中识别出哪些是成功的攻击。系统利用 Kill Chain 的方法,在攻击者的攻击链路上的几个关键节点进行二次判定,如果能串联起来,说明这是一次成功的攻击,如图 6-10所示。

图 6-10　CdSec 攻击链分析

（3）未知威胁发现新思路——AI 日志聚合。

AI 日志聚合技术就是使用六方云超弦实验室开发的无监督自学习聚合算法,通过对海量数据进行自动特征提取,自动识别数据可变区域和固定区域,自动对数据进行分类聚合,将一段时间内采集到的所有日志信息进行 AI 聚合,从而将数以万计甚至千万级别的日志聚合成几条或几十条日志,使得用户更容易识别和分析这些日志中蕴含的真正有价值的信息和规律,去分析发现系统存在的安全风险。如图 6-11 所示为无监督自学习聚合算法效果展示。

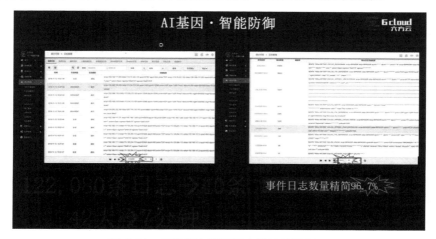

图 6-11　无监督自学习聚合算法效果展示

AI 日志聚合技术能有效解决态势感知产品面临的下列问题。

- 各大安全厂商生态各异。
- 浩如烟海的结构化和非结构化数据日志。
- 海量的滥报、误报。
- 数据堆砌、用户无感等尴尬问题。

（4）基于 AI 日志聚合的实时未知威胁发现。

CdSec 安全态势感知系统的实时未知威胁发现功能，就是学习和建立正常情况下一段时间内日志聚合结果的正态分布模型，然后使用此模型去实时判断系统中日志的聚合分布是否符合此正态分布模型，进而发现异常情况，识别出网络中存在的未知风险。

具体实现是，在感知的区域内，或以终端、服务等资产为单位，或以 http 服务、smtp 服务等业务为单位，或以行政区域、职能部门划分、总部/分支等资产分组为单位，持续学习和建立每一单位一段时间内的日志信息聚合结果的正态分布模型，实时判断每一单位的日志是否符合这一聚合正态模型，从而精确识别哪些资产、业务或资产分组存在异常和未知威胁风险。一旦发现异常，CdSec 安全态势感知系统就可以在首页进行告警。基于 AI 日志聚合的实时未知威胁发现原理如图 6-12 所示。

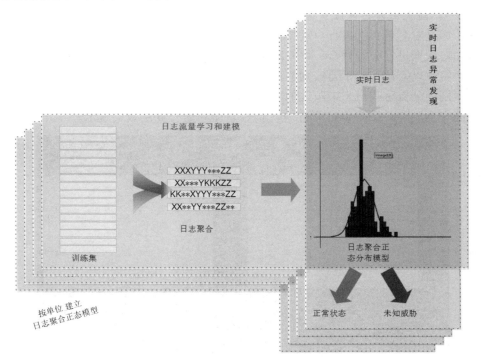

图 6-12　基于 AI 日志聚合的实时未知威胁发现原理

（5）基于 AI 日志聚合的日志智能审计。

CdSec 安全态势感知系统的另一个创新功能——日志智能审计，也应用了 AI 日志聚合技术。传统的日志审计只是以简单的日志统计分类列表显示，先进一点的是通过形成历史趋势图、日志 Top 图等以图形化的形式展示出来，但都不能让维护人员很快地从数以万计甚至千万级别的日志中发现真正的问题。

CdSec 安全态势感知系统将日志聚合的结果和正态分布展示在日志功能界面，用户很容易知道当前系统中的哪些日志是真正的问题日志，再通过"聚合展开"功能，就能够很快地定位到未知威胁所在的位置。

（6）基于机器学习方法实现安全事件检测。

CdSec 安全态势感知系统可实现基于机器学习方法的安全事件检测，包括：

❑ 通过基于警报网络入侵追踪、基于安全事件网络入侵追踪、基于流量的安全追踪、DDoS 攻击追踪、木马病毒追踪、用户远程登录行为分析、SQL 注入攻击行为分析等技术实现用户行为分析。

❑ 通过 APT 检测机器学习模型、APT 实时检测引擎、历史警报与事件追踪、APT 事件标注、APT 事后分析等技术实现 APT 检测分析。

❑ 通过基于自迭代机器学习的异常流量检测、规则的异常流量检测、时间序列的异常流量检测等技术实现异常流量检测。

❑ 通过建立用户行为模型，依靠数据挖掘和智能机器学习算法，实现用户行为分析和异常行为自主监测，机器学习可采用无监督学习和有监督学习相结合的方式，便于精确定义用户行为。

（7）基于机器学习的网络行为聚类。

CdSec 安全态势感知系统基于有限状态机，提出了协议通信特征的推演算法，根据消息聚类的结果，推演出该通信协议的全部状态，并结合有限状态机，对消息中高频词汇进行去重和降噪，得到协议特有的通信特征。

CdSec 安全态势感知系统基于协议特征，应用机器学习聚类方法，使用欧氏或拉氏测距对消息进行分类，并利用非负向量矩阵进行降维，最终实现通信消息的聚类和去重，从而实现智能化消息聚类算法。

（8）基于攻击树模型的态势分析。

CdSec 安全态势感知系统通过网络探针获取云数据中心网络实时流量，对云数据中心进行资产画像，获取日志数据、网络拓扑和应用场景等信息，结合漏洞库和威胁情报，对云数据中心进行攻击树建模。

CdSec 安全态势感知系统从攻击者的角度，使用树状结构描述攻击目标和达成目标的方法，推导攻击行为造成的危害，以及攻击行为的成本、攻击成功的可能性等因素，从而得到云数据中心网络安全性指标，并通过大屏幕进行实时展示。

6.3.5 主要功能

1. 异构数据归一化

CdSec 安全态势感知系统支持多元数据采集；支持全量日志采集；支持日志格式无关性（日志格式不受厂家限制，可以接受任何格式的日志输入）；支持网络流量（镜像）导入；支持威胁情报接收和处理；支持漏洞扫描或外部扫描结果输入；支持结构化数据输入；支持非结构化数据输入；支持大速率信息输入，通过内存缓存支持日志接收速率大于日志存储速率。

同时，CdSec 安全态势感知系统通过实时大数据处理技术，支持非结构化数据到结构化数据的自动转换；支持数据格式的自动识别、数据过滤、异构数据归一化、数据字段智能转换、数据智能去重、数据聚合等预处理。

在多元数据采集支持和异构数据归一化预处理的技术框架支持下，CdSec 安全态势感知系统可以快速地适配新的信息格式，如图 6-13 所示，从而打破海量安全信息相互孤立，没有统一管理利用的局面，充分发挥海量安全信息的价值，快速、准确地识别未知威胁。

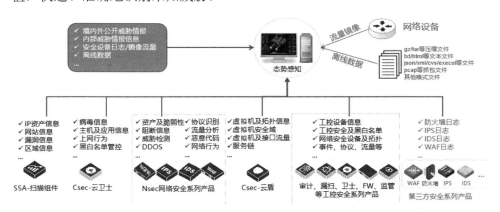

图 6-13 CdSec 态势感知系统数据采集架构

2. 资产及脆弱性监测

1）资产定义与资产分组

CdSec 安全态势感知系统对云数据中心内部所有资产进行分组管理，客户可以将所有资源按照不同的维度进行划分，如业务/服务器、终端、分支管理等，通过分组，可以准确地定位业务所属的服务器，以及准确定位到不同分支的负责人和联系电话，从而进行高效的沟通，如图 6-14 所示。

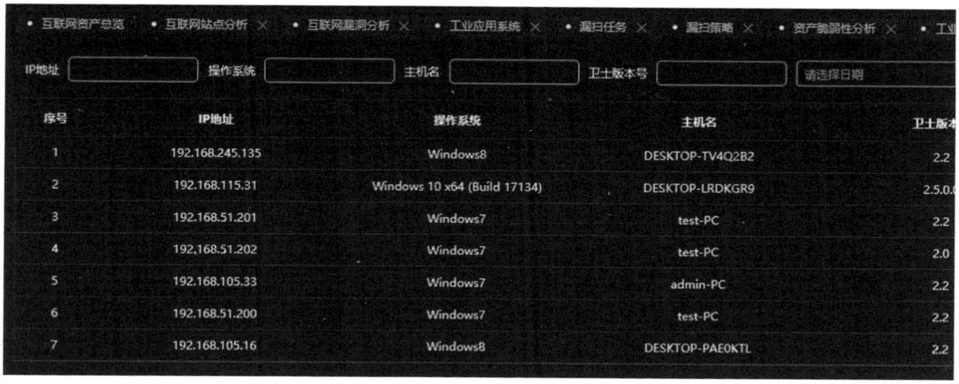

图 6-14　CdSec 资产监测

2）资产状态监测

CdSec 安全态势感知系统采用 EDR（终端检测与响应）Agent 实时监控技术，动态监控各个服务器的运行状况，对设备运行状态进行检测和数据采集，动态获取业务/服务器以及终端的运行状况，从而实时掌握服务器是否正常运行，如果不正常，可以及时地采取措施进行解决，如图 6-15 所示。

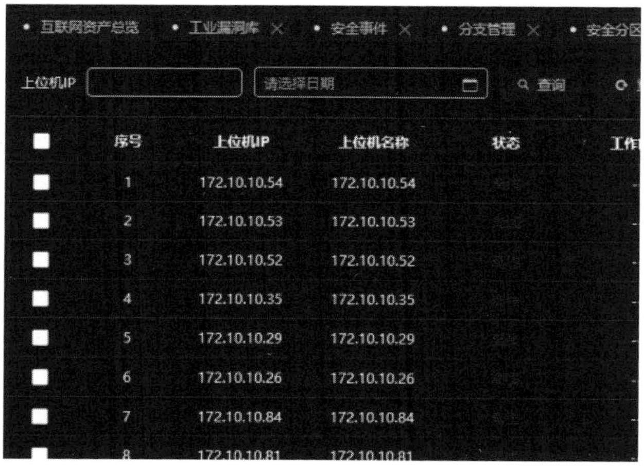

图 6-15　CdSec 资产运行状态监测

3）资产脆弱性扫描和管理

CdSec 安全态势感知系统基于资产发现引擎，对整个网络内部的资产进行漏洞扫描，感知资产是否存在漏洞，包括低危漏洞、中危漏洞和高危漏洞，并能对高危及其他级别的漏洞进行告警。通过对漏洞详情的多维可视化分析，给出相应的处置意见。同时，对扫描结果进行统计分析，将扫描结果可视化显示，可以更直观地呈现资产的健康状况，感知整个云数据中心资产的总体健康状况，如图 6-16 所示。

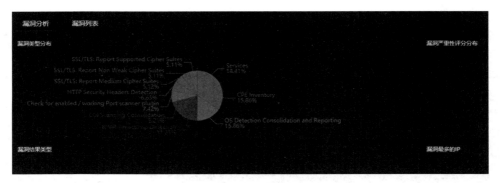

图 6-16　CdSec 漏洞统计分析

3．内部威胁感知

CdSec 安全态势感知系统通过对内外网、组织结构、分支等资产属性的定义，区分云数据中心内部到外网和内部网络之间的访问。利用关联分析算法和访问基线的建立和匹配，从访问关系、横向行为画像、外联行为画像三方面发现和感知内部威胁。

1）基于内部访问关系分析感知内网威胁

CdSec 安全态势感知系统图形化云数据中心内部各设备间的访问关系，通过历史对比发现内部的恶意信息收集、伪造信息欺骗攻击、内部违规下载、非法访问等行为。

CdSec 安全态势感知系统支持访问关系全方位展示，内部网络环境下，可视化各个服务器和节点之间的访问关系，并可以通过选择正常访问或者异常访问，查看不同条件下的访问关系。

CdSec 安全态势感知系统支持按条件查询筛选，选择对应 IP 下的主动访问关系或被动的访问关系；也可以选择访问的方式，如异常访问或者正常访问；通过将源端口或目的端口作为查询条件，更细粒度地查询。

2）基于横向行为画像分析感知内网威胁

CdSec 安全态势感知系统图形化云数据中心内部各组织相互间的访问关系，通过历史对比发现内网威胁。CdSec 安全态势感知系统支持显示内部系统各分支之间的访问关系，当选择分支后，显示当前分支下的各个部门（分组）之间的访问关系。可以选择源分支和目的分支情况，选择查看当前访问分支下的各分组的访问关系。

3）基于外联行为画像分析感知内网威胁

CdSec 安全态势感知系统图形化云数据中心内部与外部之间的流量日志，基于历史基线匹配分析发现异常的外联行为，感知内网威胁。CdSec 安全态势感知系统支持外部和内部的访问关系图谱，包括内部访问外部或者外部访问内部等情况；支持通过访问关系选择，进而查询主动访问与被访问两种情况；还可以选择是异常访问还是正常访问，查看对应图谱。

4．外部威胁态势感知

CdSec 安全态势感知系统通过关联分析，识别出内部与外部的网络连接日志信息，通过对这些日志信息的进一步聚类分析、基线分析，感知整个网络的安全状况、来自外部的威胁攻击以及告警，并采用动态可视化的技术，实时监测整体网站的网络入侵攻击动态、攻击数量和攻击来源 IP 的变化，感知受攻击业务以及主机的整体情况。它支持如下外部威胁态势感知。

1）入侵态势感知

感知整个云数据中心网络被攻击的安全态势，通过攻击的类型、近 7 日的攻击趋势、当天的攻击趋势分析和攻击者深度分析，感知网站被攻击的态势。

2）异常流量感知

感知整体网络环境的异常流量态势，包括外网攻击的异常流量和业务操作的异常流量，并对产生的异常流量进行告警。

3）异常扫描感知

感知异常扫描，展示被扫描的主机、端口、攻击 IP 等，构建目标画像和行为画像，形象直观地展示当前云数据中心资产被扫描的整体态势，从而使管理者及时发现风险，采取有效的应对措施。

4）DNS 监控

结合图表动态地展示域名分布情况、域名查询可视化，以及对 DNS 的统计分析。

5）恶意代码

以图表的形式展示公司网络环境被病毒攻击的次数，以及产生病毒的总体趋势，同时提供用户主机行为画像、黑客画像以及入侵回溯。

5．Web 站点威胁感知

1）Web 站点管理

CdSec 安全态势感知系统支持多 WAF；支持 Web 站点实时（可配置刷新频率）监控；支持实时查看 Web 站点状态和 WAF 保护状态；支持 WAF 保护统计分析；支持按 WAF 统计分析 Web 站点，基于 Web 访问和 Web 攻击实时计算风险指数；支持风险指数统计分析排名；支持 Web 站点风险指数历史趋势呈现。

2）Web 访问分析

CdSec 安全态势感知系统收集、存储、汇总分析 Web 访问的日志信息，支持 Web 访问日志的原始呈现、搜索、排序；支持基于站点名称、源 IP、HTTP

流量、相应时间、非成功状态等字段的 Top10 排序柱图呈现及各 Top10 的历史趋势图呈现。

3）Web 攻击分析

CdSec 安全态势感知系统收集、存储、汇总分析 Web 攻击的日志信息，支持 Web 攻击日志的原始呈现、搜索、排序；支持基于站点名称、日志级别、攻击类型、URL、源主机名、源 IP 等字段的 Top10 排序柱图呈现及各 Top10 的历史趋势图呈现。

6. 应用监控

1）应用大屏

CdSec 安全态势感知系统支持统计近一周识别的应用数量、应用识别次数以及应用阻断次数；支持显示应用排名 Top10 及其历史趋势；支持显示应用实时速率 Top5 及其历史趋势；支持显示源 IP 排名 Top10 及其历史趋势；支持显示应用阻断 Top10 和应用阻断总趋势图；支持显示最近安全日志。

2）应用识别感知

CdSec 安全态势感知系统支持对应用功能模块日志进行收集、存储、汇总分析；支持应用功能模块日志的原始呈现、搜索、排序；支持即时通信、搜索引擎、社交网络、电子邮件、共享文件、在线购物等应用日志的统计与分析；支持基于应用、源 IP、目的 IP 等字段的一级钻取统计分析及其相互间的二级钻取；支持基于应用、源 IP、目的 IP 等字段的一级钻取 Top10 排序柱图呈现及各 Top10 的历史趋势图呈现；支持基于应用、源 IP、目的 IP 等字段相互间的二级钻取的 Top10 排序柱图呈现及各 Top10 的历史趋势图呈现。

3）应用阻断感知

CdSec 安全态势感知系统支持对应用控制功能模块日志进行收集、存储、汇总分析；支持应用控制功能模块日志的原始呈现、搜索、排序；支持基于应用、源 IP、目的 IP 下的应用控制一级钻取统计分析，包括应用阻断占比 Top10 及其历史趋势图，应用通过占比 Top10 及其历史趋势图；支持基于应用、源 IP、目的 IP 等字段相互间的二级钻取的 Top10 排序柱图呈现及各 Top10 的历史趋势图呈现。

4）应用流量感知

CdSec 安全态势感知系统支持应用流量模块日志的收集、存储并基于应用进行汇总分析；支持基于应用的流量统计日志的原始呈现，包括实时速率（上行速率、下行速率、双向速率、占比）、平均速率（上行速率、下行速率、双向速率、占比）以及流量（上行流量、下行流量、双向流量、占比）；支持应用流量基于实时速率（上行、下行、双向）、平均速率（上行、下行、双向）、流量（上行、下行、双向）一级钻取的 Top10 排序柱图呈现及各 Top10 的历史趋势图呈现；支持应用流量基于实时速率（上行、下行、双向）、平均速率（上行、下行、双向）、流量（上行、下行、双向）对源 IP 进行二级钻取并统计 Top10 排序呈现及历史趋势图呈现。

7．网络监控

1）网络大屏

CdSec 安全态势感知系统支持云数据中心总体网络拓扑呈现，直观显示网络规划、虚拟机和安全设备在网络中的拓扑关系；支持虚拟网络流量 Top10 排名柱图和历史趋势图统计分析展示；支持虚拟机流量 Top10 排名柱图和历史趋势图统计分析展示；支持虚拟接口流量 Top10 排名柱图和历史趋势图统计分析展示；支持用户流量 Top10 排名柱图和历史趋势图统计分析展示；支持应用流量 Top10 排名柱图和历史趋势图统计分析展示；支持最新的网络日志和流量日志的大屏实时显示，以便掌握最新的安全动态。

2）云数据中心虚拟网络分析

CdSec 安全态势感知系统支持云数据中心虚拟网络的信息和流量信息收集、存储、汇总分析；支持基于网络流量、速率、虚拟网络虚拟机个数、虚拟网络虚接口个数的 Top10 排名柱图和历史趋势图统计分析展示；支持虚拟网络信息及其流量日志的原始呈现、搜索、排序。虚拟网络信息及其流量信息包括 ID、云盾、VN 名称、uuid、虚拟机数、接口数、虚接口列表、上行流（KB）、下行流（KB）、双向流（KB）、上行速率（KB/s）、下行速率（KB/s）、 双向速率（KB/s）、上行包速率（个/s）、下行包速率（个/s）、双向包速率（KB/s）、时间戳等字段。

3）东西向流量分析

CdSec 安全态势感知系统支持云数据中心内部东西向流量分析。通过对六方云云盾信息、服务链上安全节点信息及其日志信息的收集、存储、分析，实现对云数据中心中的虚拟机、虚接口的信息和流量信息的收集、存储、汇总分析；对云数据中心中的应用流量、用户流量、IP 流量信息的收集、存储、汇总分析。

4）南北向流量分析

CdSec 安全态势感知系统支持云数据中心出口南北向流量分析。通过对出口节点 CSG 信息及其日志信息的收集、存储、分析，实现对云数据中心中的南北向应用流量、用户流量、IP 流量信息的收集、存储、汇总分析。

5）虚拟机流量

CdSec 安全态势感知系统支持云数据中心中的虚拟机信息及其流量信息收集、存储、汇总分析；支持基于虚拟机流量、速率的 Top10 排名柱图和历史趋势图统计分析展示；支持虚拟机信息及其流量日志的原始呈现、搜索、排序。

虚拟机信息及其流量信息包括 ID、云盾、VN 名称、uuid、虚拟机数、接口数、虚接口列表、上行流（KB）、下行流（KB）、双向流（KB）、上行速率（KB/s）、下行速率（KB/s）、双向速率（KB/s）、上行包速率（个/s）、下行包速率（个/s）、双向包速率（KB/s）、 时间戳等字段。

6）接口流量

CdSec 安全态势感知系统支持云数据中心中的虚拟接口信息及其流量信息收集、存储、汇总分析；支持基于接口流量、速率的 Top10 排名柱图和历史趋势图统计分析展示；支持虚拟接口信息及其流量日志的原始呈现、搜索、排序。虚拟接口信息及其流量信息包括 ID、云盾、VN 名称、虚拟机/接口列表、IP 地址、网关、uuid、上行流（KB）、下行流（KB）、双向流（KB）、上行速率（KB/s）、下行速率（KB/s）、双向速率（KB/s）、上行包速率（个/s）、下行包速率（个/s）、双向包速率（KB/s）、时间戳等字段。

7）应用流量感知

CdSec 安全态势感知系统支持应用流量模块日志的收集、存储并基于应用进行汇总分析；支持基于应用的流量统计日志的原始呈现，包括实时速率（上行速率、下行速率、双向速率、占比）、平均速率（上行速率、下行速率、双向速率、占比）以及流量（上行流量、下行流量、双向流量、占比）；支持应用流量基于实时速率（上行、下行、双向）、平均速率（上行、下行、双向）、流量（上行、下行、双向）一级钻取的 Top10 排序柱图呈现及各 Top10 的历史趋势图呈现；支持应用流量基于实时速率（上行、下行、双向）、平均速率（上行、下行、双向）、流量（上行、下行、双向）对源 IP 进行二级钻取并统计 Top10 排序呈现及历史趋势图呈现。

8）用户流量感知

CdSec 安全态势感知系统支持用户流量模块日志的收集、存储并基于应用进行汇总分析；支持基于用户的流量统计日志的原始呈现，包括实时速率（上行速率、下行速率、双向速率、占比）、平均速率（上行速率、下行速率、双向速率、占比）以及流量（上行流量、下行流量、双向流量、占比）；支持用户流量基于实时速率（上行、下行、双向）、平均速率（上行、下行、双向）、流量（上行、下行、双向）一级钻取的 Top10 排序柱图呈现及各 Top10 的历史趋势图呈现；支持用户流量基于实时速率（上行、下行、双向）、平均速率（上行、下行、双向）、流量（上行、下行、双向）对应用进行二级钻取并统计 Top10 排序呈现及历史趋势图呈现。

9）IP 流量感知

CdSec 安全态势感知系统支持 IP 流量模块日志的收集、存储并基于应用进行汇总分析；支持基于源 IP 的流量统计日志的原始呈现，包括实时速率（上行速率、下行速率、双向速率、占比）、平均速率（上行速率、下行速率、双向速率、占比）以及流量（上行流量、下行流量、双向流量、占比）；支持源 IP 流量基于实时速率（上行、下行、双向）、平均速率（上行、下行、双向）、流量（上行、下行、双向）一级钻取的 Top10 排序柱图呈现及各 Top10 的历史趋势图呈现；支持源 IP 流量基于实时速率（上行、下行、双向）、平均速率（上行、下行、双向）、流量（上行、下行、双向）对应用进行二级钻取并统计 Top10 排序呈现及历史趋势图呈现。

8. 溯源跟踪

1）黑客画像

CdSec 安全态势感知系统利用聚类分析和管理分析方法，对同源、相似、相关联的攻击源 IP 进行长期跟踪学习，基于各种安全事件日志的综合分析，根据攻击源 IP 地址、攻击类型、攻击工具和方法、攻击时间、攻击目的 IP 等信息进行综合统计分析，归纳、总结、猜测出所在地理位置、擅长领域、攻击行为规律习性、QQ 或其他虚拟账号、技术水平、感兴趣的攻击点、攻击意图等黑客信息，建立黑客管理库，方便攻击预测、攻击回溯、调查取证、攻击防御。

2）目标画像

同黑客画像一样，CdSec 安全态势感知系统利用聚类分析和管理分析方法，对同源、相似、相关联的攻击目标 IP 进行长期跟踪学习，基于各种安全事件日志的综合分析，根据攻击目的 IP 地址、攻击类型、攻击工具和方法、攻击时间、攻击目的 IP、目的 IP 对应资产提供的服务等信息进行综合统计分析，归纳、总结、猜测出攻击兴趣点的被攻击频率、黑客关注度、病毒攻击次数、异常流量攻击次数、易受攻击或易被攻击利用的应用、攻击者意图等信息，建立攻击兴趣点管理库，方便攻击预测、攻击防御、攻击回溯、调查取证。

3）攻击链溯源

在各种安全事件日志综合分析的基础上，针对某一黑客（源 IP）对某一攻击兴趣点（目的 IP）的历史攻击行为和事件的专一分析，基于"侦查、投放、开发利用、CC 通信、恶意活动"的攻击链推理分析，做出黑客对该攻击点的历史攻击趋势图，分析出各个攻击阶段的攻击时间、攻击方法和手段、攻击原始报文关联分析、攻击结果和危害评估等信息，建立攻击溯源管理库，方便攻击预测、攻击防御、攻击回溯、调查取证。

运维人员可以清晰地了解和查询攻击时间、位置、提权以及安装特征等，运维人员可以快速地构建恶意攻击的概要信息，并通过链条式分析将注入路径衔接起来，识别出第一感染源头和其他被感染者，实现下一步预判或跟踪溯源，使安全团队提前发现威胁，将损失降到最低。攻击链分析模型可以帮助安全运维人员聚焦在对业务影响较大的攻击事件上。

参照该模型可将攻击分为攻击和攻陷两个阶段，运维人员可以重点聚焦失陷阶段的告警事件，及时止损，直观、快速地定位到被黑客攻陷的 IT 系统。

4）APT 高级威胁攻击检测感知

高级威胁攻击包含高级持续性威胁攻击、未知威胁攻击等攻击手段，是对云数据中心内部全方位攻击渗透的各种方法的集合。高级威胁攻击具有精心伪装、定点攻击、长期潜伏、持续渗透等特点，已经成为网络犯罪和间谍活动的首选攻击方式。过去针对特定网络高级威胁定向攻击的发现有两个难点：一是未知威胁分析过程缺少对历史数据的支持，难以进行回溯关联，遗漏了很多关键信息；二是缺少外部情报的来源，只依赖于自有的黑域名/黑 IP 库，检测的精度和效率都难以满足需求。

CdSec 安全态势感知系统利用大数据技术结合威胁情报，针对高级威胁攻击进行检测，通过建立本地重点流量采集、存储、分析平台，全面监测重点部门发生高级威胁攻击与未知威胁事件的可能性。

5）多源日志关联分析

面对安全设备、网络设备、应用系统、主机系统等各类日志，CdSec 安全态势感知系统使用交互式关联分析引擎，依托六方云超弦实验室持续的技术积累，在内置规则的基础上基于行业用户业务场景量身定制分析规则，实现对日志高效的归并和过滤分析，进而提炼出当前高危的攻击事件。

6）安全态势感知与预警

CdSec 安全态势感知系统通过决策推理状态机制实现了安全态势感知与预警，吸收国外著名的攻击链（Kill Chain）和攻击树（Attack Tree）的相关概念，形成推理决策系统，借助大数据分析系统的分布式数据库与机器学习分析，最终形成攻击者的画像、历史的整体态势以及对未来短期的预测，并以可视化的形式进行展现，支持基于攻击链的下钻式分析。

6.3.6　应用价值

CdSec 安全态势感知系统具有以下应用价值。

- ❑ 数据驱动安全：通过大数据技术，对海量数据进行实时深度分析，从而获取已知或未知的威胁，驱动安全防护升级。
- ❑ 可视化分析：可视化分析帮助用户掌握内外网安全态势，使得安全可控，同时降低分析人员的培训成本及时间成本。
- ❑ 自动化关联：自动化关联技术使得用户发现和抵御威胁的能力大大提升。
- ❑ 本地安全大数据存储：提供大数据存储，建立本地安全智库，可提升用户的安全分析与判断能力。

□ 快速搜索：快速搜索技术可以提升用户分析效率和抵御威胁及攻击的能力。

□ 实时数据与离线数据分析：实时数据与离线数据分析可以让用户了解过去和现在，并对未来做出更好的预测。

□ 协助行业监管职责：通过离线数据导入、边界流量镜像和探针、云监控、第三方情报监测等手段，实现行业监管。

6.3.7　总结

面对云数据中心面临的新形势、新威胁，安全态势感知系统的建设对于各个行业及相关关键性组织而言，有着特别重要的意义。建设安全态势感知系统，需要明确建设目标，掌控好关键性因素，分阶段开展建设。过程中选择适合的伙伴特别重要，和什么样的伙伴合作能够获得最重要的威胁情报、安全分析师资源，得到成熟的流量数据框架，都是需要仔细考量的问题。六方云近年来在大数据分析平台、安全威胁情报实时统计分析、威胁情报分析挖掘、攻防实验室等态势感知能力方面投入了大量的资源，取得了快速的发展，汇聚成 CdSec 态势感知系统产品。相信 CdSec 态势感知系统能够帮助企业实现数据中心安全可视化，及时地发现和预测网络入侵威胁，病毒、0Day 漏洞、未知恶意代码和 APT 攻击，有效应对和解决信息安全领域面临的新形势、新威胁。CdSec 态势感知系统能够助力我国网络空间安全水平提升到一个新高度，协助有关部门有足够的能力去更好地面对来自网络犯罪团伙、意识形态黑客以及国家级别的攻击威胁。

参 考 文 献

[1] 百度文库．斯坦福「人工智能百年研究」首份报告：2030 年的人工智能与生活[EB/OL]．[2021-7-6]．https://wenku.baidu.com/view/f5a0a3fdf011f18583d049649b6648d7c1c708b5.html．

[2] YuYunTan．MVG 学习笔记[EB/OL]．[2021-7-6]．https://blog.csdn.net/YuYunTan/article/details/83750362．

[3] Jrunw．图解十大经典机器学习算法入门[EB/OL]．[2021-7-6]．https://blog.csdn.net/jrunw/article/details/79205322．

[4] 观研天下．人工智能的前世今生以及未来发展方向[EB/OL]．[2021-7-6]．http://free.chinabaogao.com/it/201712/122030W242017.html．

[5] Noonyu．人工智能相关的数学概率论[EB/OL]．[2021-7-6]．https://blog.csdn.net/noonyu/article/details/83046713．

[6] 朱松纯．浅谈人工智能：现状、任务、构架与统一 | 正本清源[EB/OL]．[2021-7-6]．https://mp.weixin.qq.com/s/-wSYLu-XvOrsST8_KEUa-Q．

[7] 人工智能产业研究院．人工智能之机器学习篇——演化学习[EB/OL]．[2021-7-6]．https://baijiahao.baidu.com/s?id=1592899782562881174&wfr=spider&for=pc．

[8] Eren Glge. Brief History of Machine Learning[EB/OL]. [2021-7-6]. https://erogol.com/brief-history-machine-learning/.

[9] 数据科学家小屋．机器学习：Find-S 算法[EB/OL]．[2021-7-6]．https://site.douban.com/240668/widget/notes/16983503/note/366078797/．

[10] 米歇尔．机器学习[M]．曾华军，译．北京：机械工业出版社，2008．

[11] Tornadomeet．机器学习&数据挖掘笔记_11（高斯过程回归）[EB/OL]．[2021-7-6]．https://www.cnblogs.com/tornadomeet/archive/2013/06/15/3137239.html．

[12] 菠萝小笨笨．人工智能数学基础——概率论[EB/OL]．[2021-7-6]．https://blog.csdn.net/xiaokunzhang/article/details/80718348．

[13] 观研报告网．2018-2023 年中国人工智能产业市场运营现状分析及未来前景商机预测报告[R/OL]．（2018-2-13）[2021-7-6]．http://baogao.chinabaogao.com/hulianwang/298917298917.html．

[14] 科塔学术．《麻省理工科技评论》"全球十大突破性技术"（2001—2021）[EB/OL]．（2021-07-02）[2021-07-02]．https://www.sciping.com/36224.html．

[15] 嘶吼 RoarTalk．黑客辞典：什么是"网络杀伤链"？为什么并非适用

于所有的网络攻击？[EB/OL]．[2021-7-6]．https://zhuanlan.zhihu.com/p/30982165．

[16] 郝东林．信息安全新趋势：CWPP 云工作负载保护平台[EB/OL]．[2021-7-6]．https://www.weiyangx.com/254216.html．

[17] 罗萱．2012 华东运维技术大会的资料——OpenStack 架构与应用[EB/OL]．[2021-7-6]．https://wenku.baidu.com/view/0205cb245901020207409cc8.html．

[18] 唐琼瑶．OpenStack 满三岁交出漂亮成绩单[EB/OL]．[2021-7-6]．https://searchvirtual.techtarget.com.cn/10-19657/．

[19] 郭佳．华胜天成率先推出 OpenStack 服务中心[EB/OL]．[2021-7-6]．http://www.ctiforum.com/news/guonei/369552.html．

[20] 怀特．hadoop 权威指南[M]．华东师范大学数据科学与工程学院，译．北京：清华大学出版社，2015．

[21] CLARK J. Google turning its lucrative Web search over to AI machines [EB/OL]．[2015-10-31]．https://complexdiscovery.com/google-turning-its-lucrative-web-search-over-to-ai-machines/．

[22] TensorFlow．开发者指南：TensorFlow 版本兼容性[EB/OL]．[2021-7-6]．https://tensorflow.juejin.im/programmers_guide/version_compat.html．

[23] Kalyan Veeramachaneni. AI2:Training a Big Data machine to defend [EB/OL]．[2021-7-6]．https://ieeexplore.ieee.org/document/7502263．

[24] 李景阳，张波．网页结构相似性确定方法及装置：CN101694668B45[P]．2009-09-29．

[25] 楚安．数据科学在 Web 威胁感知中的应用（一）[EB/OL]．[2021-7-6]．https://www.jianshu.com/p/942d1beb7fdd．

[26] TechTarget 中国．入侵检测系统的安全策略[EB/OL]．[2011-11-2]．https://searchnetworking.techtarget.com.cn/12-20454/．

[27] 叶颖，严毅．基于通用入侵规范下网络入侵检测系统的实现[J]．广西大学学报（自然科学版），2005（s2）：4．

[28] 朱杰，黄烟波，翁艳彬．如何保护入侵检测系统的安全[J]．微机发展，2003，（3）：16-18．

[29] 黄惠烽．网络入侵检测系统在高校图书馆中的应用[J]．吉林省教育学院学报（上旬）．2010，（4）：45．

[30] 徐小梅．基于马尔可夫链模型的异常入侵检测方法研究[D]．兰州交通大学，2008．

[31] 王智民．大规模 GPU 并行计算用于模式识别技术预研报告[EB/OL]．[2017-2-14]．http://blog.sina.com.cn/s/blog_153c9453d0102xwbb.html．

[32] 胡坤，刘镝，刘明辉．大数据的安全理解及应对策略研究[J]．电信科

学，2014，30（2）：112-117.

[33] Vmware. NSX 官方文档[EB/OL]. [2021-7-6]. https://pubs.vmware.com/NSX-6/index.jsp.

[34] 周建丁. 颜水成：深度学习、Baby Learning 与人工智能[EB/OL]. [2016-1-13]. https://blog.csdn.net/happytofly/article/details/80121536.

[35] MENON R. Cloud Computing Reference Architecture (CCRA): A blueprint for your cloud[EB/OL]. [2014-06-11]. https://www.ibm.com/blogs/cloud-computing/author/rmenon/.

[36] 薛刚. 浅析云存储[J]. 高性能计算发展与应用，2012（3）：5-9.

[37] BENJAMIN B, COFFMAN J, GLENDENNING L, et al. VolumeEncryption [EB/OL].(2012-11-29)[2021-7-6].https://wiki.openstack.org/wiki/VolumeEncryption# References.